海洋天然气水合物高精度勘探技术

王宏斌　伍忠良　陈道华　刘方兰　王伟巍 等　著

科 学 出 版 社

北 京

内 容 简 介

本书内容涵盖了我国海域天然气水合物高精度勘探领域最新的技术成果,涉及海洋地质、地球物理、地球化学及其相关电子、机械、工程及大数据计算等多学科交叉,形成面向海洋天然气水合物目标靶区精细探测的海底冷泉探测系统、数字垂直缆系统、水合物流体地球化学精密探测技术以及水合物样品保压转移与处理技术等相关技术体系,为我国海洋天然气水合物勘查试采提供了重要的技术支撑。

本书可供国内外从事天然气水合物资源勘查开发的技术研发及理论研究的专业人员阅读借鉴,也可供国内相关科研机构及大专院校的师生参考。

图书在版编目(CIP)数据

海洋天然气水合物高精度勘探技术/ 王宏斌等著. —北京:科学出版社,2022.3

ISBN 978-7-03-069787-5

Ⅰ. ①海… Ⅱ. ①王… Ⅲ. ①海洋–天然气水合物–勘探–研究 Ⅳ. ①TE58

中国版本图书馆 CIP 数据核字(2021)第 183675 号

责任编辑:吴凡洁 崔元春 / 责任校对:王萌萌
责任印制:师艳茹 / 封面设计:蓝正设计

科 学 出 版 社 出版
北京东黄城根北街 16 号
邮政编码:100717
http://www.sciencep.com

北京九天鸿程印刷有限责任公司 印刷
科学出版社发行 各地新华书店经销
*
2022 年 3 月第 一 版 开本:787×1092 1/16
2022 年 3 月第一次印刷 印张:20 1/4
字数:476 000
定价:278.00 元
(如有印装质量问题,我社负责调换)

本书编委会

主　编：王宏斌　　伍忠良

副主编：陈道华　　刘方兰　　王伟巍

编　委：杨　睿　　李丽青　　吴锐锋　　俞欣沁　　刘怀山　　王祥春
　　　　郭　霖　　莫修文　　邢　磊　　成　谷　　耿建华　　谢城亮
　　　　潘冬阳　　沙志彬　　温明明　　陈宏文　　邵长高　　黄建宇
　　　　陆敬安　　龚跃华　　祝有海　　刘广虎　　白名岗　　乐详茂
　　　　程思海　　宋永臣　　顾临怡　　陈家旺　　高巧玲　　赵佳飞
　　　　肖　波　　陈洁鉴　　韦成龙　　彭朝旭　　李　雨

序 一

人类社会的发展及工业的进步，加剧了对能源资源的需求和消耗。经济利益、能源保障与生态环境保护之间的矛盾与协调是广大科学工作者共同面对的课题。进入 21 世纪以来，国际能源供给状况愈加激烈动荡，牵动着每一个国人的神经，人们在遭遇生存环境恶化之时更加期待清洁能源的普及应用，以天然气为主的环境友好型清洁能源需求不断增长。众所周知，我国是一个少油少气的国家，每年从国外进口石油和天然气的绝对数量及增长幅度已然超出国家能源安全警戒线，当前面临的经济、政治、生存环境等综合问题，要求地质工作者必须加快新型清洁能源勘探开发的步伐。

天然气水合物作为一种在 20 世纪中期新发现的自然存在物，最初被认为是诱发深海地质灾害的因素之一，但是随着科学家研究的深入，人们逐渐认识到天然气水合物的主要成分为甲烷与水，是典型的环境友好型清洁能源，因此其被公认为是一种潜在的、重要的替代能源。2017 年，天然气水合物在我国被正式列为一种新矿种。

我国自 1999 年开始海洋天然气水合物调查研究以来，经过二十余年艰苦攻关，取得了举世瞩目的突破性成果。不仅在南海海域发现了天然气水合物存在的地质、地球物理和地球化学标志，还多次采获了天然气水合物实物样品，特别是 2017 年、2020 年先后实施的两轮海洋天然气水合物试采，把我国天然气水合物勘查开发推上了一个新高度。为了与我国天然气水合物勘查试采工作相协调，有关天然气水合物的基础研究和技术攻关工作同步进行，并为试采提供了重要的理论指导和技术支撑。

该专著是"十二五"863 计划海洋技术领域"天然气水合物勘探技术开发"项目的重要成果总结。该项目由中国地质调查局广州海洋地质调查局牵头，联合国内优势单位，站在前人研究的基础上，经过 4 年的技术攻关，研制出了面向海洋天然气水合物目标靶区精细探测的海底冷泉水体回声反射探测系统、数字垂直缆系统、天然气水合物流体地球化学精密探测技术、天然气水合物样品保压转移及处理技术等关键技术装备，这些装备具有良好的适用性和重要的推广潜力。该专著对上述技术装备的研发背景、勘查需要、技术优势、重要指标及应用示范进行了系统性的梳理，凝聚了科研团队的心血和汗水，是我国在海洋天然气水合物资源勘探领域最新技术创新成果的集成，对于我国海洋天然气水合物勘查试采及技术研发具有重要的科学参考意义，也必将发挥重要的应用作用。

李廷栋

中国科学院院士

2021 年 11 月 16 日

序 二

随着全球能源短缺日益严重，世界各国已不满足于对陆地矿产资源的开采，纷纷加强了对海洋资源的开发、争夺和控制，深水和超深水海域的油气资源，正成为世界主要国家竞相开发的热点。这样的格局，必将对未来全球的经济秩序、政治格局、军事战略和国际关系产生深刻影响。天然气水合物主要分布于世界深水海域和永久冻土带中，是21世纪最具潜力的新型清洁能源之一。据估算，全球天然气水合物矿产资源中蕴藏的甲烷量约为 $2.1 \times 10^{16} m^3$，相当于全球已探明传统化石燃料的两倍。以目前的能源消耗水平，若仅将这部分天然气水合物储量的15%投入商业生产，即可为世界提供超过200年的能量供给。因此，天然气水合物资源勘探与开发受到包括中国在内的世界各国的普遍重视。

国外天然气水合物研究历程大致可划分为四个阶段：第一阶段始于19世纪初，为实验室合成研究阶段；第二阶段始于20世纪30年代，为输气管道及相关设备中天然气水合物防堵技术研究阶段；第三阶段始于20世纪60年代，为自然界中天然气水合物赋存条件研究阶段；第四阶段始于20世纪90年代，为天然气水合物资源勘查与试采阶段。经历了上述四个阶段，人类在天然气水合物试验研究、理论研究、试采等方面均取得了重要成果。

我国天然气水合物资源调查研究工作也大致经历了四个阶段：第一阶段为1995～1998年的预研究；第二阶段为1999～2001年的前期调查；第三阶段为2002～2010年的南海区域调查与评价；第四阶段为2011年开始的勘查与试采。与国外相比，我国在起步较晚、起点较低的条件下，建立了适合我国海域特点的勘查试采理论技术和装备体系，成效显著，走出了一条资源调查、技术研发与理论研究相结合的科学发展道路。在这一进程中，我国先后5次在南海北部钻获天然气水合物样品，证实了南海存在丰富的天然气水合物资源，特别是2017年和2020年先后实施的两轮海域天然气水合物试采，刷新了全球天然气水合物试采产气时长和产气总量的世界纪录，实现了历史性突破，成为中国人民勇攀世界科技高峰的标志性成就。

通过863计划项目"天然气水合物勘探技术开发"研究发现，在天然气水合物相对富集的海域，海底往往存在活动冷泉，因此海底声学探测技术对于天然气水合物识别具有重要的实际意义；似海底反射和空白带、气体运移通道、泥火山和泥底辟等地质现象是天然气水合物存在的重要标志，弹性参数异常能进一步证实天然气水合物和游离气的存在，但单一的海洋地震勘探方法往往具有某些缺陷，多种地震勘探方法立体组合能够扬长避短，提高天然气水合物储层的成像和弹性参数反演的精度；测井技术采用地震、测井与地质等多因素相结合的方法开展综合研究，其研究结果降低了解释的多解性，提高了天然气水合物识别程度，从而更加有利于天然气水合物空间储层结构的研究。上述三种探测方法技术相结合，能够有效提高天然气水合物目标识别和刻画的精度，为天然气水合物的勘探、开发决策提供重要依据。

　　863 计划"天然气水合物勘探技术开发"项目团队在全面总结技术创新成果后撰写了《海洋天然气水合物高精度勘探技术》，系统梳理了天然气水合物勘探方面的科学问题、技术措施、工程指标及应用示范方面的成果，全面展示了在技术创新方面的进展，是总结我国天然气水合物勘查技术及装备研发最新成果的重要著作，代表了我国在该技术领域的领先水平，具有较大的参考价值。

　　本人多年来从事油气与天然气水合物资源调查研究工作，并持续关注我国海洋天然气水合物事业发展和人才成长，特别为近年来我国海洋天然气水合物资源勘探取得的成果感到自豪，欣然受作者之邀，为该书作序，希望有关装备和技术能尽快应用于我国海洋天然气水合物资源的勘探试采及环境评价，为早日实现天然气水合物的商业开发，以及保障国家能源安全提供关键支撑。

中国工程院院士

2021 年 11 月 29 日

前　言

天然气水合物是一种资源储量丰富的高效清洁能源,被认为是 21 世纪最具潜力接替煤炭、石油等传统化石燃料的新型洁净能源之一,是未来全球能源发展的战略制高点。目前,国际上公认的估算全球天然气水合物资源量为 20 万亿 t 油当量,是全球已探明煤炭、石油和天然气中有机碳总量的两倍。

20 世纪 80 年代以来,天然气水合物的研究得到快速发展,美国、日本、加拿大、韩国、印度、俄罗斯、欧盟等国家和地区开展了大量的调查研究工作。此外,加拿大、美国、日本还积极开展天然气水合物试采尝试,包括加拿大主导实施的两次陆域试采、美国主导实施的一次陆域试采,以及日本主导实施的两次海域试采。实施试采的目的是通过科学理论的发展、技术方法的完善,以及工程经验的积累实现天然气水合物的产业化开发。

我国自 20 世纪 90 年代开展天然气水合物资源调查与评价以来,走出了一条资源调查、技术研发与理论研究相结合的科学发展道路。继 1999 年首次在南海发现天然气水合物地球物理识别标志 BSR 以后,先后于 2007 年、2013 年、2015 年、2016 年在南海北部钻探获取了含天然气水合物的岩心样品,证实南海存在良好的天然气水合物资源前景,实现了战略性突破。科技部自"九五"计划以来,通过 863 计划项目支持了天然气水合物勘查技术及装备研发工作,研发了地球物理、地球化学及地质取样等系列技术,逐步形成了我国天然气水合物综合调查技术体系。2009 年,973 计划"南海天然气水合物富集规律与开采基础研究"项目启动。通过项目深入开展,认识到南海北部存在渗漏型、扩散型等不同类型的天然气水合物,不同类型的天然气水合物具有密切的成生关系,进一步加深了对天然气水合物系统成藏的理解和认识。

随着天然气水合物调查的逐步深入,面向天然气水合物靶区的精细评价技术需求日益迫切。"十二五"期间,科技部经过多轮调研,广泛征求意见,聚焦国家需求,梳理科学问题,设立"天然气水合物勘探技术开发"主题项目。项目重点围绕我国天然气水合物勘探工作对技术支撑的需求,从天然气水合物赋存的异常信息识别、天然气水合物赋存区域与层段的精细刻画、天然气水合物样品保压转移、测井异常响应特征及解释等方面开展技术研究,突破面向目标评价与试采的天然气水合物资源勘探技术瓶颈,形成了海洋天然气水合物资源综合勘探技术系统,为南海天然气水合物资源的勘探和环境评价,以及最终实现天然气水合物的商业开发和保障国家能源安全提供技术支撑。

经过 4 年的技术攻关,项目组自主研制出针对海洋天然气水合物目标靶区精细探测的海底冷泉水体回声反射探测系统、分布式数字垂直缆系统、集中式数字垂直缆系统等 6 套装备,攻克了海洋天然气水合物海底冷泉声学探测技术、天然气水合物数字垂直缆地震探测技术、天然气水合物综合地震立体探测技术等 8 项关键技术。

自主研发的水体回声反射探测系统，发射功率 3200W，最大声源级 223dB，能够实现对水深达 2700m 的水体进行 10～20kHz 的变频探测。2015 年成功探测到高度约 200m、宽度约 80m 的海底冷泉系统，而在同步记录的频率 4kHz 浅剖剖面上未发现异常。这是继"海马冷泉"后发现的第二个大规模冷泉系统。

在天然气水合物赋存的海底浅层，利用地震拖缆-OBS-垂直缆立体地震探测系统，不仅可以实现大倾角地层有效成像，还能够有效别除鬼波效应，如将 4 个含有鬼波信息的同相轴收敛为 1 个有效同相轴，从而更加真实地反映地层结构和接触关系，有效揭示 BSR 与地层的穿层关系，实现对天然气水合物目标靶区的精确刻画。

天然气水合物流体地球化学精密探测技术实现了在海底以下 8m 的地层内，间隔 40cm 采集原位孔隙水及海洋底层水。通过海洋底层水和原位孔隙水的烃类气体及相关离子的测试分析，达到精细刻画海底界面附近的物质交换目的，为天然气水合物成藏机理研究提供重要数据。

天然气水合物样品保压转移及在线检测系统和保压样品可视化分析系统能够实现天然气水合物样品的保压转移和快速检测，对于打破国外技术垄断、形成具有自主知识产权的天然气水合物目标靶区高精细勘查体系具有重要意义。

通过上述装备及技术集成，分别建立了地质-地球物理-地球化学、地震拖缆-OBS-垂直缆以及水体-海底表层-海底浅层的多维海底立体观测系统，最终实现了天然气水合物目标靶区的精细刻画。技术装备在南海北部神狐海域天然气水合物重点目标区进行了综合性应用示范，累计完成保压取样 4 站位、流体地球化学采样 4 站位、垂直缆投放 5 站位、采集综合地球物理测线 2000km，为该区天然气水合物资源的高精度勘探提供了宝贵数据。

本专著在系统梳理总结项目的科学问题、目标任务、技术指标、重要成果以及应用示范的基础上，开展编写工作，旨在全面展示在技术创新方面的进展与成果。

各章节的编写分工如下：第一章由王宏斌、伍忠良、陈道华、刘方兰撰写；第二章由伍忠良、王伟巍、李丽青、刘怀山、王祥春、郭霖、莫修文、邢磊、成谷、耿建华、杨睿、谢城亮、潘冬阳、沙志彬、温明明、陈宏文、邵长高、黄建宇、陆敬安、龚跃华撰写；第三章由陈道华、祝有海、刘广虎、白名岗、乐详茂、程思海撰写；第四章由刘方兰、宋永臣、顾临怡、陈家旺、高巧玲、赵佳飞、肖波、陈洁鉴撰写；第五章由王伟巍、韦成龙、吴锐锋、莫修文、杨睿、邵长高、彭朝旭、李雨撰写；第六章由王宏斌、杨睿、伍忠良、陈道华、刘方兰撰写。全书由王宏斌、王伟巍、李丽青、杨睿、吴锐锋、俞欣沁统稿。

在本专著编写过程中，得到我国天然气水合物研究领域同行学者的关注和支持，特别是"十一五"863 计划海洋技术领域"天然气水合物勘探开发关键技术"重大项目的联系专家刘保华研究员，项目总体专家组组长杨胜雄教授级高级工程师，中国地质调查局广州海洋地质调查局局长叶建良、党委书记张光学，中国地质大学（北京）邓明教授，武汉大学赵建虎教授等，就天然气水合物的关键探测技术研发给予具体的技术指导，提出了许多宝贵的建设性意见。另外，科技部 863 计划海洋技术领域办公室、中国地质调查局广州海洋地质调查局、中国地质大学(北京)、中国科学院地质与地球物理研究所、中国地质科学院矿产资源研究所、浙江大学和大连理工大学等单位的有关院所、处室领导及许多同仁给予了大力帮助和支持，在此一并表示衷心的感谢！

作　者

2021 年 10 月

目　　录

第一章 | 海洋天然气水合物勘探技术现状与发展趋势

　　随着天然气水合物勘查的发展，以及天然气水合物产业化进程的推进，围绕海洋天然气水合物目标靶区勘探及资源评价，对此种矿产资源的勘探技术提出了更高的要求，需要高分辨率的目标探测、高精度的钻测工艺、高科技的试采工程、海底原位监测及环境评估等相关技术及装备支撑。"十五""十一五"期间，863 计划支持开展了"天然气水合物勘探开发关键技术"研究，取得了一批具有自主知识产权的研发成果，并将其应用于天然气水合物调查评价中，为天然气水合物调查取得突破性成果起到了高技术支撑作用。然而，我国许多核心技术与国外相应领域仍存在较大差距，部分新技术在国内仍属空白，特别是试采技术是国家急需突破的核心技术。2004 年起，我国逐步启动了天然气水合物开采基础研究工作，建立了小型物性测试装置，室内合成天然气水合物，初步进行了开采技术的模拟试验研究，结合深水油气勘探，海洋天然气水合物目标区勘探工作正逐步启动，但总体处于起步阶段，与国外先进的试采技术差距较大(金庆焕等，2006)。同时，由于海洋天然气水合物绝大多数分布在 300～3000m 水深的海底沉积物中，储存条件复杂、埋藏深度浅，开发过程中易引发工程地质灾害、温室效应等。因此，寻求经济、绿色、安全的开采技术面临着巨大的挑战。

　　本章将分别从海洋天然气水合物的地球物理探测、地球化学探测、样品保压转移及处理等技术方面进行论述总结。

第一节　海洋天然气水合物地球物理探测技术现状与发展趋势

　　地震勘探、测井解释是海洋天然气水合物勘探行之有效的地球物理探测技术方法。海洋地震勘探作业效率高，已成为天然气水合物资源勘探技术的发展重点，地震勘探由常规的单道地震(single channel seismic，SCS)、二维多道地震(2-dimensional multi-channel seismic，2D-MCS)、三维多道地震(3-dimensional multi-channel seismic，3D-MCS)勘探，发展为高分辨率地震(high resolution seismic，HRS)、深拖多道地震组合探测(deep tow acoustics/geophysics system，DTAGS)、高频海底地震仪(high frequency ocean bottom seismic，HF-OBS)探测等，其中高分辨率地震是目前天然气水合物的一种主要勘探方法。在勘探早期，通过二维多道地震发现天然气水合物的四大地震异常，即似海底反射(bottom simulation reflection，BSR)、振幅空白带(blank zone，BZ)、速度异常及极性倒转。应用这些地震探测技术在主动、被动大陆边缘的陆坡、岛坡、边缘盆地等海域进行了海洋天然气水合物调查，取得了丰硕成果，如美国、日本、德国、印度、加拿大等(栾锡武等，2008)。

随着天然气水合物勘探程度的深入，在调查中大规模采用三维多道地震探测天然气水合物矿体的产状和空间形态，采用 HF-OBS 探测天然气水合物矿体的内部结构，进而实现准确圈定天然气水合物矿体、估算其储量、优选钻探的目标。因此，地震勘探特别是三维多道地震和高频海底地震勘探将成为今后天然气水合物目标勘探的主攻方向和核心技术。

值得注意的是，随着勘探技术的进步和天然气水合物目标评价的需要，围绕预测天然气水合物成矿区带及钻探目标、描述矿体外形、刻画矿体内部结构、分析并检测矿体的含矿性、预测天然气水合物的资源潜力等勘探目标，近年来高分辨率三维多道地震与高频海底地震联合探测技术在天然气水合物勘探中得到快速发展，美国、德国、意大利、挪威、日本等国家在天然气水合物地震调查中广泛使用该项技术(宋海斌等，2001；阮爱国和初凤有，2007)。

一、海洋天然气水合物地震探测技术

针对海洋天然气水合物调查，地震探测技术经历了一个由简单到复杂、由单一到综合的发展过程。天然气水合物调查初期，主要通过常规二维地震调查技术，识别了 BSR、BZ 等地震异常反射特征，通过钻井证实了天然气水合物的存在。但使用常规二维多道地震调查技术进行天然气水合物调查，存在明显的局限性，由于分辨率较低，对于准确刻画天然气水合物矿体较为困难，难以满足天然气水合物精细调查及资源评价需求。

随着地震调查技术的快速发展，高分辨率二维多道地震技术很快在海洋天然气水合物调查中得到应用，该技术的特点是在具有较高的地层分辨率的同时，还具有较强的地层穿透能力。利用高分辨率二维多道地震资料可以进一步突出天然气水合物识别的标志，如 BSR、极性倒转、BZ 和速度异常等，此外，通过高分辨率二维多道地震技术获取的高分辨率数据，有利于进一步提取天然气水合物赋存围岩的物性信息。

近年来，三维(或准三维)多道地震技术在天然气水合物矿体精细刻画中得到了较好应用，该技术手段由于能够精确描述天然气水合物矿体的空间展布特征和内部结构信息，而成为天然气水合物矿体钻前井位优选最有效的技术手段之一。特别是利用三维多道地震与 HF-OBS 及地震垂直缆进行立体探测，进一步发展了天然气水合物多波勘探技术，该技术利用纵、横波速度所反映的物性差异为天然气水合物矿体的检测与识别提供了更加丰富的地球物理信息，在提高地层分辨率和突出天然气水合物矿体的内部结构特征方面具有明显优势。此外，针对天然气水合物系统成藏特点，还能够进一步刻画天然气水合物矿体的含气特征。这些技术的明显优势，不仅极大提升了天然气水合物矿体精细刻画水平，还深化了对天然气水合物成藏的理解和认识，同时，更进一步促进了技术本身的发展和进步，特别是随着水下定位技术的日益成熟，三维多道地震与 OBS 的地震联合勘探技术必将日益受到关注。

1. 高分辨率三维多道地震探测技术及应用

多道地震技术是探测海洋天然气水合物的首选技术，由多道地震电缆采集数据，通过地震数据处理获得地震剖面，进行天然气水合物地震异常的识别和矿体的精细刻画。

此外，还可以通过提取包括速度在内的物性参数，开展进一步研究。近 30 年来，全球范围内大多数海洋天然气水合物地震标志 BSR 从常规二维多道地震资料上获得。它是利用强脉冲声源(如气枪组阵)和多道接收器，通过地震激发和信息接收，来获取海底及其以下地质界面，以及天然气水合物矿体的反射信息。该方法的特点：数字记录、分辨率高、探测埋深适中。相对其他方法技术，多道地震技术具有调查速度快、范围广、横向易追踪等优势。但是，由于声传播是以球面方式向各个方向传播，应用二维地震技术采集数据可能使偏离测线处的地质体的反射歪曲畸变，给精确解释带来困难。

三维多道地震能够采集完整的地震波场数字化数据，并形成由不同角度和距离反射数据组成的数据体，依托计算机工作站，可以观察任意切面的地质构造情况。但三维地震施工难度较大，成本较高，资料处理手段复杂。目前，有关国家在开展海洋天然气水合物调查过程中，根据实际情况，借鉴和发挥二维、三维多道地震优势，通过二维加密调查，发展了一种准三维地震调查技术，在我国海洋天然气水合物调查中，发挥了积极有效的作用。

天然气水合物准三维地震调查技术是指在海洋天然气水合物勘探中，采用单源、单缆采集，加密采集线距以保证覆盖次数，经过特定的处理流程实现二维采集的三维处理，最终获得三维数据体的地震技术。日本于 1996 年、1999 年在西南海槽、东南海槽进行了单缆、线距 100m 的多条高分辨率二维地震调查，又称"学院式"三维地震调查(宋海斌等，2001)。该系统包含拖曳的多个水听器排列及多条气枪组成的调谐震源，利用所获得的高分辨率二维地震资料，采用伪三维宽角叠加技术对交点位置进行高精度速度分析，获取的速度结构展示了高速层的横向分布特征，有效解决了速度结构问题，与天然气水合物地震标志 BSR 进行对比分析，可以得到高分辨率的天然气水合物矿体分布特征，此外，利用波阻抗数据，还可以分析天然气水合物赋存的围岩物性。1999 年 11 月，"野猫"井的钻探证实日本的 Nankai 海槽东部存在天然气水合物，选定的钻探井位即为准三维地震调查资料所提供。

天然气水合物准三维地震调查技术在海上地震资料采集阶段，通过"网络三节点法"定位网络配置、缆源沉放深度综合效应分析、调谐组合及采集参数优化，以及对"点震源"结构的改进等一系列技术创新，定位精度由原来的十几米到几十米提高到 6～10m，数据保真度进一步提高，为准三维处理奠定了良好的基础。

天然气水合物准三维地震调查技术在处理过程中，通过特殊观测系统的定义，针对天然气水合物地质目标体进行面元划分，选用天然气水合物目的层(即海底浅层)的去噪、反褶积、偏移成像等一系列技术，实现天然气水合物二维采集数据的三维处理，从而获得三维成像数据体，用于精确刻画天然气水合物矿体的三维空间分布特征，定量描述矿体分布范围、空间形态和厚度等。

目前，准三维地震调查技术在天然气水合物勘探中发挥了重要的作用，甚至在天然气水合物目标勘探阶段，也是一种比较普遍的数据采集方式。

2. 高频海底地震探测技术

自然界天然气水合物的发现与石油天然气资源调查钻探息息相关。最初，陆地及海洋天然气水合物伴随着油气资源钻探等工作获取的地质岩心样品而被发现，为了进一步研究天然气水合物在陆地及海洋海底地下分布情况，获取天然气水合物物性参数，常规油气勘探的声波地球物理方法——二维多道地震技术被科学家充分利用，特别是在大量前期海洋多道地震剖面上，发现多处 BSR。随着勘探及研究的深入和社会的广泛关注，需要有高精度的速度和高分辨率地震波形资料，要求精确掌握的数据越来越多，如纵、横波速度、地震地层及速度结构、波阻抗等的变化，用于估算天然气水合物的饱和度和资源量，评估这种新型能源资源的开发利用价值和前景。高频海底地震调查可获取多种资料，能满足波形反演、走时反演、非线性全波形走时联合反演等的各种研究需要，高频海底地震仪技术为解决上述问题提供了重要的技术支撑。

通常天然气水合物的纵波速度比海洋正常沉积物的要高，致使含天然气水合物的沉积物的体积模量增加，同时沉积物孔隙内的天然气水合物胶结物也改变了沉积物剪切模量，沉积物内声波阻抗亦呈"谱白化"现象，采用 HF-OBS 可精确测量 P 波、S 波速度等，能更准确地估算天然气水合物厚度。此项技术通常在不同偏移距内记录得到一条 HF-OBS 剖面和多条单道、多道地震剖面，从而利用综合信息，开展地层及速度结构联合研究。

P 波速度异常与天然气水合物赋存及下伏气体富集密切相关（Andreassen et al., 1995）。为了在现场准确测量海底 400m 以浅的沉积物的 P 波速度在垂向、侧向上的变化，常采用高频海底地震仪或海底地震检波器（ocean bottom hydrophone，OBH）。德国亥姆霍兹基尔海洋研究中心（GEOMAR）在挪威陆缘研究滑塌与天然气水合物相关性时曾采用这种调查技术，不同之处是在同一位置使用了单频脉冲线性浅地层剖面测量（3.5kHz）、深拖（0.2~3.5kHz）和气枪（50~200Hz）3 种不同频率的震源，频率覆盖较宽，提高了地震结构分辨率宽度，从而获得了不同深度的声波穿透记录（100m、250m、500m），能识别几米厚的沉积层及 P 波速度。实践证明，高频（<300Hz）或震源子波频率在 80~200Hz 时，可获得详细的速度资料，低频（<60Hz）分辨率低、波长太长，以至于很难探测 BSR 之下的游离气底界（base of gas reflector，BGR）或天然气水合物顶界。

由于 HF-OBS 观测具有震源与检波器间的距离大、利用曳航方式可获得低角度反射波、可较直观地考察 BSR 反射波波形等优点，Katzman 等（1994）和 Korenaga 等（1997）利用该方法得到的单道及近道宽角海底地震反射剖面资料，对布莱克（Blake）洋脊及挪威西部陆缘地区天然气水合物 BSR 及其上下速度结构进行分析，显示出若干高、低速度带。资料经高通滤波及球面发散校止后，在偏移距 6km 范围内可连续追踪 BSR，甚至可识别出双 BSR 标志。应用宽角和垂直入射资料联合进行走时反演，建立二维平均速度模型，BSR 界面上下岩层速度明显出现倒转，这一结果与 ODP164 航次垂直地震剖面（vertical seismic profile，VSP）的测定结果一致。为了详细研究 BSR 速率变化的细微结构，利用水下地震检波器附近所得到的一维宽角和垂直入射地震资料进行全波形联合反演，得到高分辨率二维速度模型结构，获得的波形与模型吻合较好，在 BSR 之上速度达到 2.3km/s，说明稳定带底界为高饱和度的天然气水合物。这也同时说明全波形反演速度技术能得到速度细微结构，帮助解决穿越 BSR 两侧的速率差，垂直入射也用于定量评价 BSR 之上振幅空白带的影响，从而为推测天然气水合物层段及其下伏的游离气的厚度提供技术条件。

在应用高分辨率地震技术获得垂直入射、单道数据和广角数据的同时，也得到了折射数据，并对震源特性进行试验比较。德国"太阳号"调查船于 1997 年 10 月的 124 航次在巴基斯坦外海的阿曼海湾，分别进行了 150in³[①] GI 气枪、490in³ Prakla 气枪震源采集试验。认为 GI 气枪能量不会传播到偏移距大于 7800m 处，且不足以穿透低速层，但 GI 气枪激发产生高频、较短波至，在近临界距离及次生折射波至处，可提供高分辨率数据，并与广角数据一起用于天然气水合物稳定带(gas hydrate stable zone，GHSZ)的速度结构模拟；Prakla 气枪在更大的偏移距处还能清晰显示波至，也为低速带提供了证据。

应用非线性全波形反演技术对秘鲁近海(Pecher et al., 2001)、莫克兰增生楔(Sain and Kaila, 1994)BSR 的速度结构进行了分析，在 BSR 附近建立了详细的速度/深度模型，通过模拟发现 BSR 上下岩层速度存在明显的倒转现象，并讨论了 BSR 的成因是否与其下的游离气有关。

3. 高分辨率三维地震与高频海底地震联合探测技术

由于 HF-OBS 可获取纵波、转换横波、横波，以及其他多参量空间数据体，提高了 BSR 附近的横向分辨率，更有利于定量研究天然气水合物和游离气的空间分布规律。近年来，将准三维地震勘探与高频海底地震勘探技术结合，形成了海洋天然气水合物多波勘探技术。

日本在 Nankai 海槽开展天然气水合物准三维地震调查，并在该调查区内利用 7 个 OBS 数据(4 个在预探井位处)与多道地震数据联合分析，得到了高分辨率的速度异常结构(纵向)和 BSR 横向变化特征，解决了准三维造成的假高速异常问题。通过调查，圈定了南海海槽天然气水合物分布，详细了解了 BSR 周围的地质构造，研究了 BSR 周围及 GHSZ 的岩性和物性，为准确估算天然气水合物的资源潜力奠定了良好基础。

欧盟在挪威外海斯瓦尔巴群岛(Svalbard)西北岸的天然气水合物研究区，针对天然气水合物矿体目标，在开展三维地震调查的同时，还布设 OBS，构成"一字形+矩阵"排列方式，实施了二维拟三维(准三维)与 OBS 地震联合观测，记录 P 波、纵波转换横波，获得了三维四分量高分辨率数据。经一维波形反演、二维射线追踪和三维走时成像，进行 P 波、S 波速度分析和 P 波成像，得到高质量的 3D 速度体，清晰地显示出 BSR 空间分布范围，揭示天然气水合物的速度结构，检测并确定沉积物中天然气水合物与游离气的数量，为天然气水合物储量预测提供丰富的多波勘探信息。该项调查技术非常适用于天然气水合物目标的详细研究。

加拿大温哥华岛近海的北卡斯卡底(Cascadia)边缘是天然气水合物调查较集中的地区，在此处多波勘探技术也得到了较好的应用。主要采用 2D-MCS 与 OBS 调查相结合的方法，于 1993~1997 年，在该海域采集了大量的广角反射资料，在天然气水合物内部速度结构分析、水合物检测与识别及矿体的圈定等方面取得了突破性进展。在地震数据的基础上，通过钻井证实，在加拿大多个海域取得了天然气水合物实物样品。在俄勒冈海岸外天然气水合物脊地区，开展了 OBS、MCS 和 VSP 的联合地震调查试验，对 10 个站点的 OBS 数据、纵波和横波数据进行交互速度分析，得到 1D 层速度后，进行插值获得 2D 层速度，利用各种地震信息特别是横波信息，准确描述钻孔附近的天然气水合物及游离气的分布状况。

2001 年，英国 BP 公司在墨西哥湾进行了 OBS 与 MCS 联合采集，采用 80 台 OBS，

---

① 1in=2.54cm。

以 8×10OBS 方阵，排列间距 400m，获得了良好的纵横波及其转换波的有效信息(伍忠良等，2011)。

1997 年 10 月，印度科学家利用 GI 气枪组合震源技术，采用二维长排列与 OBH 技术相结合的方法，在印度洋北部海域深海平原和加积楔处发现天然气水合物(地震剖面表现为 BSR 和 BZ)。最近，通过钻井证实，取得了天然气水合物的岩心样品。

2004 年，在 Hebrides 海槽与澳大利亚东部之间的 Fairway 盆地，采集了以 3.3km 长电缆记录和以紧密间隔的海底地震检波器记录的高分辨率地震数据，利用地震数据成像和 OBS 数据的旅行时反演，可得到天然气水合物 BSR 相关特征。

综上所述，地震勘探技术方法是世界天然气水合物勘探发展必不可少的重要手段之一，特别是高分辨率三维与高频海底地震联合探测方法越来越受到天然气水合物勘探界的重视，其发展完善将为海洋天然气水合物调查提供更加丰富的地球物理信息。

4. 垂直缆探测技术

垂直缆的概念是从 20 世纪 80 年代德士古(Texaco)公司专家组所开展的工作演化而来的，其装备包括适于地震反射成像的水听器阵列电缆以及一个可以对电缆机械去耦的记录浮标。垂直缆地震资料采集就是将一定长度的水听器排列垂向布设于海面以下，在海面由勘探船开展人工地震，垂直缆则接收和记录海水、海底以及海底以下地层传播和反射的地震波，形成地震记录。

垂直缆地震采集方法获得的地震资料可以生成垂直地震剖面，垂直地震剖面有助于我们更加深入地了解波场传播。三分量检波器可以记录一定检波器深度范围的地震全波场，在垂直地震剖面的时间深度剖面上，通过不同波组不同传播路径的上行波和下行波可以很容易区分开来。而且，通过对比不同深度检波器的下行波的振幅相位可以研究地震波的衰减；在有偏移距的垂直地震剖面上，能同时观测到转换纵波和转换横波；可以很容易识别和去除多次波。因此，利用垂直地震剖面资料进行分析和解释是一种可靠的解决方法，它不依赖于困扰常规地震的很多不确定因素。

使用垂直缆地震采集方法采集地震资料，既可以记录到来自观测点下方的上行波(如反射波)，又可以记录到来自观测点上方的下行波(如直达波)，而水平地震测量只能记录到上行波，无法记录到下行波，因此在垂直地震剖面上，波的信息是很丰富的。这同时也为真振幅地震数据处理提供了可能。同时记录上、下行波，为多次波的去除、子波的提取等提供了更好的资料，这也是垂直缆地震资料采集的最大优势之一。

垂直缆采集的地震资料含有上行波、下行波、初至直达波、一次反射波等，可以对接收到的波场进行进一步分析。分析下行波场，可以更好地确定所产生的多次波和层间多次波范围；同时用下行波来设计反褶积因子，对水平地震资料进行反褶积处理，其效果优于常规地震资料的反褶积处理；此外，用下行直达波能较准确地测量地震波振幅的衰减，以研究地震波在地下介质中的传播规律。

与常规地震相比，垂直缆地震采集方法有着较短的传播路径，所以垂直地震资料记录有着更宽的频带。资料的分辨率与资料的频带宽度有关。对于地下的实际沉积剖面来说，无疑需要一个较宽的频带，才能解决分辨率问题。

由于垂直缆地震采集方法有效避免了常规地震采集中的很多干扰，垂直缆地震资料具有更高的信噪比和分辨率。垂直地震资料的信噪比远比水平地震勘探反射波地震记录的信噪比高，因而能较清楚地反映地质现象；由于垂直地震资料反射波旅行路径较水平地震勘探反射波短，其具有能量强的特点，便于清楚地观测地质体的细微变化；因为垂直地震资料接收点接近目的层，所以地震资料上的一次反射波较地面地震反射波有更高的分辨率。

垂直缆探测技术自诞生以来，虽广受好评，但限于水深等客观因素的影响，并未获得广泛推广，然而随着探测技术的不断进步，其实现成本和难度在逐步下降，相信在不久的将来，垂直缆勘探将常态化，为工程师及科研人员提供更为可靠的真三维数据。目前，垂直缆观测数据的覆盖次数依赖于震源点密度和激发频率，主要应用于油藏检测的4D 地震观测，也适用于复杂地质条件下的储层描述或丛式井设计等方面的精细小三维观测。其数据处理是先对每个接收点道集进行成像，形成每个检波器串的叠前深度成像剖面，然后再合成整个区块的偏移数据体。

1987 年，在墨西哥湾，Texaco 公司进行了 3 条垂直缆系统的地震勘探。通过地震成像，解释人员在盐体侧翼识别到了一个砂体储层(图 1-1-1)，这种情况在真三维地震资料中是很容易识别细节和位置的，而在二维资料中则几乎很难。通过垂直缆采集的方法，盐体的整个边界都被勾勒出来，砂体与盐体的接触关系也变得清晰可见。

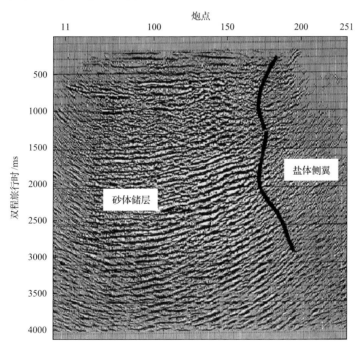

炮点

图 1-1-1　垂直缆采集获得的真三维地震资料清晰地反映了砂体与盐体的分布

1992 年，Texaco 公司在墨西哥湾的另一个地区进行了 6 条垂直缆系统的地震勘探。之所以将电缆数量增加一倍，是因为该区域存在很强的底辟构造，大量的盐从底辟顶部溢出并覆盖于沉积构造上，常规地震勘探方法很难取得清晰的地震成像，因为地震波路径在高速盐层的影响下将发生散射。这里的水深超过 1000m，通过垂直缆采集的方法，实现了盐层下部地层的成像，并成功识别了盐体边界(图 1-1-2)。

图 1-1-2　墨西哥湾勘探区垂直缆三维地震资料数据体

z-海底以下深度，m

在信噪比方面，对比垂直缆三维地震剖面与常规拖缆三维地震剖面可以发现，垂直缆具有无可争辩的优势。图 1-1-3 展示了勘探区内三维垂直缆地震数据叠前偏移剖面和

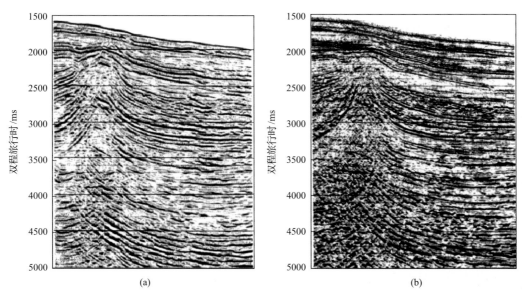

图 1-1-3　三维垂直缆地震数据叠前偏移剖面(a)和三维拖缆地震数据叠后偏移剖面(b)的对比结果

三维拖缆地震数据叠后偏移剖面的对比结果，可以看到，垂直缆在盐体下部的成像效果比常规拖缆要好很多。另外，一个中等大小的传统拖缆三维工区所需要的采集费用是垂直缆的两倍。

综上所述，通过垂直缆采集方法可以获得高质量的地震资料，在盐体相关的工区或地质构造复杂的地区，甚至是受限于地形等因素不便于开展常规地震采集的地区，都可以尝试进行垂直缆采集，这种真三维采集技术将会实现高分辨率的地震成像。

二、天然气水合物测井解释技术

2007 年，中国地质调查局广州海洋地质调查局(以下简称广州海洋地质调查局)在南海北部神狐海域进行了天然气水合物资源调查，并实施了钻探和取样。钻探区位于陆坡的中-下段，钻探站位分布在海底峡谷的脊部。本次钻探成功取得了天然气水合物的实物样品，实现了天然气水合物勘查的重大突破。GMGS-1 天然气水合物钻探是在距离 200～6000m 的 5 个站位进行的。其中，SH2、SH3 和 SH7 3 个站位成功获得了天然气水合物样品，而相邻几百米的 SH1 站位未获得天然气水合物样品。现场孔隙水的氯离子分析结果表明，SH2 站位天然气水合物位于海底以下 195～220m，厚度为 25m，平均饱和度为 25%，最高值达 48%；SH3 站位天然气水合物位于海底以下 196～206m，平均饱和度为 25%，厚度为 10m；SH7 站位天然气水合物位于海底以下 155～180m，厚度为 25m，最高饱和度为 44%。天然气水合物饱和度在横向上和垂向上都具有明显的不均匀性。岩心资料表明，沉积物主要为细粒的粉砂和黏土粉砂沉积物，富含钙质碳酸盐和有孔虫。细粒沉积物富含钙质有孔虫和碳酸盐，能够降低黏土的毛细管力，增加细粒沉积物的孔隙空间，为天然气水合物富集提供足够的生成空间。钻探结果显示天然气水合物在细粒沉积物中具有较高的饱和度，横向上不均一性明显。

在上述钻孔中成功实施了地球物理测井，使用了包括自然伽马、电阻率、密度、声波全波列、井温-井方位、井径及中子在内的 7 种测井仪器，得到的参数有自然伽马、电阻率、密度、纵波速度、温度、井径及长(短)源中子计数率等。和国外相比，采用的测井仪器种类相对较少。因此，为了取得更为丰富的测井资料，将来还可以使用更多的探测仪器进行数据采集。

针对获取的样品和资料，前人分析了含天然气水合物沉积物的测井响应特征，对解释模型进行了探索，初步建立了天然气水合物测井解释方法，并完成了海洋天然气水合物测井解释系统的初级版本。

同期，天然气水合物的实验室研究也取得了一定进展，我国学者在实验室成功进行了天然气水合物饱和度与声学参数之间的试验研究。另外，由中国科学院广州能源研究所对天然气水合物合成样品进行的岩电测量也取得了新的成果。

总体上看，对天然气水合物地层综合物性研究的理论、试验模拟或测试，还未达到常规油气储层的研究程度，天然气水合物测井研究和储层参数预测方面的研究成果还比较有限。此前的部分研究成果是对海洋天然气水合物测井评价的初步探索，缺乏精细解释技术及有效的储层预测手段。

第二节　地球化学探测技术现状与发展趋势

地球化学勘探方法是天然气水合物调查研究工作的重要环节，在天然气水合物成藏区，地下环境中普遍存在压力、温度、浓度和组分上的差异，烃类物质将从深部动态运移至表层，使得浅表层沉积物、孔隙水和底层水等介质中的地球化学特征发生变化，形成地球化学异常。

烃类气体是海底天然气水合物地球化学探测的主要指标之一（王建桥等，2005）。沉积物中的烃类气体主要包括微生物气、热解气及其混合气。其中，微生物气是绝大部分浅层气和天然气水合物的主要气源，而热解气则是常规天然气藏的主要气源（Wiese and Kvenvolden，1993），绝大多数天然气水合物是由微生物气组成的，如布莱克海台（Blake Ridge）、南海海槽、水合物脊等，只有少部分是由热解气组成的，如里海、墨西哥湾和加拿大的 Mallik 地区等，此外还有一部分是由混合气组成的，其典型例子是中美海槽 DSDP-570 站位附近的天然气水合物（Matsumoto et al.，2000；Wasada and Uchida，2002）。无论是微生物气还是热解气，其主要成分都是甲烷等烃类气体，烃类气体浓度高异常可直接识别下伏沉积物中可能存在天然气水合物（Milkov et al.，2003；Borowski，2004），而 CH_4/C_2H_6 或 $C_1/(C_2+C_3)$ 的值等可用于判别天然气水合物的来源和成因（Kvenvolden，1995）（图 1-2-1）。

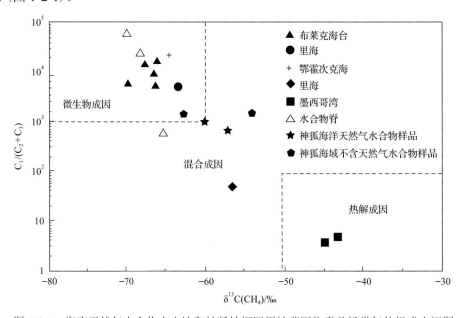

图 1-2-1　海底天然气水合物产出地和神狐钻探区甲烷碳同位素及烃类气体组成交汇图

孔隙水是沉积物颗粒与颗粒之间的水溶液。它作为联系海底沉积物与上覆水营养物质的重要媒介，反映了海洋底质的地球化学循环状态(蔡立胜等，2004)。沉积物的成岩作用会引起元素在沉积物固液两相之间的交换和转移，从而使孔隙水化学成分相对于海水发生变化，并通过浓差扩散、生物和物理扰动等向上覆水迁移和交换(朱爱美等，2006)(图1-2-2)。同时孔隙水还可以通过沉积物-海水界面的浓度势差来调节海洋底层水中各种元素的含量。水生环境沉积物和孔隙水所发生的地球化学反应与上覆水是不同的。这些反应不仅反映了孔隙水中的一系列浓度梯度，还加强了地球化学标志物的迁移速率，这些标志物来源于沉积物的早期成岩作用，交叉分布于沉积物-水体界面(宫少军等，2009)。孔隙水和底层水中营养盐的平面分布规律基本是一致的，孔隙水中营养盐含量的高低直接影响沉积物与上覆水之间的营养盐交换(丁喜桂等，2006)。孔隙水中的营养盐向上覆水扩散和向水体混合扩散的过程，主要是由浓度差支配的(范成新等，2000)。由于孔隙水与上覆水体的氮存在浓度差异，必然存在由高浓度向低浓度的分子扩散作用，且浓度差值越大，扩散趋势越明显。不同的海域，其环境因素导致海洋沉积物孔隙水中营养盐的分布状况差异很大。天然气水合物沉积是一个烃类气体的动态储蓄过程，甲烷和其他烃类气体向天然气水合物稳定带迁移、烃类气体向沉积物上部运移、烃类气体在沉积物和沉积物孔隙水中扩散迁移并最终达到平衡，气体、离子在沉积物与底层海水之间的扩散运移最终也达到了一个动态的平衡，从而形成一个全方位、复杂的动态平衡体系(Tomer et al.，2001；Suess，2002)。在此动态平衡体系中，孔隙水扮演着很重要的角色，既是海相沉积物成岩过程中一个活跃的地质因素，又是海相沉积层中水的起始成分；它不仅是烃类气体运移的良好载体，还可以通过沉积物-海水界面的浓度势差来调节海洋底层水中各种元素的含量，海洋沉积物间隙水营养盐对于水合物区生物

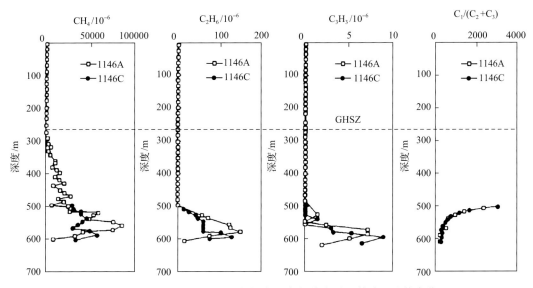

图 1-2-2　ODP1146 站位顶空气中烃类气体含量及其分子比值变化

地球化学循环、海洋早期成岩过程及初级生产力研究等方面均具有重要的理论和实践意义。

天然气水合物的存在会导致沉积物孔隙水离子组成以及气体组成与非天然气水合物存在区中的沉积物存在明显差别。在天然气水合物赋存区沉积物孔隙水中的氯离子(Cl^-)、硫酸盐(SO_4^{2-})、甲烷(CH_4)以及硫化氢(H_2S)的组成和离子浓度在剖面上经常出现一系列的地球化学异常，被认为是天然气水合物存在的良好指示(图 1-2-3)。同时不同海域天然气水合物赋存区沉积环境和形成原因不同，导致沉积物孔隙水中气体和离子组成也有所不同，ODP-布莱克海台底辟(Blake Ridge diapir)的 996E 站位钻孔 10～60m 深度氯离子含量从 600mmol/L 迅速增加至 1000mmol/L；ODP-开普菲尔底辟(Cape Fear diapir)的 992 站位钻孔的 10～60m 深度氯离子含量从 600mmol/L 小幅度增加至 680mmol/L；而 ODP-开普菲尔底辟的 991 站位钻孔 10～60m 深度氯离子含量基本保持不变；中国南海神狐海域 SH2 站位氯离子含量自 180m 左右向下从 600mmol/L 骤减至 300mmol/L；海试区 8m 以内氯离子含量在 570mmol/L 左右小幅变化，相对较为稳定。

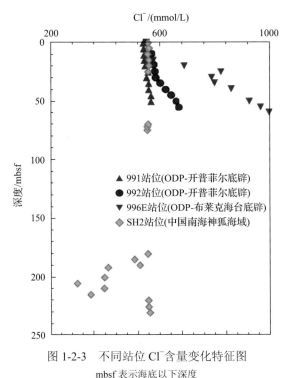

图 1-2-3　不同站位 Cl^- 含量变化特征图

mbsf 表示海底以下深度

孔隙水中硫酸盐的浓度变化是天然气水合物勘探的重要地球化学指标之一。海洋中的溶解硫酸盐(SO_4^{2-})是海洋沉积物中孔隙水的重要化学组成。硫酸盐在微生物作用下会发生 $2CH_2O + SO_4^{2-} \longrightarrow 2HCO_3^- + H_2S$ 反应，分解沉积物有机质，硫酸根本身也被消耗，造成孔隙水中硫酸盐浓度降低。一般在海洋沉积的早期成岩过程中，硫酸盐还原作用是以硫酸盐还原菌为媒介氧化有机碳，从而产生硫酸盐浓度梯度，因此有机质氧化是引起硫酸盐浓度变化的主要原因。但是在海底甲烷渗漏环境中，尤其是在硫酸盐还原带底部硫酸盐-甲烷界面(SMI)附近，由甲烷代替有机质作为还原剂与硫酸盐反应，即甲烷厌氧氧化反应(AMO) $CH_4 + SO_4^{2-} \longrightarrow HCO_3^- + HS^- + H_2O$ 将占据重要地位(图 1-2-4)。硫酸盐-甲烷界面是指从海底到该界面处孔隙水中硫酸盐浓度逐渐亏损到最低值，在硫酸盐还原带和 SMI 之下是甲烷生成带，甲烷浓度开始随深度的增加而增加，在海洋沉积物中以微生物为介质一般可通过二氧化碳还原($CO_2 + 4H_2 \longrightarrow CH_4 + 2H_2O$)和醋酸根发酵(如 $CH_3COOH \longrightarrow CH_4 + CO_2$)两个独立的途径产生甲烷。国际上已经证实存在天然气水合物的浅表层沉积物中 SMI 深度小于 50m，前人研究也表明南海北部海区的 SMI 位置在 10m 左右(蒋少涌等，2005)。

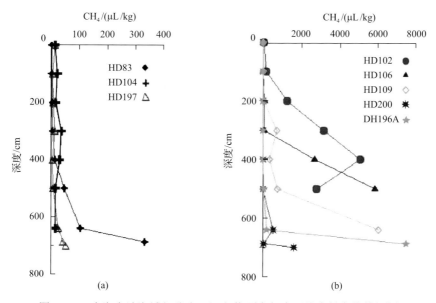

图 1-2-4 南海东沙海域部分岩心沉积物顶空气中甲烷含量变化特征图

海水和孔隙水中的烃类气体(如 CH_4)及其他气体(如 H_2S)异常标志是识别天然气水合物的重要标志之一，可为快速、高效地探查天然气水合物提供线索和依据。为此，首先要获取所需要的孔隙水和底层海水样品，而孔隙水和底层海水样品的有效获取必须通过有效装置才能实现。沉积物孔隙水的提取通常有两种途径，一种是先采集沉积物后，再在实验室通过压榨、离心和真空过滤抽提等一些手段提取孔隙水，即非原位孔隙水提取，但这些方法均将导致孔隙水中的溶解气体逸逸、有机组分分解、变价离子氧化，难以反映孔隙水的原始成分和信息，特别是溶解气体的信息将消失殆尽。另一种是原位孔隙水提取，以前的研究主要集中于潮间带、湖泊、沼泽等浅水地区的孔隙水采集，包括离心、压滤、透析、泵吸等方法；对于深海沉积物原位孔隙水采集，由于压力、腐蚀等，技术难度比较高，加上需动用大的船只，这方面的研究较少，Sayles 和 Barnes 曾做过一些相关的孔隙水采集设备研究，其中 Barnes（1973）研制的采样器采样深度较深，孔隙水采样量较少（10mL），只适用于松散的海底底质；Sayles 等（1976）研制的采样器只能采集海底 2m 之内的表层沉积物孔隙水，孔隙水采样量较少，最多只有 10mL，这两种采样器均可保气。因此，研发具有国际原创性的孔隙水与底层水原位气密采集系统及其流体地球化学现场快速测试技术，形成具有独立知识产权的天然气水合物流体地球化学精密探测技术，可为我国海洋天然气水合物资源调查评价、圈定目标区提供高新技术支撑，无论对技术创新还是经济发展方面都将具有重大的意义。

"十一五"期间，863 计划课题"天然气水合物流体地球化学现场快速探测技术"已经在南海进行海试并取得成功，实现了海底原位孔隙水采集、海水分层气密采样和船载现场检测，验证了原位孔隙水取样原理样机的可行性，同时广州海洋地质调查局、中国地质调查局油气资源调查中心、成都欧迅海洋工程装备科技有限公司组成的研发团队在研发过程中积累了许多宝贵经验，从系统的设计、加工、关键技术攻关、模拟试验和海试等方面都积累了大量的原始测试数据资料，发表了多篇学术论文，并申请了多项发明专利技术。

为了更好地满足天然气水合物调查和海底界面水、气、离子、营养盐交换研究的需要，更好地进行实践应用，需在原有研究的基础上，对原位孔隙水的采样系统进行更加精细的结构设计，增强采集功能（实现底层海水的原位气密采集）；对超高压防腐电磁阀技术、孔隙水过滤技术、系统集成与控制技术等进行攻关，提高设备的可靠性、实用性，增强防腐防污染效果，增大孔隙水的采样深度，加大采样密度，提高船载现场检测水溶气的速度和增加离子含量项目的检测，实现天然气水合物流体地球化学的精密快速探测。

第三节　天然气水合物样品保压转移及处理技术现状与发展趋势

通过保压钻探获取的天然气水合物实物样品，使得我们直接对天然气水合物开展物化属性的测试分析成为可能。通过样品处理和测试分析获取数据，可以更为深入地理解天然气水合物的形成条件、过程及其机制机理。天然气水合物样品保压转移及处理技术，为开展天然气水合物保压样品处理分析提供了重要的技术手段。

国外已经研究出多种压力岩心特征工具（PCCTs），它们均能实现转移、二次取样或后处理分析的功能。例如，英国的 Geotek 公司开发的天然气水合物保压取样装置（HYACINTH）系统，美国佐治亚理工学院研制的仪表压力测试室（IPTC）从功能上都能实现对天然气水合物样品的保温保压功能，但就通过已知的介绍以及对其中的部分设备进行观察发现，这些装置的保温功能基本都是依靠设定操作室的环境温度进而影响样品温度，属于被动保温。

虽然我国天然气水合物调查研究起步较晚，但在中央高度重视和自然资源部（原国土资源部）的全力推动下，开展了大量调查工作。在"十五""十一五"863 计划等的支持下，已经成功研制了深水浅孔天然气水合物保压取样器和天然气水合物重力活塞式保真取样器，并结合我国天然气水合物调查需要开展了上述取样器的工程化应用，见表 1-3-1。

表 1-3-1 "十五""十一五"863 计划支持的相关课题

课题名称及来源	承担单位	取得的成果
深水浅孔天然气水合物保压取样器（"十五"863 计划）	浙江大学 广州海洋地质调查局	10m 天然气水合物保压取样器研制成功，并在 2003 年、2005 年的海洋四号水合物调查中得到应用
天然气水合物重力活塞式保真取样器研制及样品后处理技术（"十一五"863 计划）	浙江大学 广州海洋地质调查局	25m 天然气水合物保压取样器研制成功，在海洋六号 2011 年航次中取到最长保压样品 14.15m，最长样品 18.05m
天然气水合物综合探测系统集成技术（"十一五"863 计划）	广州海洋地质调查局 浙江大学 中国地质大学（北京）	2011 年、2012 年搭载海洋六号进行了工程化应用，取到 14.2m 保压样品

大连理工大学自主研制建立了多项天然气水合物大型试验装置和试验平台：天然气水合物相平衡测试系统、天然气水合物合成与分解控制及温度场分布测试系统、天然气水合物力学特性分析三轴仪系统、天然气水合物核磁共振（NMR）成像可视化测试平台、X 射线微焦点 CT 试验装置等大型设备。浙江大学流体动力与机电系统国家重点实验室在"十五""十一五"863 计划等的资助下，已经成功研制了多款可用于采集水样、沉积物样的深海作业工具。

在"十三五"期间，浙江大学和广州海洋地质调查局在之前研究的基础上研发了新一代天然气水合物保压转移转置，在其中加入了新的主动保温功能，并分析了在样品保压过程中温度升高的原因。通过设计冷却器和热电制冷装置，对流入样品筒的海水在加压前后分别进行冷却，并探讨了温度控制的效果，可有效防止天然气水合物样品在转移过程中由于温度升高而分解和变质。新一代天然气水合物保压转移装置更加细致地考虑了天然气水合物样品转移过程中可能遇到的所有问题，并且将保压转移装置工作的稳定性提升到了一个新的高度。

为了提升在转移运输过程中对天然气水合物样品的保护能力，更好地进行后续实验室检测和分析天然气水合物样品，未来在开发新型天然气水合物保压转移装置时将增强对于样品在船载环境下的检测能力。通过有效区分样品的天然气含量和岩心的结构参数，更有区分性地切割分装天然气水合物的子样品。同时，进一步提高对于样品压力变化的调节能力，能够实现对样品压力和温度变化的精准测量和控制，努力做好从保压钻具开采到实验室分析研究的中间环节，增强对天然气水合物的调查分析能力。

第二章 | 海洋天然气水合物地球物理立体探测技术

地球物理探测是海洋天然气水合物调查的重要手段，BSR 是天然气水合物赋存的重要证据。我国自 1999 年正式实施海洋天然气水合物调查以来，在采集的地震剖面中识别出 BSR，获得了南海天然气水合物赋存的重要证据，从此拉开了我国海洋天然气水合物调查研究的序幕。

与我国海洋天然气水合物调查同步，"九五"以来，863 计划先后设立"十一五""天然气水合物勘探开发关键技术""天然气水合物（单源单缆）准三维多道地震勘探技术"项目，研发形成了海洋天然气水合物关键探测技术，积极支撑了我国海洋天然气水合物调查研究工作。"十一五"期间，科技部积极推动"天然气水合物勘探开发关键技术"重大项目立项，研发形成了天然气水合物矿体三维与高频海底地震联合探测技术、天然气水合物热流原位探测技术等一系列重要的地球物理技术创新成果。2009 年，973 计划"南海天然气水合物富集规律与开采基础研究"项目启动，深入研究了海洋天然气水合物气体来源、成藏类型及富集规律等基础科学问题，实现了重要的理论创新，积极推动了我国海洋天然气水合物调查的理论创新、技术突破和调查实践的相互促进与良好互动。

"十二五"期间，科技部针对天然气水合物目标靶区精细评价技术的迫切需求，经多轮调研，广泛征求意见，设立"天然气水合物勘探技术开发"主题项目，在地球物理探测技术层面，重点开展海底冷泉声学探测技术、数字垂直缆探测技术、广角地震反射技术，以及测井解释等相关技术研发，旨在建立面向水合物目标靶区的天然气水合物地球物理立体探测技术体系。

第一节 天然气水合物海底冷泉声学探测技术

海底冷泉是指来自海底沉积地层的气体以喷涌或渗漏的方式逸出海底的一种海洋地质现象，其发育和分布一般与天然气水合物分解或海床下天然气及石油分解运移密切相关，目前已成为指示现代海底发育或尚存天然气水合物最有效的标志之一。海底冷泉声学探测是一种新的、有效的天然气水合物勘查手段。由于海底冷泉的浅层气逸出气泡水体反射信号较弱，大多采用水下摄像机、深潜器探测等常规方法，应用范围小、作业复杂、效率低。为了快速、便捷、有效地探测海底浅层气逸出气泡，探索新的探测手段尤为重要。

海底浅层气逸出气泡水体反射信号较弱，并且其声学界面是不同于海底"硬界面"的"软界面"，导致已有的声学调查仪器对探测海底浅层气逸出气泡均有局限性：①浅层剖面仪只能探测到中等、大尺度的海底浅层气逸出气泡和部分偶尔出现的大气泡；②测深仪只能探测到较小的海底浅层气逸出气泡；③单道地震无法探测到的海底浅层气逸出气泡远小于常见的海底浅层气逸出气泡，因此不适于探测海底浅层气逸出气泡；⑤多道地震只能探测到大气泡，其远大于海底浅层气逸出气泡，易破碎。因此，国内自主研发海底冷泉声学快速探测仪器极其重要和紧迫。

天然气水合物海底冷泉声学探测技术主要针对渗漏型天然气水合物伴生的海底冷泉气体逸出的特点而研发。该技术通过研制一种海底冷泉水体回声反射探测系统，开展逸出气体气泡声学资料采集分析，研究其声学特征，并对特定海洋的海底地震与水面拖缆地震数据进行处理、解释与反演研究，特别是采用全波形反演技术，进一步突出了海洋天然气水合物的物性特征。

一、海底冷泉水体回声反射探测系统研制

海底冷泉水体回声反射系统是一种利用声学共振原理，并结合声呐探测技术，将接收到的声波按照声波强度的高低变成灰度像素，提取特征参数，采用水体回声反射图像处理技术，最终形成逸出气泡的图像，根据声学成像和逸出气泡的特征，来判别是否为"冷泉"，以此快速准确地探测天然气水合物。声学理论认为：声波在传播过程中遇到介质不均匀处要发生散射，从不均匀处向各个方向发射散射波。探测海底浅层气逸出气泡的方式就是通过在有源模式下，采集声学回波信号，根据回波信号的强度及回波信号的特征，利用声呐图像处理技术，形成天然气水合物海底冷泉的声学图像。

（一）回声反射探测基本原理

当气体从海底溢出后，由于水体、气泡之间物性差异较大，海水中大量气泡造成海水层不均匀。气泡可视为一个空腔，它使海水介质出现了不连续性，声波在传播途中遇到气泡时，就会产生强烈的散射过程，致使声波通过气泡群后，其强度大大减弱，发生气泡散射，从而使声波从不均匀处向各个方向发射散射波。

依据回声反射探测的基本原理，利用气泡声学回波信号的特性，结合声波在传播过程中发生的散射现象，探测天然气水合物海底冷泉。探测海底冷泉的方式就是在有源模式下，从气泡中测得声学回波。根据声呐方程：

$$RL = SL - TL + 10 \log V \tag{2-1-1}$$

式中，RL 为接收信号级；SL 为声信号源级；TL 为传播损失；V 为散射体积。

在气泡的共振频率附近，气泡表面随声波振动，散射有很大变化。水中的气泡在共振时激发强的二次谐波，气泡在声波驱动下，气泡壁作受迫振动，遵循 Rayleigh-Plesset 方程，共振时振幅很大，产生强烈的非线性振动，非线性振动又成为二次谐波声压的源，声场表现为强非线性衰减，将声能向四周散射出去。水中的气泡以尖锐峰值共振形式进行振动运动，气泡附近水的运动被随气泡体积而变化的内部压力所控制，气泡像空洞一样，周围的水体成为声学振子的振动块。

基于以上分析，可知当回声反射系统的工作频率与气泡共振频率相同时将发生共振，共振时的气泡声学目标最大、强度最强，气泡最容易探测到，因此回声反射系统工作频率的选择是关键。

1. 海水中气泡的共振频率

海水中气泡的主要声学特征包括气泡大小、气体含量、声速、衰减、共振频率、散射截面等。其中，影响海水中气泡探测的最主要因素为共振频率，共振频率又受到气泡尺寸、气泡深度的影响。下面对气泡的共振频率进行分析。

自 1932 年以来，经过国内外众多科学家对共振频率计算方法的逐渐完善深化，已经能较精确地计算出气泡的共振频率。在某一频率下，给定尺寸的气泡与激发声波共振，这个频率为

$$f_0 = \frac{1}{2\pi r_0}\sqrt{\frac{3\gamma P_0}{\rho}} \tag{2-1-2}$$

式中，γ 为气体的比热比；P_0 为流体静压力；ρ 为水的密度；r_0 为气泡半径。

在海水深度 d 处，式(2-1-2)可简化为 $f_0 = \frac{326}{r_0}\sqrt{1+0.1d}$ 。式中，f_0 为共振频率，Hz；r_0 为气泡半径，cm；d 为海水深度，m。

根据已有研究，常见气泡的共振频率在 10～60kHz，考虑到高频声信号在海水中的吸收比较大，因此海底冷泉水体回声反射探测系统的工作频率选在 10～20kHz。

2. 气泡散射截面

在共振时，气泡受声波激发产生共振，具有最大的散射截面。理想的(无损失的)气泡散射截面的表达式为

$$\sigma_s = \frac{4\pi r_0^2}{\left[\left(f_0^2/f^2\right)-1\right]^2 + k^2 r^2} \tag{2-1-3}$$

式中，f_0 为共振频率，Hz；f 为入射声波频率；k 为共振时的波数。

该截面在共振时有一最大值，而在偏离共振频率时，随频率偏移而减小。

小气泡($r_0 \leqslant \lambda$，λ 表示声波波长)在水中的散射截面随频率变化的关系如图 2-1-1 所示。横轴代表入射声波频率与共振频率比值，纵轴代表气泡散射截面与几何截面比值。图 2-1-1 中 δ_T 为总阻尼常数；$\delta_s = 1.36 \times 10^{-2}$，为散射引起的阻尼常数。图 2-1-1 中两条曲线分别为小气泡在理想情况与实际情况下散射截面/几何截面随频率变化的曲线。由图 2-1-1 可知，入射声波频率低于共振频率时，气泡散射很小，与入射声波频率的四次方成正比；入射声波频率等于共振频率时，气泡迅速达到最大的散射截面；入射声波频率高于共振频率时，散射截面迅速减小，在 10 倍共振频率附近，气泡散射截面是常数，其是气泡几何截面的 4 倍；入射声波频率再增大时，散射截面减小到等于其几何截面。Anderson 等(1980)给出有阻尼的水中真实气泡共振的散射截面大约为气泡几何截面的 200 倍。相应的气泡共振时的散射截面直径大约是实际气泡的 14 倍(尤立克，1990)。

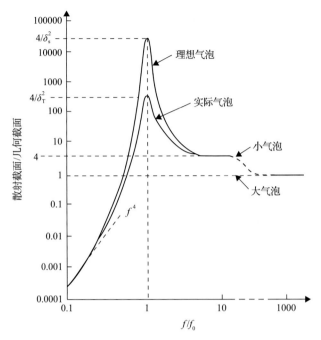

图 2-1-1　气泡的水中散射截面/几何截面与频率的关系曲线

3. 气泡的运动规律

气泡在上升过程中的运动规律：浅层气逸出气泡的上升过程是一个复杂的过程，气泡在上升过程中要受到气泡破碎、合并、形变、内部气体溶解及水压减小导致的半径增加等的影响，这些因素都会影响到气泡的大小。水中气泡在上升过程中的变化、运动规律总结如下：

(1) 以点状信号为主，有时夹杂短线状信号；

(2) 这些气泡信号一般呈垂直方向的成串分布；

(3) 水深较大时，浅层气逸出气泡信号自海底开始出现，向上逐渐减弱、消失。

由气泡的 3 种特点可知：①气泡的共振频率是影响气泡探测的主要因素，需根据气泡的共振频率合理选择工作频率；②入射声波频率与散射截面有着十分密切的关系，当入射声波频率与共振频率相同时，气泡处于共振状态，此时散射截面达到最大；③浅层气逸出气泡在上升过程中呈一定的运动规律，以及气泡逸出区的海底地层中存在声学空白的特征。结合上述气泡声学特性综合研究气泡探测技术，有利于提高海底冷泉的识别能力。

根据确定的系统探测频率 F=10～20kHz (不失一般性取中心频率 15kHz)、发射功率 3kW、探测水深 2000m 等一系列参数，进行系统仿真和验证，仿真计算如下：

(1) 若 F=15kHz，则波长 λ=0.1m；

(2) 若功率放大器发射功率为 3kW，电声转换效率取 η=0.5，则发射声功率 P_A=1.5kW；

(3) 换能器基阵设计成长方体，长 1m，宽 0.1m，辐射面积 S=0.1m^2，则基阵的指向性指数为

$$DI = 10\log\left(\frac{4\pi S}{\lambda^2}\right) \approx 21dB \tag{2-1-4}$$

式中，S 为面积。

(4)换能器基阵辐射出的声信号源级为

$$SL = 171.5 + 10\log P_A + DI = 224dB \qquad (2\text{-}1\text{-}5)$$

(5)15kHz 的声信号在海水中的吸收系数取 2.3dB/km，探测水深 2000m 的吸收损失为 4.6dB，扩展损失为 $20\log R=66dB$，因此传播损失 TL=71dB；R 为探测距离，2000m。

(6)目标散射强度取 TS=-70dB，检测阈 DT=10dB，根据声呐方程可得接收信号级为 RL=SL$-$2TL+TS=12dB＞DT=10dB，计算机仿真结果如图 2-1-2 所示。

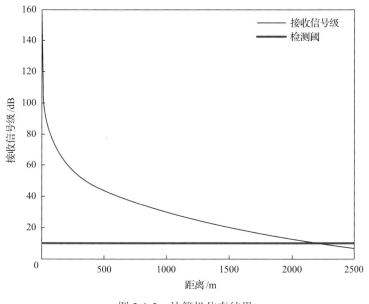

图 2-1-2 计算机仿真结果

根据上述计算机仿真结果可得接收信号级大于检测阈，系统能正常工作。

(二)回声反射探测系统样机研制

入射声波在含气泡的海水中传播时，由于气泡显著的吸收和散射作用，声波强度逐渐衰减，海底浅层气逸出气泡水体反射信号逐渐减弱，海底冷泉水体回声反射探测系统利用声学共振原理并结合声呐探测技术，采用近船底安装(或船底安装)方式，快速检测海底浅层气逸出气泡。系统主要包括换能器基阵、功率放大器、信号调理机、信号处理机和信号处理服务器，如图 2-1-3 所示。

通过仿真计算，确定换能器基阵的中心频率为 15kHz，接收和发射频段范围为 10～20kHz，发射响应 SvL≥160dB，接收灵敏度 ML≥$-$180dB。根据换能器基阵的参数，采用多个换能器组合成基阵的方式，解决了换能器基阵的设计和加工工艺问题。

系统采用硬件集成和自主研制相结合的方式，主要部件包括宽带多频点换能器基阵、收发合置开关、功率放大器、信号调理机、水体回声反射信号处理机和水体回声反射信号处理服务器(图 2-1-4)。

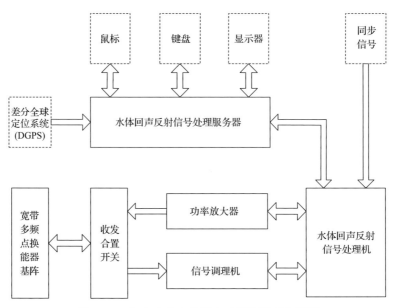

图 2-1-3　海底冷泉水体回声反射探测系统框图

(a) 海底冷泉水体回声反射探测系统换能器基阵

(b) 海底冷泉水体回声反射探测系统主机

图 2-1-4　海底冷泉水体回声反射探测系统实物图
收发合置开关等在箱体里面

(三)样机试验测试

海底冷泉水体回声反射探测系统研制过程中共经过三次湖上试验、两次浅海试验和一次深海试验。

第一次湖上试验在浙江莫干山水库试验场进行。在试验中换能器分别向水底和远处探测,用空压机产生气泡,模拟海底气泡。从系统探测的气泡声学回波图像看,探测效果较好,验证了设计方案和试验方法正确、可行。根据第一次湖上试验数据处理的结果,改进信号处理和数据处理方法,滤除了噪声的干扰,使得声学图像显示效果更优。

第二次湖上试验测试了系统的各项技术指标,测试内容包括:

(1)测量不同发射频率的声源级;

(2)测量基阵的水平和垂直波束开角;

(3)测量空压机模拟产生的气泡群的目标强度;

(4)测量系统的最大作用距离;

(5)研究系统对空压机模拟气泡的探测效果;

(6)饱和气通量研究。

第三次湖上试验测试了系统的功能和性能指标,测试内容包括:

(1)工作频率范围测试;

(2)测量声源级指标;

(3)测量基阵的水平和垂直波束开角;

(4)测量最大发射功率;

(5)测量系统的最大作用距离(探测最大水深)。

研制的海底冷泉水体回声反射探测系统经过湖上指标测试试验后,搭乘奋斗五号调查船分别在码头和南海北部进行了测试,验证设备功能和海上适用性及稳定性。

海底冷泉水体回声反射探测系统可选择固定船体安装,可以实现走航以及与其他海上拖曳技术项目同时作业;设备工作稳定可靠,测试的各项指标完全满足海上作业要求,见表2-1-1。在海上试验区探测到海底声学图像,如图2-1-5所示。

表 2-1-1 海底冷泉水体回声反射探测系统性能指标测试结果

指标名称	设计指标要求	测试结果	结论
工作频率范围/kHz	10~20	10~20	符合指标要求
探测最大深度/m	2000	2730	高于指标要求
发射功率/W	3000	3200	高于指标要求
最大声源级/dB	150	223	高于指标要求
垂直波束开角/(°)		4	
水平波束开角/(°)		26	

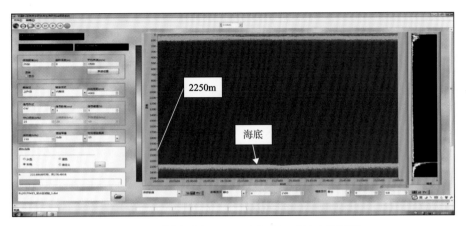

图 2-1-5　系统探测 2000m 以上水深时的声学图像

二、浅层剖面数据处理技术

浅层剖面是海底高分辨率探测的主要技术手段之一，也是冷泉勘探的重要方法之一。冷泉反射在浅层剖面上表现为羽状流形状。但是受各种因素的影响，野外采集的浅层剖面资料中存在一些问题，使得直接利用浅层剖面资料进行冷泉识别的效率不高。第一，也是最严重的，冷泉存在于水体中，有其独特的地球物理响应特征，与常规的地层响应有很大差异，若采集参数或显示参数不合适则可能无法观测到冷泉反射信号。第二，浅层剖面震源子波频率高、频带窄，资料的视分辨率高，但是实际分辨率低。第三，剖面上存在多种噪声降低了剖面的信噪比，使得海底之下冷泉通道成像质量不高。第四，浅层剖面坐标值存在异常以及坐标值更新频率低于地震空间采样频率，这些都会造成航迹线畸变，空间分辨率降低；第五，FIX 号也叫 Mark 线，是开展综合对比解释的标志线，但是浅层剖面道头中缺失 FIX 道头，使得综合解释对比缺乏标志信息。以上这些问题不加以解决则难以利用浅层剖面资料进行冷泉勘探。

专业研究人员在分析了大量浅层剖面资料的基础上准确描述了冷泉反射的能量、频率、形状等响应特征，通过截止振幅设置、振幅比例调整、滤波频率等试验，形成了冷泉独有的显示识别技术，解决了冷泉羽状流无法在剖面上显示的问题；对于浅层剖面资料中存在的多次反射、涌浪及大值干扰等噪声问题，通过自由界面多次波压制（SRME）、分频多步衰减、互相关静校正等组合噪声压制技术，实现了海底之下浅层剖面信噪比的提高；对于浅层剖面震源子波频率高、频带窄、资料实际分辨率低的问题，引入了希尔伯特（Hilbert）变换进行频移处理，增大倍频程，提高剖面的真实分辨率，从而提高与冷泉上升通道相关的微幅构造的成像精度。针对坐标值存在的问题，开发了坐标处理软件，通过异常点剔除、重复点删除、多项式拟合等处理实现坐标的校准，提高了剖面的空间分辨率；对于道头中缺失 FIX 号影响资料对比解释的问题，开发了 FIX 标定软件，通过坐标对比计算将 FIX 号添加到数据道头中，方便了综合解释。

(一)冷泉在浅层剖面上的显示识别技术

冷泉在浅层剖面上的显示识别技术研究如何突出显示水体中羽状流等冷泉相关的水体特征从而实现冷泉的准确识别。而冷泉羽状流的频率响应独特，反射能量微弱，与海底相比，二者相差几十倍至上万倍，如果观测方式不当，很难发现羽状流，从而错失埋藏在海底之下的天然气水合物矿体。显示和识别技术包括振幅设置、频率设置、形状特征描述 3 个方面。

1. 振幅设置

振幅设置指的是设置一个截止振幅(clip)或振幅放大比例，压制强反射的样点值，提高弱反射的样点值，目的是突出某个范围弱信号的显示。研究表明，冷泉反射能量非常微弱，与海底相比，二者反射能量相差几十倍至上万倍，但是比水体中的一般噪声能量相对高一些。图 2-1-6 显示的是 2016 年广州海洋地质调查局在南海某冷泉区域不同截止振幅的羽状流表现。截止振幅太大(如大于 500mV)或者截止振幅不设限制(no)时无法观测到羽状流反射，截止振幅设置为 5～200mV 都可以观测到羽状流，而截止振幅为 5～50mV 时观测到的羽状流形态最全面；若截止振幅值太小(如小于 5mV)则羽状流被淹没在噪声中，因此要根据水体中的噪声水平适当进行调节。

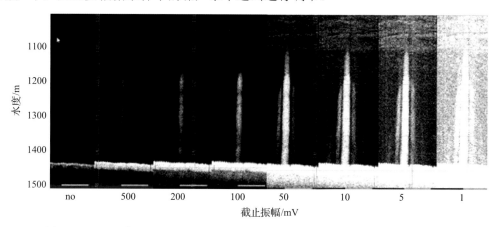

图 2-1-6 不同截止振幅值的羽状流表现(南海某海域，海洋四号，2016 年 4 月)

振幅设置的另外一种方式是将振幅放大一定倍数，提高弱反射的样点值，这样才能在连续的空间和时间范围显示羽状流，如果放大倍数小，则无法观察到羽状流。图 2-1-7 为不同振幅放大比例时的羽状流表现。可以看到振幅放大比例为 60000 倍可以显示羽状流，而振幅放大比例为 400 倍则完全看不到羽状流。

2. 频率设置

羽状流有其特有的频率响应特征，采集和处理时都要根据其特征设置相应的频率参数范围。图 2-1-8 为南海某海域高、低频采集的浅层剖面资料，可以看出高频(20kHz)资料能够观测到羽状流，而低频(4kHz)资料无法显示羽状流，只能观测水体噪声。对高频采集到的浅层剖面资料进行滤波时，滤波通频带要包含 200Hz 以上信息，否则也无法显示羽状流特征。

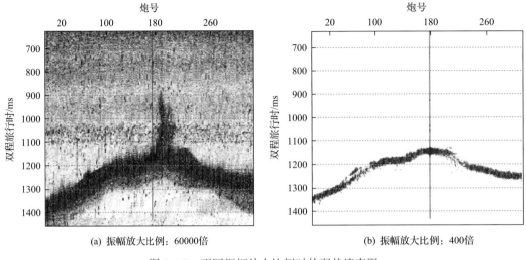

(a) 振幅放大比例：60000倍　　　　　(b) 振幅放大比例：400倍

图 2-1-7　不同振幅放大比例时的羽状流表现

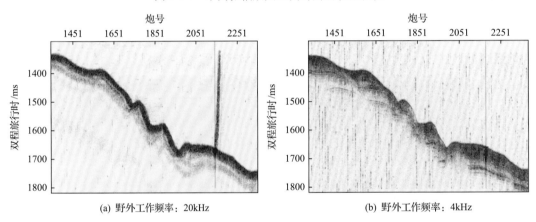

(a) 野外工作频率：20kHz　　　　　(b) 野外工作频率：4kHz

图 2-1-8　羽状流高、低频剖面显示

3. 形状特征描述

受到海流等影响，冷泉喷出海底后在浅层剖面上表现为羽状流，羽状流并非一定垂直海底，常常有一定倾斜度和弯曲度（图 2-1-6 和图 2-1-7），两边常常有旁瓣（图 2-1-6），羽状流可大可小，南海海域观察到的冷泉羽状流宽度达 200~300m，高度大于 250m。

（二）浅层剖面子波处理技术

高分辨率是地震资料处理的关键任务之一，目前的浅层剖面仪器的发射信号主要是 CW 微波（Bursts 波），CW 微波频宽非常窄，横向空间假频严重。另外一种波形是只有信号的振幅包络，即样点只有正值。这些特殊同相轴形态导致同相轴模糊不清，使得浅层剖面资料的分辨率非常低，需要对波形做相应处理才能实现真正的高分辨率。

针对浅层剖面特殊的震源子波，研发了频移处理技术。频移处理技术的理论基础是 Hilbert 变换，首先通过对数据进行 Hilbert 变换获得其瞬时振幅属性；其次对瞬时振幅求微分，使频谱得到展宽；最后选取合适的带宽滤波处理，实现频移，在消除空间假频的同时增加倍频程，从而提高资料的分辨率。移频处理的重要作用是把多周期的谐振波形变为单周期的波形。针对只有正极性的包络型浅层剖面数据，则对振幅求微分，得到含有明显主瓣的波形，同时浅层剖面的频谱得到展宽，选择合适带宽进行滤波处理，实现频移，增大倍频程，从而达到提高分辨率的目的。

图 2-1-9 为子波处理前、后浅层剖面及其频谱的对比，处理前浅层剖面上地层反射没有同相轴，地层接触关系模糊不清，频谱很低，处理后浅层剖面上同相轴清晰有力，波组特征非常清晰，地层接触关系一目了然，资料的分辨率明显提高。

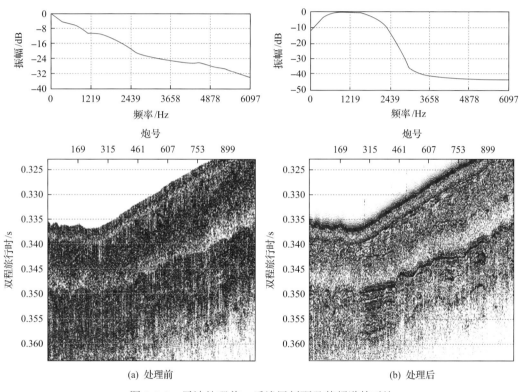

(a) 处理前　　　　　　　　　　　　(b) 处理后

图 2-1-9　子波处理前、后浅层剖面及其频谱的对比

(三)浅层剖面噪声压制技术

浅层剖面噪声压制技术任务是压制数据中存在的多次反射、同相轴抖动、大值干扰等噪声，突出弱反射(如气泉通道小断层)能量，提高浅层剖面资料的信噪比。

大值干扰的压制原理是利用其强能量、空间上随机分布的特征在空间上求取相邻道多个样点的振幅中值，设置一个大值检测门槛，样点超过门槛则标识为大值噪声并进行衰减。同相轴抖动则利用互相关方法来求取海浪造成的时移量，通过静校正消除，只有多次波干扰压制严重影响成像质量。浅层剖面的子波比较特别，因此必须首先进行子波处理，对移频之后的数据进行多次波衰减。

多次波一直是海上勘探的主要干扰。研究的目标是衰减多次波能量，恢复被多次波覆盖的有效反射，提高浅层剖面的信噪比。海底较浅时，海底短周期多次波经常与一次波混在一起难以分辨，可以根据其周期性利用相关分析准确识别多次波。预测反褶积技术对于压制中短周期的多次波有较好的效果，但是对于不规则的崎岖海底产生的短周期多次波，预测反褶积会有二次残留，模型拟合方法则适用于压制与一次波有明显区别的长周期多次波。当多次波与地层反射差异较大时（如反向斜交），压制多次波效果最好。但是对多次波与地层反射时差小的情况则容易误伤有效反射。目前最先进的去多次波技术是 SRME 技术。SRME 技术是数据驱动的、不依赖于具体模型，既能够压制短周期多次波，也可以衰减长周期多次波，能够适应海底变化。图 2-1-10 为 SRME 技术在浅层剖面资料上的应用，可以看出尽管海底起伏变化，应用 SRME 技术之后多次波能量被压制，浅层剖面变得干净。

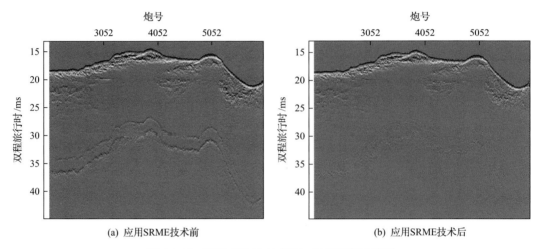

(a) 应用SRME技术前　　　　　　　　　　(b) 应用SRME技术后

图 2-1-10　应用 SRME 技术前、后浅层剖面资料

（四）坐标处理技术

1. 坐标校正

天然气水合物特别是冷泉的分布面积一般较小，要求高精度的勘探。一方面要求剖面信噪比和分辨率高，另一方面要求剖面的位置精确。但是采集过程中导航数据更新频率、仪器之间的通信、时钟同步等问题造成部分坐标值异常，出现坐标丢失、坐标重复、坐标点偏离实际航线甚至不在工区范围内。作者团队开发了坐标处理软件模块，剔除坐标异常值和重复值，并通过多项式插值恢复真实的坐标，为解释提供准确的位置信息。

图 2-1-11 为一条浅层剖面测线坐标处理前、后的航迹图对比。可以看出，原始航迹图上只有两个点，而不是正常的航迹线，这是因为存在一个异常跳变的坐标值（图中红色点），这个值超出工区的坐标范围，使得整条测线航迹缩为一个点（图中蓝色点）。通过软件程序处理，剔除了异常坐标值，也删除了 0.2ms 激发间隔造成的 4 个重复坐标，并通过最小二乘多项式拟合进行插值补充，最终的测线航迹图上每个炮位置都有比较准确的坐标。对于 0.2ms 激发间隔的浅层剖面数据，剖面空间精度从 3m

提高到了 0.6m。

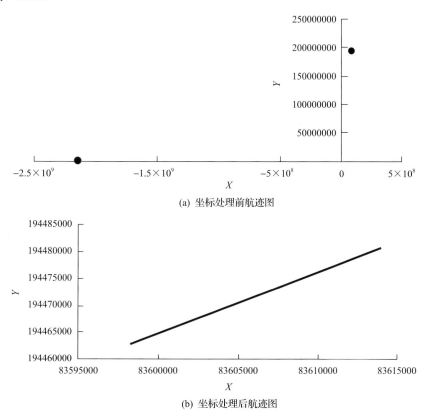

(a) 坐标处理前航迹图

(b) 坐标处理后航迹图

图 2-1-11　浅层剖面测线坐标处理前、后航迹图

2. FIX 号标定

FIX 是深水浅层剖面资料与钻井、多波束以及其他地质资料对比的标志号，浅层剖面数据没有记录 FIX 号，缺失 FIX 号会影响资料的对比和综合解释，从而降低冷泉勘探的精度。

根据导航数据和浅层剖面数据中的坐标、时间等信息进行 FIX 标定，开发了高精度坐标对比软件模块，通过浅层剖面道头与导航数据结合，获得 FIX-炮号关系，然后将 FIX 号写入浅层剖面数据中，为资料的综合解释提供准确的 FIX 信息，FIX 的标定精度为 1 个道距。

FIX 号标定后的剖面如图 2-1-12 所示。

3. 神狐实验区资料处理应用效果

将浅层剖面处理技术研究成果应用于我国南海北部神狐海域某区域的浅层剖面数据，图 2-1-13 显示了三个剖面，可以看出，处理后，成功在高频剖面(PHF)上显示了冷泉的羽状流，羽状流出现双程时为 1370～1708ms，按 1500m/s 的水速度，则计算出实际高度大于 338ms(约 250m)，羽状流出现炮号范围为 2151～2180 炮，计算出羽状流实际宽度约 254m。

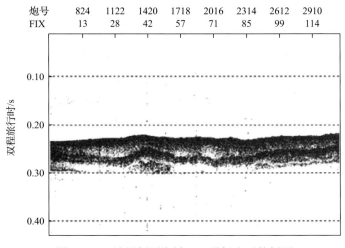

炮号	824	1122	1420	1718	2016	2314	2612	2910
FIX	13	28	42	57	71	85	99	114

图 2-1-12 浅层剖面资料 FIX 号标定后的剖面

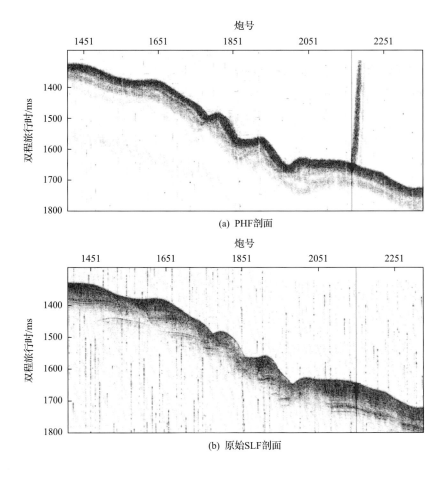

(a) PHF 剖面

(b) 原始 SLF 剖面

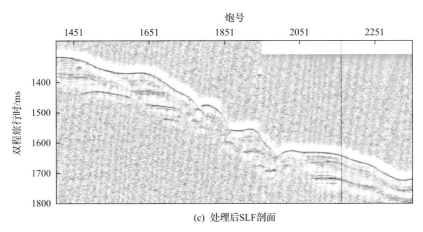

(c) 处理后SLF剖面

图 2-1-13　浅层剖面处理剖面、高频剖面有明显的疑似冷泉气柱

原始低频剖面(SLF)上存在大量大值干扰，剖面的同相轴不清晰，大值干扰可能由多波束仪器产生。处理后 SLF 剖面压制了大值干扰，同相轴更清晰，剖面的信噪比和分辨率都得到提高。不过，对比高低频剖面，在冷泉溢出的位置没有发现明显的麻坑或气泉通道特征。

三、多波束测深数据的滤波和水体影像数据处理

(一)多波束测深数据的滤波处理

在科研及生产实践中，多波束测量过程中白噪声和海况的影响以及参数设置的不合理等，都将会导致测量数据中出现假信号，形成虚假地形，从而使绘制的海底地形图与实际地形存在差异。为了提高测量成果的可靠性，必须消除这些假信号，因此需展开测深异常数据的检测、定位研究，对数据进行必要的编辑，剔除假信号，为后处理成图做准备。

多波束测深数据中的粗差主要由外部环境变化和仪器自身的缺陷引起。多波束测深数据的滤波和水体影像数据处理是对基于测深数据统计特性的窗口滤波法、基于趋势面的测深数据滤波法、基于小波变换的测深数据滤波法以及组合不确定性与水深估计(combined uncertainty and bathymetric estimator，CUBE)滤波算法等进行研究，并最终给出适合不同情况的多波束测深数据粗差自适应综合滤波方法。

1. 基于测深数据统计特性的窗口滤波法

由于粗差常呈现为高频特性，可借助窗口地形的统计特性，基于 $n\sigma$ 原则(n 为一个常数，常取 2 或者 3，σ 表示深度标准差)，实现粗差剔除。在数据处理研究中，对于地形变化较大地区，n 取 3；平缓地区，n 取 2。窗口滤波法的基本思想是：以每个波束点为中心，计算该波束点邻域内所有波束的统计量，判断该波束点是否异常。通常的统计量为窗口内水深的平均值或中值。基于水深平均值和标准差的异常水深检测方法是建立在邻域内波束水深变化呈正态分布的基础上，而实际地形变化并不全是如此。滤波效果如图 2-1-14、图 2-1-15 所示。

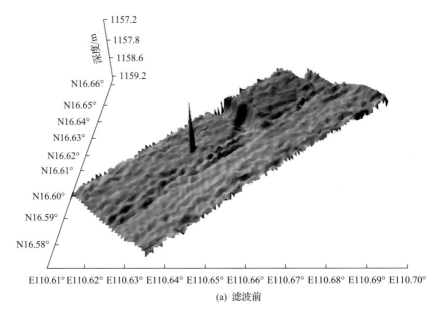

(a) 滤波前

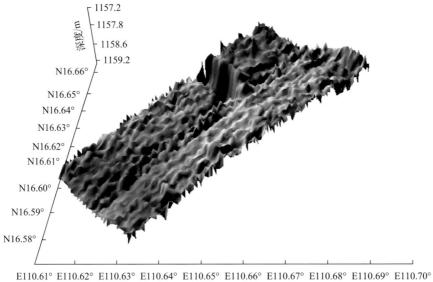

(b) 滤波后

图 2-1-14 均值滤波前后地形变化对比图

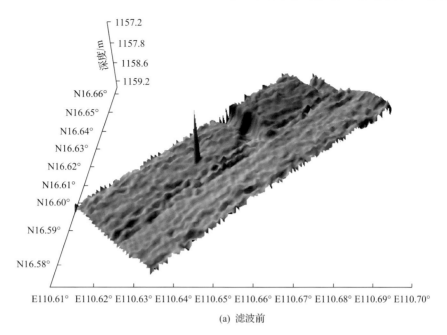

(a) 滤波前

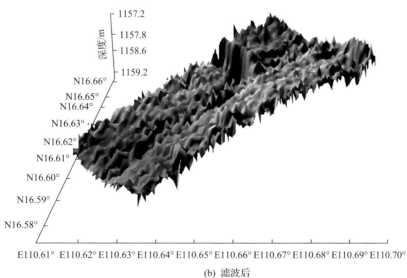

(b) 滤波后

图 2-1-15 中值滤波前后地形变化对比图

2. 基于趋势面的测深数据滤波法

该算法的基本思想是根据地形整体变化趋势，利用主元素数据(或低频数据)构建地形变化趋势面，对异常测深数据进行滤波。趋势面模型的建立前提是海底连续平缓变化，无脉冲地形。构建前需对区域数据进行分块，以保证区域内趋势面模型能够真实反映海底地形变化趋势。

趋势面函数为与位置相关的深度的多项式函数：

$$f(x, y) = \sum_{k=0}^{j} \sum_{i=0}^{k} a_{k,i} x^{k-i} y^i \qquad (2\text{-}1\text{-}6)$$

式中，(x, y) 为水深点的坐标值；a 为函数模型的系数；j 为函数的总阶次；i 为一个变量，从 0 变化到 k。

趋势面滤波的效果图如图 2-1-16 所示。

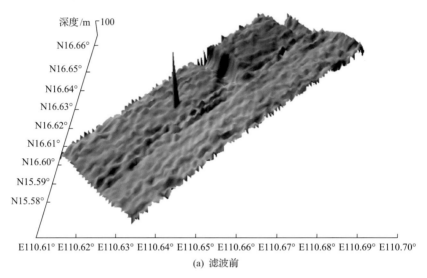

(a) 滤波前

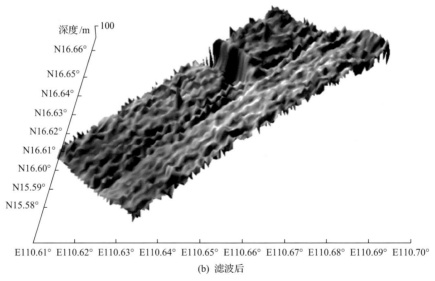

(b) 滤波后

图 2-1-16　趋势面滤波前后地形变化对比图

采用多项式趋势面模型进行异常值检测，曲面阶数的选择甚为关键：阶数过高部分异常值可能被包容，过低则会引起信息的损失。在实际计算时，模型的阶数可根据海底地形变化的复杂程度和分块处理区域的大小进行选择。类似地，滤波门限也直接影响滤波效果。

3. 基于小波变换的测深数据滤波法

该算法的基本原理是根据地形变化的频谱特性，基于小波变换，分离出地形频谱信息，去除高频信息，保留地形变化中的低频信息，通过小波重构，最终复原地形，进而实现对粗差的剔除。

小波分析方法的优势在于考虑了整体地形变换的频谱特征，将高频特征去除后重新组合，实现异常测深的滤除，滤波效果较好，但也存在程序实现困难、滤波效率较低的缺陷。

4. CUBE 算法

CUBE 算法通过建立贝叶斯动态线性模型(Bayesian dynamic linear model，BDLM)，利用卡尔曼(Kalman)滤波和多重估计，并结合测深数据的水平和垂向不确定度来计算网格节点，然后通过格网点的坐标来约束网格内测深点深度值以达到滤波的目的。该算法主要过程如下：

(1)对测深数据进行格网化。

(2)根据格网点周围测深数据在距离加权原则下计算得到格网点三维坐标。

(3)采用距离加权原则，通过格网 4 个角点的坐标得到格网内各测深点的坐标，与原深度值相减得到深度差值，对深度差值进行统计计算得到差值的平均值与均方差 σ，然后根据 $n\sigma$ 原则对差值进行滤波，若差值小于等于 $n\sigma$，则接受原来的深度值；否则，对其进行标定，并用格网点深度加权值替代原始值。

5. 滤波方法比较及自适应综合滤波算法

比较以上几种滤波方法，认为：

(1)所有滤波方法均能有效滤除测深数据中的明显粗差。

(2)基于小波变换的测深数据滤波法比较复杂，程序实现相对困难，滤波效率较低，滤波效果与中值滤波法差异不大。

(3)基于测深数据统计特性的窗口滤波效果优于基于趋势面的测深数据滤波，且易于实现，滤波效率较高，但窗口尺寸需恰当。

(4)基于趋势面的测深数据滤波相对简单，可实现大面积滤波，但地形变化复杂地区，模型与实际存在一定偏差，而平坦地区，滤波效果较优。

因此，建议将基于测深数据统计特性的窗口滤波法和基于趋势面的测深数据滤波法综合，根据地形变化特征，自适应地选择最优滤波算法，实现高效、最优滤波。基本原则是：①海床地形变化复杂区，采用基于测深数据统计特性的窗口滤波法；②海床地形变化平缓区，采用基于趋势面的测深数据滤波法。

（二）多波束水体影像数据处理软件实现

多波束一般采用精确水深测量进行成像，具有位置准确，图像畸变小，适合海底地形地貌的研究，可以广泛用于与天然气水合物特征相关的麻坑等地貌特征的研究和水体影像研究的特性。除具备测深能力外，多波束还可以借助来自水体的回波信息，实现水体目标的探测。因此，科研人员利用该技术在分析引进国外多波束设备获取数据格式的基础上，自主开发出多波束水体影像数据处理软件，对多波束水体影像数据进行处理，实现水体冷泉影像成像。

多波束水体影像数据处理（water column image processing，WCIP）软件是目前国内首款针对天然气水合物勘查多波束水体数据影像成像处理软件，具有快速浏览水体影像、提取水体异常特征体的基本功能，同时还具备多种坐标转换、多维水体影像叠加、浏览速度控制、显示分辨率控制、背景噪声消除、暂停、缩放、平移、倒退显示、数据输出等功能。多波束水体影像显示如图 2-1-17 所示。

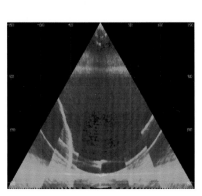
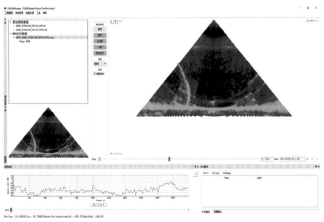

(a) 水体影像图　　　　　　　　　(b) 多波束水体影像数据处理软件界面

图 2-1-17　多波束水体影像显示

第二节　天然气水合物赋存区立体探测技术

天然气水合物属于非常规油气，将是我国油气增储上产的主体，也是我国能源战略的重要部分。但天然气水合物高精度探测极为困难，主要因为地震波方法作为天然气水合物探测最主要的手段存在 3 个关键瓶颈问题：①天然气水合物薄（互层）储层无法有效分辨；②天然气水合物储层结构、边界、岩性及含气性等难以有效预测；③天然气水合物储层与围岩波阻抗差异小，其反射信号弱，导致天然气水合物储层富集区难以识别。

尽管我国天然气水合物资源勘探开发工作起步较晚，但是随着国家在科技方面的持续投入，目前取得了突破性的成果。"十一五" 863 计划海洋技术领域的课题研究提出以似海底反射、空白带等作为天然气水合物的主要特征标志，开展了以水面拖缆为主体的地震技术方法研究，初步圈定了我国南海北部陆坡天然气水合物富集区，并于 2007 年首次在我国南海神狐海域取得了扩散性天然气水合物实物样品。"十二五" 863 计划加强研究支持力度，针对海洋天然气水合物的赋存特点及我国海洋天然气水合物的勘探开发需求，对天然气水合物勘探开发需求的地震探测技术进行攻关。创建了面向天然气水合物赋存区的高精度模型，开展了高精度投影菲涅尔带约束三维崎岖海底高斯射线束正演模拟和地震波场特征分析；研发了大能量电火花震源激发系统，形成了宽方位立体地震探测系统；发明了基于垂直缆叠前深度域高清晰天然气水合物储层成像和高精度反演等新方法，突破了上述关键瓶颈问题，研发了相应的"定海神针"高精度数字化垂直缆，并实现了规模化应用，有力支撑了我国天然气水合物非常规油气勘探开发战略。

天然气水合物赋存区立体探测技术主要针对扩散性天然气水合物的特点，将垂直缆、OBS、水面拖缆等接收技术和震源技术结合起来，形成了非常规地震立体探测方法，拓宽了地震勘探频带，提高了地震反射波覆盖范围，研发出了一整套与新型采集系统相匹配的非常规地震资料处理、成像和属性反演方法。其中，垂直缆技术主要利用姿态、方位、声学定位等测量原理、Σ-Δ 模数转换、信号处理与记录等地震仪器设计原理，实现垂直缆设计与应用，最终形成针对天然气水合物勘探开发需求的垂直缆与水面拖缆联合观测、拓宽海洋地震勘探频带、提高地震反射波覆盖范围的天然气水合物赋存区立体探测技术。

基于垂直缆叠前深度域高清晰天然气水合物储层成像和高精度反演处理新方法，建立了对我国南海神狐天然气水合物试采区进行有效预测和识别的创新方法，能够在 1000m 水深条件下穿透海底以下 500m 天然气水合物赋存区，有效提高了地层的分辨率，达到了国际领先水平。

一、立体探测技术理论研究

（一）垂直缆地震技术特点

常规海上地震勘探使用近海面拖缆，难以分离震源鬼波和水听器鬼波，而垂直缆可以有效分离震源鬼波与水听器鬼波，因而利用垂直缆可以实现广角、宽频、三维地震采集，易识别多次波，适用于局部探测及非常规成像。垂直缆体现出以下特点。

1. 低背景噪声

由于垂直缆地震采集的水听器是在近海底位置采集地震波数据的，相对海面拖缆而言，受海面涌、浪、流等干扰显著减少，背景噪声更小，具有更高的信噪比。同时垂直缆离海底目标更近，地震波的衰减也更少，换言之，地震信息也更丰富。

2. 分离的上、下行波

垂直缆地震勘探是在垂直方向上观测和采集地震波场，既可以记录到来自观测点下方的上行波，又可以记录到来自观测点上方的下行波，因此在地震剖面上，波场信息十分丰富。图 2-2-1 为模拟得到的垂直缆共炮点道集和共接收点道集，可以清晰地看到分离的上、下行波，这一特点，为实现真振幅地震数据处理提供了可能，另外，同时记录的上、下行波，也为多次波去除、子波提取等提供了更好的基础资料。常规海洋水平拖缆采集时，来自地下反射的上行波与来自海面的下行波(检波端虚反射)之间，通常在到达时间的间隔上很短，难以区分，在频谱上表现为陷波效应，导致地震剖面分辨率降低。由于垂直缆是近海底观测，离海底直线距离较远，上行波和下行波时差较大，在剖面上是很容易被识别出来的。

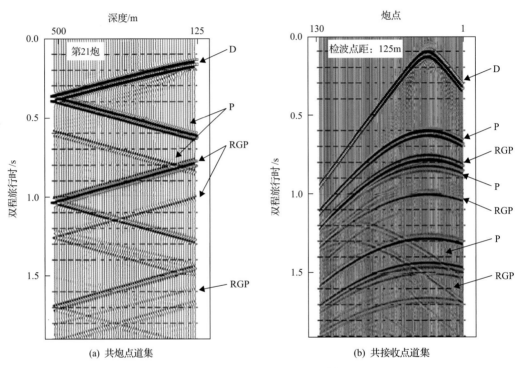

图 2-2-1　垂直缆数据的地震波场

D-下行波；P-上行波；RGP-检波端虚反射

3. 宽方位采集

通常情况下，二维拖缆采集可以视为窄方位采集，不可避免地对地下目标照明不够，导致成像质量变差。而垂直缆采集则是宽方位采集，能够对地下目标进行多方位、高强度照明。宽方位采集的地震数据，为后续的成像质量提供了充分的保障。图 2-2-2 是拖缆和垂直缆对某盐丘的波场采集示意图。由图 2-2-2 可知，二维拖缆采集到的数据，主要来自盐丘表面的反射，而盐丘内部反射的波场则很少；与之相反，垂直缆采集则可以接收到来自各个方向上的波场，甚至可以接收到盐丘内部的波场，因此，垂直缆采集得到的地震数据能够对盐丘内部及下部进行清晰成像。

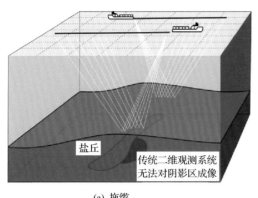
(a) 拖缆

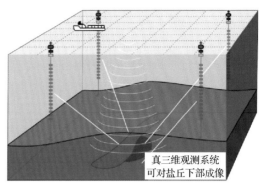
(b) 垂直缆

图 2-2-2 拖缆二维采集与垂直缆三维采集对比

另外，垂直缆地震数据一般采用叠前偏移处理方法，非共中心点(CMP)叠加，因此在观测系统的配置上拥有更大的自由度。

4. 施工限制少

另外，考虑到施工条件，垂直缆具有得天独厚的优势。例如，在平台较多的海域，水平拖缆采集无法正常施工，在海况恶劣的海域(如北海)，水平拖缆数据的成像质量相对较差，这些情况都严重限制了水平拖缆的采集和效果，而垂直缆采集则适应性更强，在上述情况下可以正常作业，且效果也更好。.

天然气水合物多赋存于水深大于 500m 的深海沉积物的浅部，常规地震勘探资料在浅层的分辨率普遍偏低，同时天然气水合物在沉积物中常表现为不连续分布、不规则产状的赋存特征，这与常规探测系统适合探测成层或片状分布的矿产的特点相悖。垂直缆地震技术在复杂地层、构造成像方面有着明显的优势。垂直缆地震技术所体现的高精度特征是决定其适合海底天然气水合物调查的重要基础。垂直缆地震技术在天然气水合物勘探中的应用包括 3 个主要方面：①高分辨率成像，大倾角成像；②提取地震子波，反褶积提高垂向分辨率；③波场分离，宽频处理。

1) 高分辨率成像

垂直缆在天然气水合物勘探中最重要的应用就是提供高分辨率地震剖面。针对不连续分布、不规则产状的天然气水合物矿体，高分辨率的地震剖面可以为其识别提供可靠的数据保障。

另外，在垂直缆数据叠前偏移计算之前，有一个关键的问题需要解决，即垂直缆节点定位问题。垂直缆位于海底，节点位置可能会随海流发生漂移，要得到高精度成像结果，准确确定垂直缆各节点的位置变得十分重要。为解决定位问题，目前使用声学定位系统、电磁罗盘指向技术和地震直达波旅行时估算方法相结合效果较好，这为我们在天然气水合物勘探中应用垂直缆技术提供了有价值的参考方案。

2）提取地震子波，反褶积提高垂向分辨率

根据国际勘探地球物理学家学会（SEG）标准文件 *SEG standards for specifying marine seismic energy sources*，采用浮标采集系统测量子波。垂直缆系统的采集方式和浮标采集系统具有较好的一致性，因此在垂直缆地震资料中提取出的较"纯"的地震子波可以用于对常规地震资料开展反褶积处理，以提高地震资料的分辨率，但在实际应用中，还需考虑到常规地震资料所使用水听器与垂直缆水听器之间存在的性能差异，从而进行标定等处理。

垂直缆地震技术通过垂直阵列对地震波场进行检测，弥补了水平拖缆采集方式的不足。垂直缆可以和水平拖缆、海底拖缆、海底地震仪等协同作业，构成立体探测网络。垂直缆地震技术在天然气水合物勘探上有着非常广阔的应用前景。

（二）观测系统综合分析

1. 覆盖次数的角度

根据海洋天然气水合物的似海底反射特征，对海洋拖缆、垂直缆、海底电缆（ocean bottom cable, OBC）这3种观测系统进行分析：假设地层水平且均匀，似海底反射所出现的位置（游离气体的上界面）为目标层。炮点与检波点均设在海面，对于海洋拖缆而言，根据费马原理，目标层的反射点位置均为炮点与检波点的中点；对于垂直缆与海底电缆而言，沿反射线反向延长检波点使其与炮点处于同一水平面，其目标层反射点位置为同一水平面的炮点与检波点的中点。

根据图 2-2-3（a），横纵坐标分别是激发炮点号与地层深度（单位为 m）。炮间距为12.5m，共放 10 炮，炮点坐标分别为（4000,0）、（4012.5,0）、（4025,0）、（4037.5,0）、（4050,0）、（4062.5,0）、（4075,0）、（4087.5,0）、（4100,0）、（4112.5,0）。海洋拖缆随炮点向正方向移动，最小偏移距为 0m，道间距为 6.25m，水平拖缆道数为 48 道。

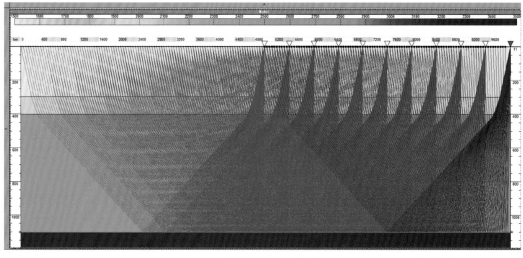

(a) 海洋拖缆几何示意图

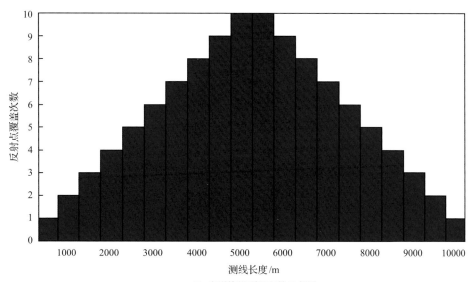

(b) 海洋拖缆覆盖次数示意图

图 2-2-3 海洋拖缆观测系统示意图

结合图 2-2-3(b)，共深度点(CDP)的间距为 3.125m，最大覆盖次数为 10 次，且集中位于覆盖范围的中部，覆盖次数向两边逐渐减少。这与常规的陆地多次覆盖相似。

相对于海洋拖缆，垂直缆(图 2-2-4)是固定不动的，其覆盖范围较水平拖缆要小，但在 4020～4055m 附近覆盖更为密集。也就是说，相对于海洋拖缆，垂直缆能较好地反映缆周围的地层信息。结合图 2-2-4(b)，显而易见在零偏移距放炮时，垂直缆正下方的地层被覆盖次数最高。而当存在偏移距时，目标层每一反射点仅被覆盖一次，但相对于海洋拖缆来说，覆盖的密度更高，且在缆周围的地层有被覆盖。

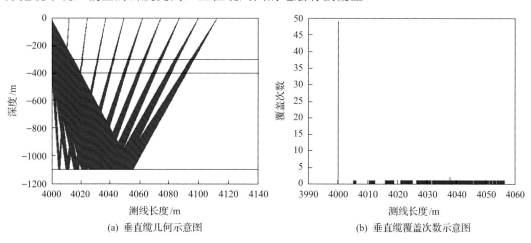

(a) 垂直缆几何示意图　　　　　(b) 垂直缆覆盖次数示意图

图 2-2-4 垂直缆观测系统示意图

相对于海洋拖缆，海底电缆是放置于海底，且不随炮点移动的，其覆盖范围较海洋拖缆要小。结合图 2-2-5(b)，海底电缆观测系统对目标层的反射点覆盖次数均是 1，其覆盖的区域较海洋拖缆要窄，但是更加密集，而且覆盖范围的两边覆盖比较稀疏，中间部分覆盖较为密集，相较于海洋拖缆和垂直缆，海底电缆的覆盖更为均匀。因此，若将3种观测方式相结合，对目标层的覆盖次数与覆盖范围均将得到提高。

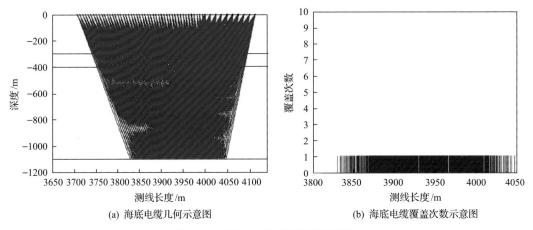

(a) 海底电缆几何示意图　　　　　　　　(b) 海底电缆覆盖次数示意图

图 2-2-5　海底电缆观测系统示意图

2. 分辨率的角度分析

在进行地震偏移成像的时候，地下的地质体可以看成是被离散后的一系列绕射点的集合，而偏移成像的效果体现在绕射点的收敛程度上。收敛程度直接取决于绕射点处的地震波的覆盖程度，而分辨率是由收敛效果的好坏决定的，因此，对绕射点处的覆盖程度在一定程度上反映了地震偏移成像在该点的分辨率。

下面将建立一个模型，来比较海洋拖缆、海底电缆以及垂直缆这3种观测方式对海底地层中散射点的分辨率的影响(图 2-2-6)。

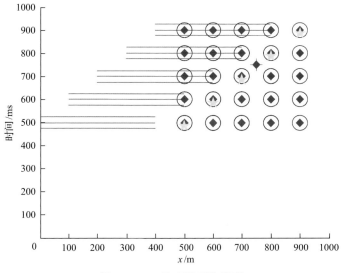

图 2-2-6　3 种观测系统模型

图 2-2-6 为近海面拖缆、海底电缆和垂直缆的观测系统模型。图中红色点型为海底电缆所对应的观测系统；蓝色圆圈为垂直缆水平方向上的投影；黑色的水平直线为近海面拖缆所对应的观测系统。其中红色星号和黄色星号分别代表散射点位置和炮点位置。其中，海底电缆与近海面拖缆的道间距为 25m，垂直缆的长度与海底深度一致，散射点坐标位置为 (750,750,1000)，炮点位置坐标分别为 (900,890,0)、(800,790,0)、(700,690,0)、(600,590,0)、(500,490,0)。

地震偏移成像可以用射线的方式理解，分辨率可以通过散射点处的角度覆盖来表示，即用特定射线方位角和倾角情况下散射点位置经过的射线数目来表示。

模拟计算并对比海洋拖缆、海底电缆和垂直缆的地震成像分辨率 (图 2-2-7)，可以看到海洋拖缆缺乏均匀和对称的覆盖，其中的原因主要是不对称的炮检采集方式和炮线间距。海洋拖缆在宽方位角处具有优势，但是，其在小射线角处分辨率不高。海底电缆是这 3 种采集方式中覆盖最为均匀和对称的，但与海洋拖缆存在一样的问题，即小射线倾角处分辨率不高。而垂直缆在小射线倾角处的分辨率比海洋拖缆和海底电缆的分辨率都要高。因此，若将 3 种观测方式相结合，地震成像分辨率在不同方位角和射线倾角处均能提高。

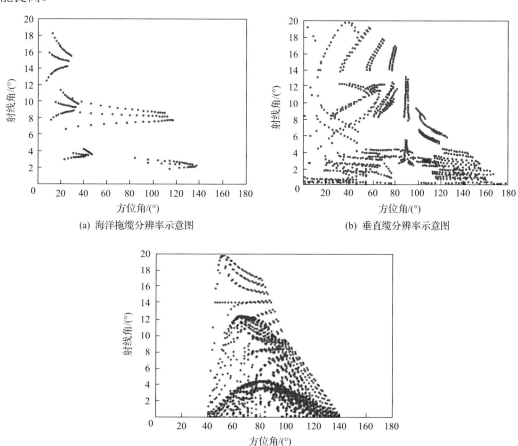

(a) 海洋拖缆分辨率示意图

(b) 垂直缆分辨率示意图

(c) 海底电缆分辨率示意图

图 2-2-7 特定散射点处分辨率示意图

对于海洋天然气水合物的开发研究来说，地震勘探是应用最为广泛的一种勘探方式。其中，似海底反射是标志海洋天然气水合物赋存的重要特征之一。通过研究不同观测系统下勘探海洋天然气水合物的优劣，得出了如下几点认识：

（1）对于常规水平拖缆观测而言，其观测范围广、台网密集，但是该观测方式的方位角窄、有效频带不宽，且属于单分量采集，海洋拖缆受海水多次波的干扰严重。

（2）单就垂直缆而言，其属于广角反射，接收到的地震信号频带宽、信噪比高、海底附近的地层覆盖均匀、易识别多次波且不受水深和海底地形的影响。

（三）OBS 及拖缆资料的弹性波模拟与分析

目前海洋地震勘探主要采用拖缆采集方式，因为横波不能在流体中传播，地震记录中只有纵波信息，而多分量采集能够为天然气水合物的识别提供更多的信息，所以近几年来 OBS 技术在海上多分量地震勘探中逐步得到了应用。但是，对用 OBS 方式采集的地震响应特征不够了解，影响了 OBS 地震数据的处理和解释。因此，开展 OBS 与拖缆资料的联合模拟和分析，可为利用海底多分量资料进行面向天然气水合物地震勘探的处理、解释以及反演提供指导与依据。

推导新的声-弹耦合方程组，能统一地震波在流-固混合介质中的传播，自动实现海底流-固界面处地震波声-弹波模式的转换。基于声-弹耦合方程组，正演对比实际 OBS 以及拖缆资料的地震波响应特征。

1. 声-弹耦合方程组

根据新的运动学方程推导的声-弹耦合方程组为

$$\begin{cases} \rho\dfrac{\partial v_x}{\partial t} = \dfrac{\partial\left(\tau_{xx}^{s}-P\right)}{\partial x} + \dfrac{\partial\tau_{xy}^{s}}{\partial y} + \dfrac{\partial\tau_{xz}^{s}}{\partial z} \\ \rho\dfrac{\partial v_y}{\partial t} = \dfrac{\partial\tau_{xy}^{s}}{\partial x} + \dfrac{\partial\left(\tau_{yy}^{s}-P\right)}{\partial y} + \dfrac{\partial\tau_{yz}^{s}}{\partial z} \\ \rho\dfrac{\partial v_z}{\partial t} = \dfrac{\partial\tau_{xz}^{s}}{\partial x} + \dfrac{\partial\tau_{yz}^{s}}{\partial y} + \dfrac{\partial\left(\tau_{zz}^{s}-P\right)}{\partial z} \end{cases} \tag{2-2-1}$$

新的方程带有一个纯纵波激发源的各向同性应力-应变方程：

$$\frac{\partial P}{\partial t} = -K\left(\frac{\partial v_x}{\partial x} + \frac{\partial v_y}{\partial y} + \frac{\partial v_z}{\partial z}\right) + h^{P} \tag{2-2-2}$$

偏应力-应变方程：

$$\begin{cases} \dfrac{\partial \tau_{xx}^{s}}{\partial t} = \dfrac{\partial\left(\tau_{xx}+P\right)}{\partial t} = \dfrac{2\mu}{3}\left(2\dfrac{\partial v_x}{\partial x} - \dfrac{\partial v_y}{\partial y} - \dfrac{\partial v_z}{\partial z}\right) \\[3mm] \dfrac{\partial \tau_{yy}^{s}}{\partial t} = \dfrac{\partial\left(\tau_{yy}+P\right)}{\partial t} = \dfrac{2\mu}{3}\left(2\dfrac{\partial v_y}{\partial y} - \dfrac{\partial v_x}{\partial x} - \dfrac{\partial v_z}{\partial z}\right) \\[3mm] \dfrac{\partial \tau_{zz}^{s}}{\partial t} = \dfrac{\partial\left(\tau_{zz}+P\right)}{\partial t} = \dfrac{2\mu}{3}\left(2\dfrac{\partial v_z}{\partial z} - \dfrac{\partial v_x}{\partial x} - \dfrac{\partial v_y}{\partial y}\right) \\[3mm] \dfrac{\partial \tau_{xz}^{s}}{\partial t} = \mu\left(\dfrac{\partial v_x}{\partial z} + \dfrac{\partial v_z}{\partial x}\right) \\[3mm] \dfrac{\partial \tau_{xy}^{s}}{\partial t} = \mu\left(\dfrac{\partial v_x}{\partial y} + \dfrac{\partial v_y}{\partial x}\right) \\[3mm] \dfrac{\partial \tau_{yz}^{s}}{\partial t} = \mu\left(\dfrac{\partial v_y}{\partial z} + \dfrac{\partial v_z}{\partial y}\right) \end{cases} \tag{2-2-3}$$

式中，$\boldsymbol{v}(x,t)=(v_x,v_y,v_z)^{\mathrm{T}}$ 为质点的速度矢量；P 为激发源在传播空间某点的压力值；ρ 为密度；K、μ 分别为介质的体积模量和剪切模量；t 为时间；$\boldsymbol{\Phi}=(P,\tau_{xx}^{s},\tau_{yy}^{s},\tau_{zz}^{s},\tau_{xy}^{s},\tau_{xz}^{s},\tau_{yz}^{s})^{\mathrm{T}}$ 为一个由各向同性应力分量和偏应力分量组成的应力向量；h^{P} 为一个纯纵波激发源。

式(2-2-1)～式(2-2-4)统称为 3D 各向同性介质中的声-弹耦合方程。这个方程既有压力又有速度分量，能统一地震波在流-固混合介质中的传播，自动实现海底流-固界面处地震波声-弹波模式的转换。

通过高阶交错网格有限差分进行波场模拟，在交错网格差分中，不仅要进行空间网格交错差分，还要进行时间网格交错差分，当然差分阶数越高，差分精度就越高，但是模拟的计算速度随之降低，所以综合考虑模拟的精度和速度两个因素，最终决定空间采用 10 阶差分精度，时间采用 2 阶差分精度。

有限差分分类求解波动方程有以下 3 个问题要考虑。

1) 数据频散问题

有限差分分类求解波动方程时离散化波动方程会产生数据频散问题。通过提高差分精度和优化差分系数两种方法来解决频散问题。网格空间采样为 6.25m，时间采样为 0.5ms。10 阶精度交错网格差分的差分系数为

$$a_1=1.250477,\quad a_2=-0.1198399,\quad a_3=0.03139513,\quad a_4=-0.0092039,\quad a_5=0.001832725$$

2) 海底流-固界面处理

波场模拟海底流-固界面要满足物理边界连续的 3 个条件：①质点法向位移分量连续；②固体中的法向主应力分量等于负的流体中的压强分量；③固体中的切向主应力分量消失。为了满足上述条件，对界面不同网格上的介质参数重新进行参数化。

3) 吸收边界问题

处理边界的方法主要有 Clayton-Engquist 吸收边界、特征分析法、Cerjan 衰减边界、完全匹配层(PML)吸收边界等，本书采用 PML 边界。

$$d(x,z) = \begin{cases} \log\dfrac{1}{R}\dfrac{(n+1)\sqrt{\dfrac{\mu_R}{\rho}}}{2\delta}\left(\dfrac{x}{\delta}\right)^n, & 1 \leqslant x \leqslant \delta \\[4ex] \log\dfrac{1}{R}\dfrac{(n+1)\sqrt{\dfrac{\mu_R}{\rho}}}{2\delta}\left(\dfrac{z}{\delta}\right)^n, & 1 \leqslant z \leqslant \delta \end{cases} \qquad (2\text{-}2\text{-}4)$$

式中，μ_R 为拉梅系数；R 为理论反射系数；δ 为 PML 厚度；n 为一个常数，一般取 $n=4$。通过模拟发现，这种方法能达到满意的效果，计算量小、易于实现。

2. 神狐试验区测线地震地质建模

南海神狐试验区 SH000-2015A 测线采集参数如表 2-2-1 所示，叠后时间偏移剖面如图 2-2-8 所示。根据此地震剖面，参考该区天然气水合物测井资料，建立该测线的纵波速度、横波速度和密度模型，其中在近海底设置了一低速的游离气层，如图 2-2-9 所示。

表 2-2-1　拖缆采集参数

记录参数	实际地震采集	模拟采集参数
接收道数	360	761（双边记录）
道间距/m	6.25	6.25
覆盖次数	45	45
炮间距/m	25	25
采样率/ms	1	0.5
记录长度/s	7	5
震源沉放深度/m	5	6.25
电缆沉放深度/m	5	6.25
最小炮检距/m	125	0
最大炮检距/m	2368.75	2368.75
船向/(°)	330	330

OBS 与拖缆联合模拟采集参数见表 2-1-1，模拟用子波主频为 20Hz 零相位里克子波，计算网格为 6.25m×6.25m。

3. 拖缆与 OBS 联合模拟

图 2-2-10 显示了 SH000-2015A 测线模拟 OBS 记录与实际 OBS 记录的对比。由图 2-2-10 可以看出模拟的地震波场与实际地震记录的波场具有良好的可比性，特别是游离气层反射及海底多次波特征非常清晰。抽取拖缆模拟数据压力分量的零偏剖面，与实际数据的时间偏移剖面进行对比发现，地震反射特征具有良好的可比性，特别是游离气层反射，由此验证了弹性波模拟方法的正确性与可行性。

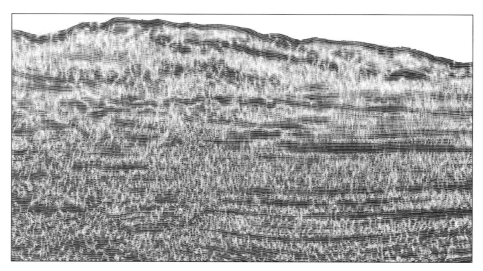

图 2-2-8 SH000-2015A 测线叠后时间偏移剖面

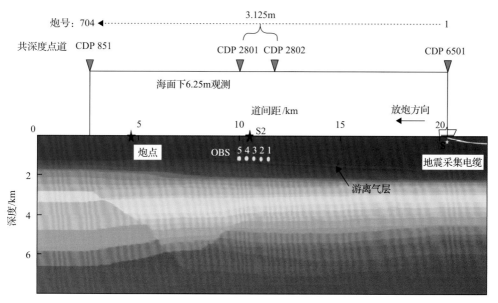

图 2-2-9 地质模型及波场模拟观测系统设计

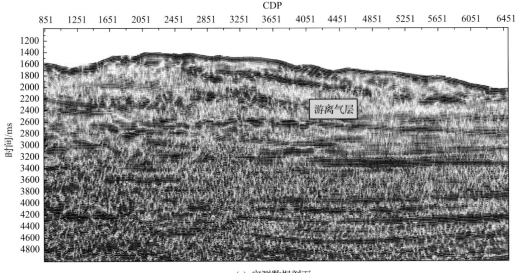

(a) 实测数据剖面

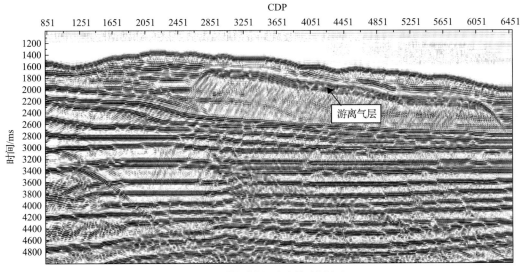

(b) 模拟数据压力分量零偏剖面

图 2-2-10　实测数据剖面与模拟数据压力分量零偏剖面对比

以拖缆测线 SH000-2015A 为例

二、集中式数字垂直缆系统

　　海洋地震数据采集电缆是海洋地震勘探数据采集的关键设备。目前国内海洋地震勘探系统采用的都是水平缆或海底电缆。近年来，随着技术的进步，国内研制了一些高分辨率的多道水平缆，但是由于其距离海平面较近，获得的数据精度较低，且其分辨率只能满足中深层或浅层工程地震勘探的需要，达不到高精度地震勘探的要求。目前国内的水平缆或者海底电缆的工作水深大多在 30m 以内，超过 30m 的工作水深时，电缆就无法正常工作，给海洋地震勘探带来了极大的限制。目前，在开展更接近海底的高精度探测方面国内还没有很好的先例。高精度海洋地震勘探垂直电缆是解决这一问题很好的途径。

集中式多节点 OBS 垂直缆地震采集系统主要由多节点水听器阵列线缆(带承重缆)、采集站(包括主、从采集站)、声学释放器、定位浮筒、浮体、配重块及可选组件[如海流计、超短基线(USBL)定位设备、频闪灯、甚高频(VHF)无线发射装置等]等部件组成;全缆总长 400 多米,其中多节点水听器阵列电缆长 300m,缆上共有耐压水听器 12 个,以间距 25m 布放,可拆卸更换;1 个三分量检波器位于主采集站内,1 个可扩展外接水听器位于主从采集站间电缆抽头。图 2-2-11 为多节点 OBS 垂直缆地震采集系统总体设计图。

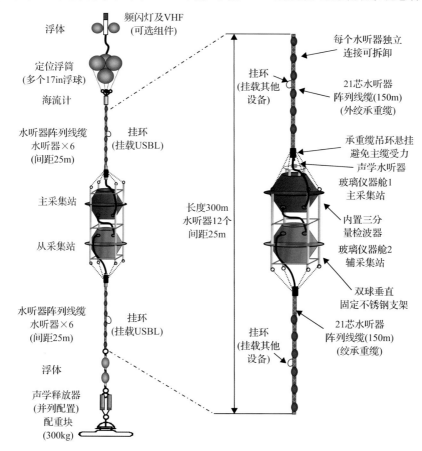

图 2-2-11　多节点 OBS 垂直缆地震采集系统总体设计图

(一)系统组成

1. 多节点水听器阵列电缆

多节点水听器阵列电缆由耐压水听器(内置放大器)、耐压电缆、辅助承重缆、水下密封插件及挂环转环等组成。

1)阵列电缆结构

多节点水听器阵列由两根 21 芯橡胶承压电缆组成,电缆中按间距要求布放 6 个耐压水听器,最大工作深度 3000m,其结构及组成如图 2-2-12 所示。

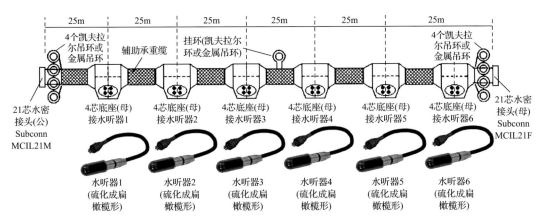

图 2-2-12 多节点水听器阵列总体结构图

每条阵列电缆外径为 40mm，总长度为 150m，共有 21 根芯线，每个水听器需要 4 根芯线（即信号、电源、地和屏蔽），屏蔽线共用，预留 2 根备用线，保证每个水听器为独立供电、接地和信号传输；电缆护套为橡胶层，既保证水密，又能承受一定的拉力。多节点水听器阵列内部接线如图 2-2-13 所示。

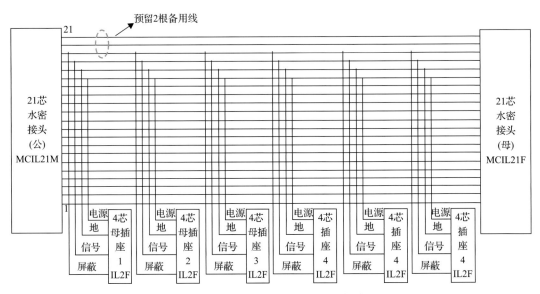

图 2-2-13 多节点水听器阵列内部接线图

每条阵列电缆中水听器数量为 6 个，水听器间距为 (25±0.2) m。水听器沿电缆轴向布放，每个水听器与阵列电缆通过 4 芯美国 Subconn 公司生产的水密接插件连接，方便拆卸更换，水听器外层用橡胶硫化成扁橄榄形（略微偏心）。阵列电缆末端用水密堵头密封，所有挂点和连接转环均加在辅助承重缆相应位置上。阵列电缆信号输出端与水密接线盒的连接方式为 21 芯 Subconn 水密连接器（一公一母），研制完成的多节点水听器阵列实物如图 2-2-14 所示。

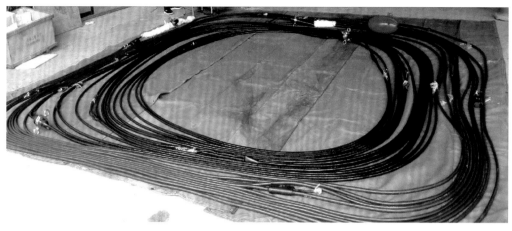

图 2-2-14　多节点水听器阵列实物图

2）耐压水听器技术指标

耐压水听器采用中国船舶重工集团公司第七一五研究所制造的国产深海水听器，主要技术参数见表 2-2-2。

表 2-2-2　耐压水听器技术参数

指标	参数
工作频带/kHz	2～20
声压灵敏度	−160dB（±1.5dB）（0dB=1V/μPa）
指向性	全向（水平）
内部前置放大器	放大倍数:20 倍（约 26dB）；前置放大器为电压型,供电电压+12V DC,电流≤100mA
动态范围	≥120dB
灵敏度变化范围	水深：≤1.5dB/100m（0～3500m） 温度：≤1.5dB/10℃（−15～55℃） 频率：±2.5dB（工作频带范围内）
水听器外形尺寸 （长度×直径）/（mm×mm）	80×50

3）阵列电缆技术方案

阵列电缆为耐高静水压橡胶电缆，内部填充凯夫拉尔纤维。电缆规格：21mm×0.20mm，芯线截面积 0.2mm^2，采用 21 芯直通设计，两头为 21 芯水密接头（一公一母）；电缆内导体采用镀锡圆铜线，外径 1.2mm，导体最大直流电阻≤150Ω/km（20℃时）；电缆内芯线及芯线与屏蔽线之间绝缘电阻≥500MΩ（20℃，250V DC）时，可经受交流 1500V/min 不击穿；电缆绝缘采用氟塑料，绝缘标称厚度 0.5mm，绝缘外径 2mm；屏蔽层选用镀锡铜线编织，编织密度不小于 85%；电缆最外层外护套为氯丁橡胶，厚度 4.0mm。

整条电缆抗拉强度≥150kg，在空气中的质量≤90kg，在水中的质量≤40kg。技术人员为电缆设计配备了辅助承重缆，为阵列电缆提供承重和保护，材料采用 304 不锈钢材质，直径 1mm，10 股相绞，6 根编织于主缆表面，承重 2t。

4）水下密封插件及挂环吊环

多节点水听器阵列电缆双连接头及水听器与电缆间接插件均采用美国 SUBCONN 公

司生产的水下密封插件，具有高可靠性。

多节点水听器阵列电缆上提供挂环，可以挂接海流计、USBL 定位设备等可选组件。电缆双头提供吊环与采集站对接，用于承重缆悬挂承重。

2. 采集站

1) 采集站总体设计

采集站是多节点 OBS 垂直缆地震采集系统的核心组件，由主、从采集站组成，均可独立采集数据并存储，从采集站数据实时发送到主采集站存储，最终上载到个人计算机。采集站主要由水听器信号前放增益板、12 通道信号采集板［模数转换器（ADC）模块］、12 通道信号记录板、信号采集模块、电源及控制模块（电源管理控制单元）、玻璃浮体（17in 深海玻璃仪器舱）、水密插件等板件组成。主、从采集站通过托板水平并置，之间通过 21 芯 Subconn 水密电缆连接，中间引出 6 芯抽头外接扩展水听器（兼容现有 OBS 水听器）。图 2-2-15 为采集站总体设计框图。图 2-2-16 为采集站实物图。

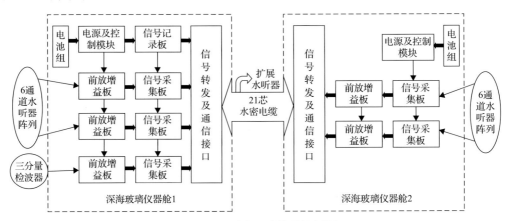

图 2-2-15　采集站总体设计框图

图 2-2-16　采集站实物图

2) 主、从采集站

（1）功能介绍。

主、从采集站分别连接控制一条 6 通道水听器阵列电缆，在接通电源之后，仪器内部操作系统启动加载，开始自检，系统自检正常成功启动后，通过软件设置可先进入测试模式，进行整机线路自测，主要检测水听器阵列漏电电流，采集站内电压、压力、采集通道及记录媒介是否正常，若异常则报警提示；正常时可通过软件设置参数进入正常工作模式。在正常工作模式下，CPU 会对电池电压及水听器阵列漏电电流进行实时监控，当低于限制电压或漏电时则强制关闭采集通道及其他耗电设备，系统进入待机状态。正常工作时，每个信号采集板作为独立单元可独立存储数据（可独立导出）并通过广域网（WAN）实时传送到主采集站信号记录板保存。

设备回收后，通过数据线导出地震采集数据到 PC 机或者通过移动媒介导出数据。

(2)连接结构。

信号记录板、信号采集板及 PC 工作站的连接方式为星形网络拓扑结构(图 2-2-17)，可以保证板间通信，方便扩展。信号采集板通过传输控制协议(TCP)数据交换板，将采集到的数据传到信号记录板，同时板件自身会备份存储数据。PC 软件通过 TCP 数据交换板可以分别调取信号记录板及信号采集板的数据。

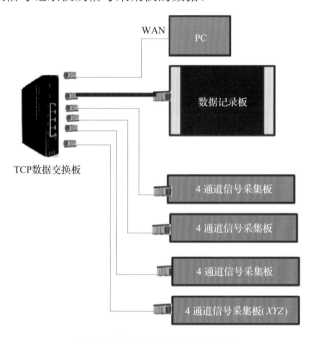

图 2-2-17 星形网络拓扑结构图

(3)采集站设计方案。

a. 信号采集板。

根据水下地震信号的特点及功能要求，采用 24 位分辨率、120dB 动态范围的数据采集及信号记录单元，核心采集是通过基于 Δ-Σ 转换技术的模数转换(A/D)套片 CS3301、CS5372(ADC)CS5376(数字滤波器)来实现的，兼容无源水听器和有源水听器。前端模拟采用低噪 LT1677 射随，差放 6dB 步进可调，默认 8 倍放大(18dB)，后端控制和通信采用高速 32 位高级精简指令集(ARM)内核处理器来实现采集系统的高性能和高可靠性。信号采集板可存储 16GB 数据作为备份(可独立导出)，并通过网络实时上传到信号记录板。采集卡授时接口接收来自信号记录板上提供的授时信号及 1pps[①]脉冲。信号采集板还设计了测试 DAC 电路、切换矩阵和电流检测电路，实现仪器自检和水听器漏电检测功能。图 2-2-18 是信号采集板的原理框图。

b. 信号记录板。

信号记录板为数据处理核心板件(即主控单元)，数据存储空间为 64GB；板件提供

---

① 1pps 表示 1s 发射 1 次的信号。

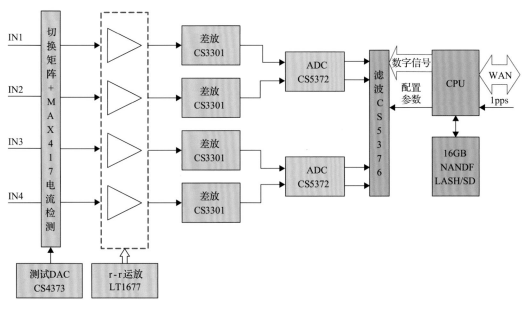

图 2-2-18　信号采集板的原理框图

授时接口，为各级联的信号采集板提供授时；通过 TCP 数据交换板，各信号采集板的数据实时上传存储到信号记录板；提供配置通信接口实现系统配置和数据导出等功能。图 2-2-19 是信号记录板原理框图。

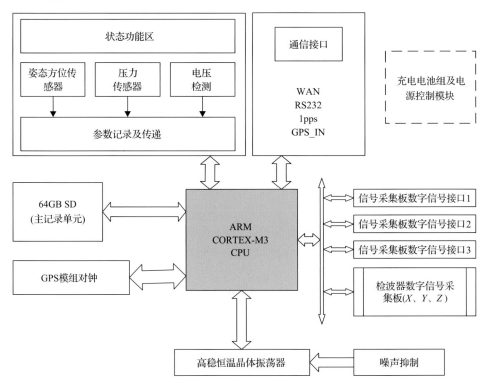

图 2-2-19　信号记录板原理框图

c. 玻璃浮体及水密插件。

主、从采集站共需两个尺寸为 17in 的玻璃浮体(外加保护壳)，在玻璃浮体上共需打 3 个孔，2 个用于安装 21 芯垂直缆插件(一个连接水听器阵列，另一个连接采集站)，1 个真空充气孔，水密插件规格为 21 芯 MCIL21M(母)，如图 2-2-20 所示。

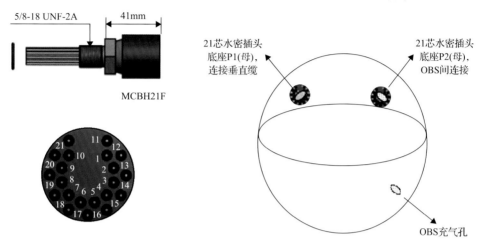

图 2-2-20　玻璃浮体结构图

主、从采集站浮体间通过 21 芯水密电缆连接，连接电缆中间抽头引出 6 芯母头外接扩展水听器，玻璃浮体与水听器阵列及玻璃浮体间电缆连接方式如图 2-2-21 所示。

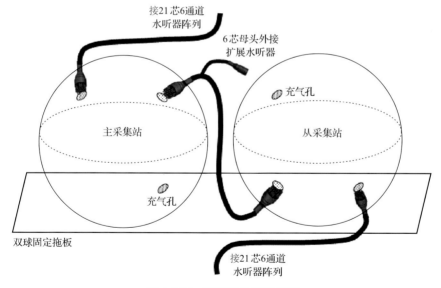

图 2-2-21　玻璃浮体间连接图

3. 声学释放器及浮体

在垂直缆阵列系统中配置双声学释放深海锚系系统 OCEANO 2500，采用并列配置方式，提高仪器释放回收的可靠性。为了给垂直缆系统提供正浮力，在垂直缆上连接多个浮体，浮体的数量及安装位置选择需要通过垂直缆各部件水下质量计算确定。

4. 可选组件

为实现定位功能，可在垂直缆上挂载 USBL 定位信标；选配频闪灯和无线电 VHF 发射模块，发射频率为 156.626MHz；可选择海流计、倾角罗盘等辅助定位设备。

（二）测试方案及仪器指标

在仪器出厂前以及实际应用前，为了验证设计的集中式多节点 OBS 垂直缆地震采集系统的功能性、可靠性和安全性，设计了相应的测试方案。

1. 测试对象及设备

集中式多节点 OBS 垂直缆系统测试对象包括采集站、水听器阵列、声学释放单元、GPS 时钟同步系统和系统应用软件。测试设备包括音频信号发生器、信号发生器、示波器、多用数字表、计算机和相关应用程序等。

2. 测试内容

测试集中式多节点 OBS 垂直缆系统的各项性能指标，包括自检测试、性能测试、安全测试、可靠性测试和连续工作测试。测试可以依据系统自检功能，也可以借助外部平台完成，测试流程如图 2-2-22 所示。

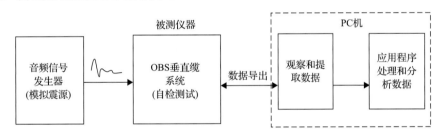

图 2-2-22　测试流程框图

1）自检测试

仪器信号采集板和信号记录板上电自检，通过软件设置启动后可先进入测试模式，进行整机线路自测，主要包括电池电压、舱内压力、采集通道漏电检测及记录媒介检测，当出现异常则报警提示，正常则可通过软件设置进入正常工作模式，正常工作模式下，主控单元继续完成实时自检测试。

2）性能测试

性能测试包括信号记录板性能测试、信号采集板性能测试和系统整体性能测试。

（1）信号记录板性能测试。在出厂前，对仪器信号记录板性能进行测试，测试项目包括系统延迟、时钟漂移、数据格式等。

（2）信号采集板性能测试。在出厂前，对仪器信号采集板性能进行测试，测试项目包括等效输入噪声（本底噪声）动态范围、道增益一致性、频率响应、共模抑制比

（common-model rejection ratio，CMRR）、道间串音、总谐波畸变等。

（3）系统整体性能测试。系统整体性能测试在仪器出厂后完成，通过专用测试震源将信号模拟输出，待测试的OBS垂直缆设备接收测试信号，并通过处理评价接收的信号和对比已知信号，对仪器采集性能指标做出评判。测试项目包括波形一致性、主频偏差与频谱范围、谐波分析、信噪比、系统功耗、抗干扰能力等。

3）安全测试

安全测试主要检测仪器的绝缘电阻和泄漏电流。

4）可靠性测试

被试仪器连续开机测试，测量记录系统和采集通道的平均无故障工作时间。

5）连续工作测试

被试仪器进行连续开机测试，测量正常工作时和持续采集工作时的连续工作时间。

3. 仪器指标

1）性能指标

集中式多节点OBS垂直缆地震采集系统性能指标见表2-2-3。

表 2-2-3 集中式多节点OBS垂直缆地震采集系统性能指标

部件	特性	指标
水听器	最大工作水深/m	3000
	水听器灵敏度	−160dB，参考值1V/µPa
	水听器LF-3dB/Hz	2
	水听器信号满幅度/Pa	70
	灵敏度变化范围	水深：≤1.5dB/100m（0～3500m） 温度：≤1.5dB/10℃（−15～55℃） 频率：±2.5dB（工作频带范围内）
	是否带前置放大	是，增益20倍，电压+12V DC，电流≤100mA
陆上检波器	配置	三分量
	自然频率/Hz	4.5；10
	灵敏度/(V·m/s)	32；22.8
数据记录单元	地震通道	12道水听器+3道检波器+1道扩展水听器
	分辨率	24位
	采样率/Hz	1～1000
	频带宽度	4.5Hz～0.40×SP
	前放增益	0～36dB 步长6dB
	动态范围/dB	120
	晶振类型	数字温度补偿晶体振荡器（DTCXO）
	时间漂移校正	启动时和数据记录时

部件	特性	指标
数据记录单元	同步方式	GPS
	内部存储/GB	64(信号记录板)/16(信号采集板)
	存储长度	24 天@4 通道 4ms
	配置接口	RS232/WAN
定位辅助(可选)	频闪灯	氙气频闪灯
	无线信标	VHF

注：SP 表示采样率。

2)测试指标

安全指标：①仪器外壳与电源供电线路之间的绝缘电阻应大于 100MΩ(100V 直流电)。②泄漏电流不得超过 2mA(直流)。

可靠性指标：记录系统平均无故障工作时间(MTBF)不少于 300h。采集通道平均无故障工作时间不少于 2000h。

连续工作性能指标：正常工作时间最长为 20 天，持续数据采集时间为 15 天(2ms 采样)。

测试指标见表 2-2-4～表 2-2-6。

表 2-2-4 等效输入噪声容限

前放增益/dB	等效输入噪声
0	1.6
12	0.4
18	0.8
24	0.2
36	0.29
48	0.20

注：环境温度+20℃±5℃；源阻抗为 500Ω；采样间隔为 1ms。

表 2-2-5 动态范围、共模抑制比、道间串音、总谐波畸变及道幅度一致性容限

动态范围/dB	共模抑制比/dB	道间串音/dB	总谐波畸变/%	道幅度一致性/%
>110	>90	>100	<0.0005	<1.0

表 2-2-6 时钟漂移、系统延迟、波形一致性、主频偏差与频谱范围及信噪比容限

时钟漂移/ppm	时间一致性/ms	波形一致性/dB	主频偏差/Hz	频谱范围/Hz	信噪比/dB
0.05	$-10 < r < 10$	$r > 0.8$	[-10, 10]	±30	>80

注：1ppm=10^{-6}；r 表示误差。

三、分布式数字垂直缆系统研制

(一)分布式垂直缆结构设计

图 2-2-23 为分布式垂直缆结构示意图,其特征在于该垂直缆包括辅助钢缆 8 和通过卡环 9 固定在所述辅助钢缆 8 上的电缆部分,且辅助钢缆 8 与电缆部分均垂直设置,所述的电缆部分自上而下依次为前连接段 2、首工作段 4、尾工作段 6 和尾连接段 7,并在前连接段 2 上端部设有水密接头 1,在前连接段 2、首工作段 4 之间设有测斜仪和压力传感器组 3,且首工作段 4、尾工作段 6 内部设有多组电缆,首工作段 4、尾工作段 6 沿长度方向依次设置 8 道水听器组合,在首工作段 4 与尾工作段 6 之间设有可扩展式 8 道数字包 5(该 8 道数字包 5 用于处理前、后工作段中各 4 道接收的模拟信号),所述的电缆和水听器组合之间填充聚氨酯固体材料,在尾工作段 6 和尾连接段 7 之间设有测斜仪和压力传感器组 3,在尾连接段 7 末端用钛合金金属接头连接,所述辅助钢缆 8 上还设有多个用于悬挂重物的卡扣 10。

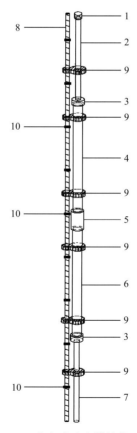

图 2-2-23　分布式垂直缆结构示意图

1-水密接头；2-前连接段；3-测斜仪和压力传感器组；4-首工作段；5-数字包；6-尾工作段；
7-尾连接段；8-辅助钢缆；9-卡环；10-卡扣

如图 2-2-24 所示，在首工作段 4、尾工作段 6 之间还增加了一个或多个工作段 21，所述的工作段 21 与首工作段 4、尾工作段 6 结构相同；首工作段 4 与相邻的工作段 21 之间设有一个 8 道数字包 5，尾工作段 6 与相邻的工作段 21 之间也设有一个 8 道数字包 5；当增加多个工作段 21 时(连接的两段工作段 22，图 2-2-24)，相邻两个工作段 21 之间也设有一个 8 道数字包 5，该 8 道数字包 5 通过 56 针电缆接头分别与位于其上方的 8 道水听器组合的下四道、位于其下方的 8 道水听器组合的上四道相连接，从而将连续的模拟信号转化为离散的数字信号，实现了缆的数字化，并且实现了对垂直缆的扩展。

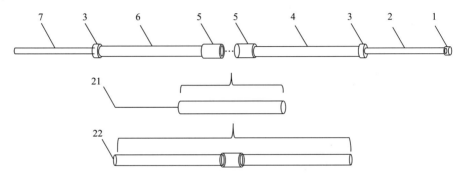

图 2-2-24　高分辨率海洋地震勘探垂直缆扩展示意图

1-水密接头；2-前连接段；3-测斜仪和压力传感器组；4-首工作段；5-数字包；6-尾工作段；
7-尾连接段；21-工作段；22-连接的两段工作段

如图 2-2-25 所示，首工作段 4、尾工作段 6 内的每道水听器组合 11 采用由 16 个等距不等权的水听器 12 构成，水听器 12 的组内距为 0.3m，采用权数分别为 1、2、3、4、3、2、1。

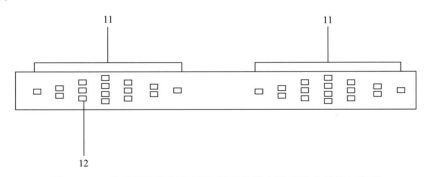

图 2-2-25　高分辨率海洋地震勘探垂直缆水听器组合结构示意图

11-水听器组合；12-水听器

如图 2-2-26 所示，所述的 8 道数字包 5 与工作段相互独立，8 道数字包 5 包括柱状的钛合金金属保护套，保护套内部设有多个电路板，8 道数字包 5 通过保护套内部的 56 针电缆接头 13 分别与位于其上下两端的工作段相连接，8 道数字包 5 内部的电路板包括数字板 A15、数字板 B19、地震数据采集板 16、信号增益控制板 14、倾角数据采集板 18、压力数据采集板 17、电流数据采集板 20。其中，数字板 B19 用于收集地震数据采集板

16 的输出数据，并控制信号增益控制板 14 对数据进行信号增益；数字板 A15 用于收集倾角数据采集板 18、压力数据采集板 17 及电流数据采集板 20 的输出数据，数字板 A15 与数字板 B19 之间无电路连接，而是采用并行分布组合，分别进行垂直缆传输过程中的电源转换和获取实时状态信息；地震数据采集板 16 与其上端的 4 道水听器组合及其下端的 4 道水听器组合相连，负责对每道水听器组合传输的模拟信号进行采样和数模转换，并输出到数字板 B19。

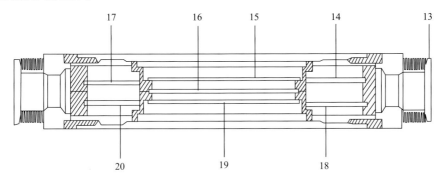

图 2-2-26 高分辨率海洋地震勘探垂直缆 8 道数字包的内部结构示意图
13-电缆接头；14-信号增益控制板；15-数字板 A；16-地震数据采集板；17-压力数据采集板；
18-倾角数据采集板；19-数字板 B；20-电流数据采集板

（二）分布式垂直缆海试

从 2014 年开始，作者团队先后 3 次在我国南海和东海海域开展了海洋地震勘探垂直缆的海试工作。采用的工作方式是走航式数据采集。硬件设备的参数如下所述。

1. 数字包技术特性指标

采集包为单包 2 道、4 道、8 道、16 道；采用连续采集方式，其主要技术参数如下：

（1）分辨率：24 位 A/D 转换器（23+符号位）；

（2）采样率：0.25ms、0.5ms、1ms、2ms；

（3）前放增益：12dB、24dB、36dB、48dB 任选；

（4）增益精度：<0.5%；

（5）动态范围（4ms、2ms、1ms、0.5ms、0.25ms）：126dB、124dB、120dB、117dB、106dB；

（6）动态范围（增益 0dB、6dB、12dB、18dB、24dB、30dB、36dB）：124dB、123dB、122dB、120dB、115dB、110dB、105dB；

（7）总动态范围：140dB；

（8）频率响应：DC4000Hz；

（9）绝对时间精度：带 GPS 通用协调时间小于 1μs；

（10）数据存储：稳定固体闪存存储；

（11）数据存储容量：每道 16GB；

(12) 记录输出格式：SEG-D、SEG-Y；

(13) 可选增益比：1、2、4、8、16、32、64；

(14) 总谐波畸变：0.0005%；

(15) 输入阻抗：＞10mΩ；

(16) 共模抑制比：0.005%；

(17) 内置测试信号发生器：检波器测试；

(18) 噪声：＜1.5μV@12dB＜0.4μV@24dB＜0.16μV@36dB＜0.13μV@48dB；

(19) 直流漂移：小于噪声的 10%；

(20) 脉冲响应：幅度＜5%，相位＜5°；

(21) 供电电压：3.7V、12V、48V、72V；

(22) 壳体材料：不锈钢、钛合金；

(23) 工作时间：0.25ms 采样时可连续工作 10 天；

(24) 数据传输：用户数据报协议(UDP)，TCP/IP 速率 100Mbit/s；

(25) 垂直缆采集系统的软件分为两部分：参数设置软件和上位机模块。

2. 参数设置软件

参数设置软件是一个名为"GPS_PRM_Edit"的交互式窗口(图 2-2-27)。

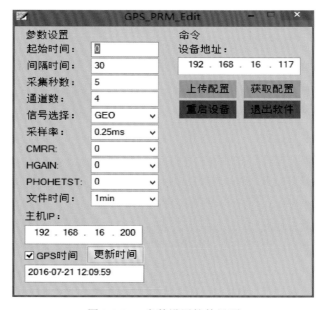

图 2-2-27　参数设置软件界面

在该软件内，可以设置如图 2-2-27 所示的几种常用参数——起始时间、间隔时间、采集秒数只针对单个文件而言。其中通道数为采集道数；信号选择可分为正弦波信号(SINE)、水听器信号(GEO)和设备噪声信号(NOISE)；采样率分为 1ms、0.5ms、0.25ms；CMRR 表示共模抑制比；HGAIN 设置为 1 表示高增益，0 表示低增益；文件时间可选择单个文件、1min、5min、10min、30min、1h、2h；主机IP为所连计算机IP地址（只有主机IP为192.168.16.200的计算机才可对数据进行实时监控，其他计算机只可进行数据传输），设备地址为数字包IP地址；需注意，GPS时间只适用于岸上测试时勾选，设备一旦入水，便无法接收GPS信号，那么就不可勾选GPS时间，只能用系统时间；在设置完参数后，最后需单击"更新时间"，以使软件记录对该采集站进行的最后一次的参数变动。下次开启软件，单击"获取配置"即可恢复之前的设置。

3. 上位机模块

打开LandScanPrototype软件，连接设备（图2-2-28）。

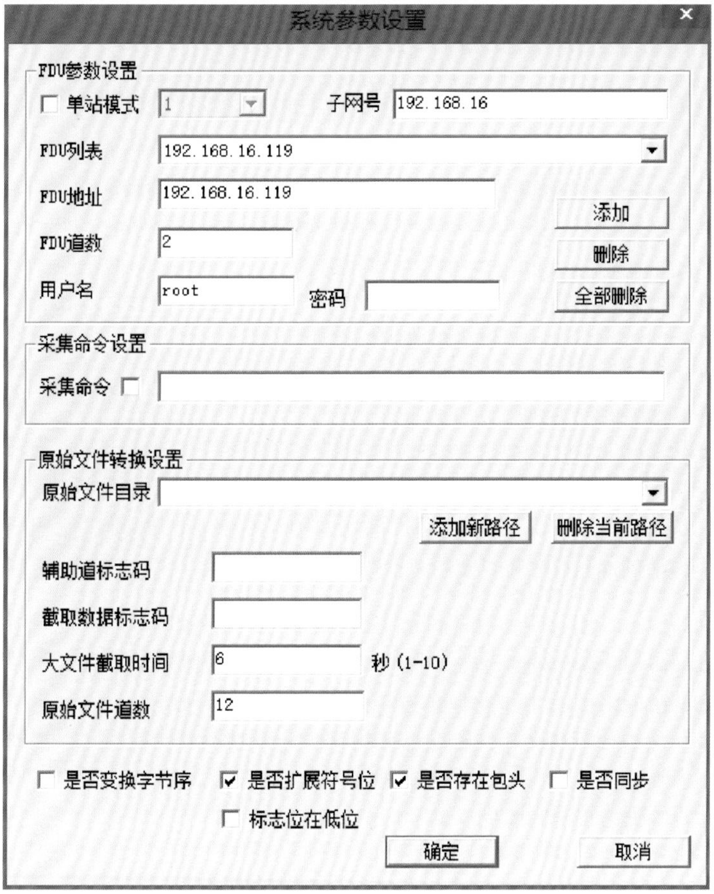

图2-2-28 设备连接界面

首先将所有采集站的野外数字化单元（FDU）地址添加到FDU列表中，以119为例，子网号为192.168.16，FDU道数为采集站的通道数，用户名为root；其次单击"添加"，其他地址的添加方式相同；最后所有地址都存在于FDU列表中，勾选"是否扩展符号位"和"是否存在包头"，其他地方不用设置，单击"确定"。

实时监控数据，可根据实际显示的图像通过"动态显示调整"模块来调节增益、道距及时间达到理想显示效果(图 2-2-29)。

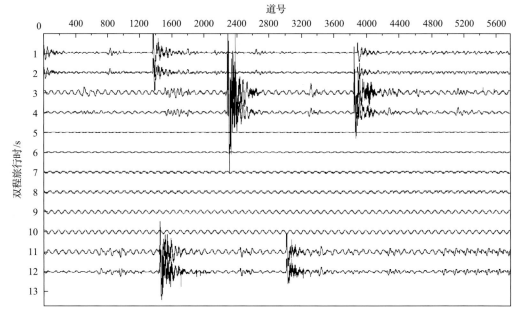

图 2-2-29 实时监控

(三)第一次功能性海试

2014 年 11 月 22 日至 12 月 9 日,海试工作人员经过 18 天的准备工作,使得垂直缆具备了出海作业的条件,2015 年 2 月 28 日至 2016 年 3 月 11 日,根据中国海洋石油集团有限公司(简称中海油)的船期,海试工作人员在湛江成功完成了 400m(垂直缆工作段总长度 300m,前导段 100m)深度时的垂直缆工作参数测试和性能测试。按照预先试验方案从 50m 深度开始,间隔 50m,直至 400m,每个目标深度均采集枪阵子波和单枪子波。每个深度点采集 10~20 炮,采集系统每隔 16s 记录一个 SEG-Y 格式的子波文件,采样间隔 0.25ms。

(四)第二次功能性海试

2016 年 8 月 6 日至 24 日,海试工作人员搭载"海大号"在我国某海域 1100m 海水深度条件下开展了第二次海试工作,对先期完成组装的 6 个数字包进行了试验。该试验设备由以下几部分构成:6 个钛合金数字包、5 段长度分别为 50m 的凯夫拉尔绳、12 个水听器、5 条 pps 同步信号线缆。

1. 组装调试流程

(1)首先进行 6 个数字包电脑连接,参数设置检查无误之后连接 GPS 开始采集,时间约为 10∶00。

(2)将水听器和 pps 同步信号线缆与对应的两芯插头连接,测试确认水听器都可以接收到信号且接收的数据文件有同步信号，并再次固定凯夫拉尔绳和 pps 同步信号线缆(该次海试利用胶带加扎带的方法固定)。

(3)用高压胶带和绝缘胶带固定所有接插件及端盖与电子舱体连接部分，防止进水。

(4)确定各部位位置，通过电子舱两端的卡环将凯夫拉尔绳与电子舱进行连接。

(5)以电子舱为单位，每组装好一套设备，将其伸展至甲板，以便下放。

(6)将最下端水听器绑定到挂重物的绳子上，并牵引整套设备的绳索固定最上端的水听器。

(7)逐个检查水听器与 pps 同步信号线缆的连接位置是否准确，并确认固定设施是否全面。

(8)从最下端的水听器开始，缓慢将其下放到海水中(此时船停，且海流较小)，下放时，需让凯夫拉尔绳受重。

(9)从下到上，电子舱顺序依次为(以电路板 IP 地址尾缀为例)118、117、180、148、173、139。

2. 激发放炮

从 13：19 到 14：54，分别试验了不同震源、不同深度下的激发接收。震源有 SIG5、SIG PULSE L5 两种，沉放深度分别为 1m、3m、5m、10m，能量均为 5000J，左右舷两套电火花震源分别放炮。

3. 数据读取及分析

该次海试垂直缆全长 300m，共 6 个采集站，由浅到深依次为 139、173、148、180、117、118，其中最深部的 118 中嵌有给整条缆授时的原子钟。

该系统采样间隔为 0.25ms，每分钟采集 240000 个点生成一个文件，但生成的文件并非标准 SEG-Y 格式；另外，采集点数太多。这两种原因导致无法将整个文件导入 promax 显示。为达到显示的目的采用的方案有以下两种。

其一，首先利用罗维炳老师团队研发的 GeoChange 软件将原始数据转化为 8 个非标准格式 SEG-Y 文件，且每个文件只有 30000 个点便于读入。其次利用 MATLAB 将转换完的文件卷头道头信息跳过，直接读取数据并写成带有正确卷头道头信息的新 SEG-Y 文件，这样虽单个文件只有部分点但可以在显示软件中进行数据显示。以下为 LandScanPrototype 中显示的 139 站 202 数据中的单站两道单炮记录(图 2-2-30)。

其二，以上办法虽可以进行数据显示且效果明显，但由于数据点太多，无法将每分钟生成的整个文件显示，只对部分数据进行显示，故尝试在 MATLAB 中将数据以 2ms 重采样，将转化的 8 个 SEG-Y 文件数据拼接成整体，这样可以将 1min 文件整体显示出来，再将 4 个采集站的数据同屏显示。将数据导入 promax 中以显示不同增益，如图 2-2-31 所示。

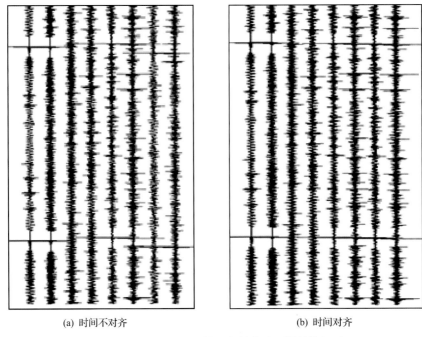

(a) 时间不对齐　　　　　　　　　　　　(b) 时间对齐

图 2-2-30　139 站 202 数据中的单站两道单炮记录

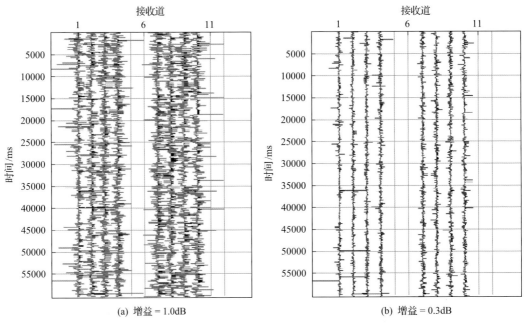

(a) 增益 = 1.0dB　　　　　　　　　　　　(b) 增益 = 0.3dB

图 2-2-31　不同增益显示采集的数据

（五）第三次综合性海试

2017 年 4 月 5 日至 18 日，研究人员搭载"奋斗四号"船在我国某海域 2000m 海水深度条件下开展了第三次海试工作。将数字垂直缆（分布式）先后沉放至 1200m、2000m

海水深度条件。连续正常工作 10h 以上，并以 1/4ms 为采样间隔采集有效数据；现场完成了垂直缆长度、节点数、节点间距等硬件指标的检测；对垂直缆的正常工作水深、数字包的连接、水听器的性能、GPS 信号等技术指标进行了现场考核；对系统的 2000m 工作深度耐压性能、作业能力和海试相关工作进行了全面考核，圆满完成了海试大纲所规定的任务，整个试验过程及结果得到现场验收专家组的认可。

1. 数字包电池状态测试

数字包电池在电压 12V 左右时可正常工作。用万用表连接数字包外接线，测试数字包电压，经测试数字包电压为 12.4V。试验结论：数字包电压正常，可满足工作需要（图 2-2-32，图 2-2-33）。

2. 数字包连接测试

数字包与主机的连接测试：将几个数字包通过网线分别与主机相连，打开 telnet，输入所测试数字包的 IP 地址，按 Enter 键，弹出连接正常指示框，即可正常连接。经测试，各数字包均能正常与主机连接。试验结论：数字包与主机可正常通信，连接正常，可以进行下一步工作。

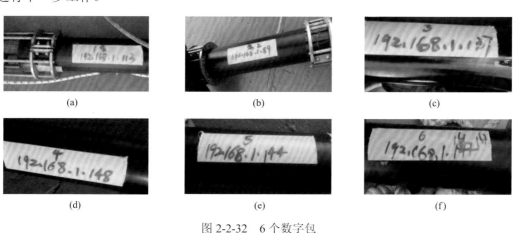

图 2-2-32　6 个数字包

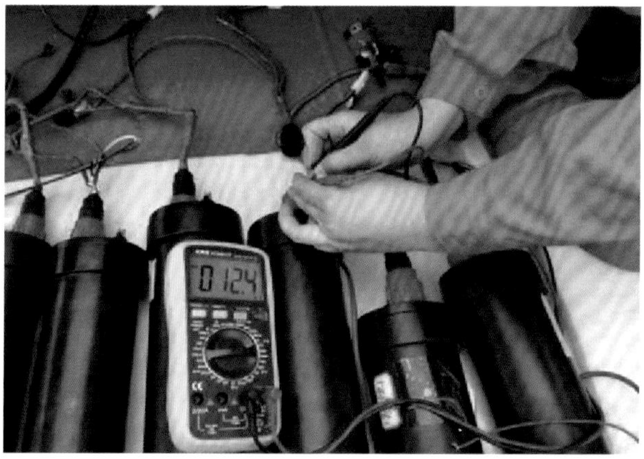

图 2-2-33　数字包电压图

3. 参数设置功能测试

测试各数字包能否进行参数设置，利用 GPS_PRM_Edit 对各数字包分别进行增益、采样率、文件记录时间等不同参数的设置，均可上传至数字包。试验结论：参数设置功能正常，上传参数到数字包成功。

4. 参数读取测试

测试各数字包能否顺利读取参数，利用 GPS_PRM_Edit 软件，对各数字包读取最近上传的参数，读取功能正常。试验结论：可以读取数字包设置的参数，读取成功。

5. GPS 信号测试

检验 GPS 能否接收信号，用 telnet 功能连接数字包，输入 date，查看是否返回 GPS 时间，显示成功时表明 GPS 信号正常。试验结论：GPS 信号正常，可以对数字包授时。

6. 信号实时显示测试

水听器信号的实时显示：打开 LandScanPrototype 连接设备，查看上包是否正常，信号是否实时显示。经测试，能够正常上包，信号可以正常显示，可以实时监测信号(图 2-2-34)。

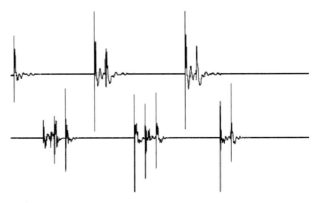

图 2-2-34　信号实时显示图

7. 水听器检测

检测水听器是否能够接收信号，利用 LandScanPrototype 软件实时监测信号，敲击水听器，能够实时看到信号反应。试验结论：水听器能够接收信号。

8. 外接集线器检测

监测外接集线器是否正常工作，打开关闭开关，开关性能和指示灯显示正常；对数字包进行充电测试，充电电流表电流显示正常；用网线连接数字包与主机电脑，能够完成连接。试验结论：外接集线器工作正常。

9. 存储卡写入速度测试

测试数字包存储卡的写入速度，复制文件进入存储卡，传输速度为 1.78Mbit/s，大于数据写入速度。试验结论：存储卡写入速度大于数据写入速度，能满足实际采集工作。

10. 数据传输速度测试

测试数字包数据传输速度，从数字包内存中下载数据文件，传输速度为 2.52Mbit/s。

测试结论：数据传输速度符合工作要求。

11. 数据导出功能测试

检测野外采集数据能否下载至主机，利用 FlashFXP 软件下载数字包内存中的数据，可以正常下载，数据完整。试验结论：能够正常下载数据，且数据完整，符合任务书。

12. 数据转换功能测试

检测采集数据能否进行转换，利用 GeoChange 软件将二进制数据转换为地震数据格式或其他格式。试验结论：可以将二进制文件转换为不标准的 SEG-Y 格式。

13. 节同步标志检测

检测各数字包之间是否同步，查找原始数据中的同步时间戳，能够找到原始文件中的同步时间位，每 2000 个采样点为 1 个时间戳。试验结论：能够在原始文件中找到时间戳，各数字包之间同步正常。

14. 等效输入噪声测试

等效输入噪声测试：在模拟信号输入端接一个终端电阻，切换输入模式使内部的 400Ω 终端电阻用于噪声测试。测试时，配置 A/D 转换器，采样率为 1000pps，采样时间为 2s，分别采集前放增益为 ×1dB、×4dB、×8dB、×16dB、×64dB 时的转换数据进行处理和分析，计算时采用多次测量取平均值的方法(图 2-2-35)。

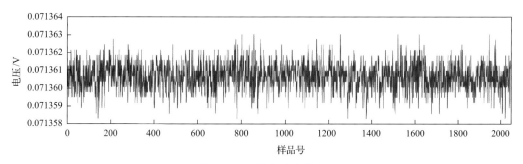

图 2-2-35 等效噪声信号

采集板等效输入噪声测试结果见表 2-2-7。通常，等效输入噪声越小，A/D 转换器的信噪比就越大，动态范围也越大。试验结论：通过与《石油地震数据采集系统通用技术规范》(SY/T 5391—2018)标准作比较，采集板的等效输入噪声优于 A 级标准。

表 2-2-7 采集板等效输入噪声测试结果及对比表

前放增益/dB	等效输入噪声/μV		
	测试值	《石油地震数据采集系统通用技术规范》(SY/T 5391—2018)标准	
		A 级	B 级
×1	1.1822	1.6	4.5
×4	0.3621	0.4	4.0

前放增益/dB	等效输入噪声/μV		
	测试值	《石油地震数据采集系统通用技术规范》（SY/T 5391—2018）标准	
		A 级	B 级
×8	0.2168	0.8	1.2
×16	0.1487	0.2	1.0
×64	0.2340	0.29	0.40

四、集中式、分布式数字垂直缆试验

垂直缆技术和设备试验一共进行了 4 次，主要包含模拟垂直缆试验、综合立体探测试验、垂直缆浅海试验、课题设备验收试验。所研制的数字垂直缆经过实验室测试、静水压力测试、近海浅水试验不断改进，目前状态良好，性能指标可达到设计要求。

2015 年 3 月 28 日至 4 月 3 日，研究人员在南海西沙海域搭载"奋斗四号"船进行了垂直缆海上采集试验。投放模拟垂直缆 1 套、垂直缆节点 3 个，试验了垂直缆采集方法的可行性，获得了垂直缆数据，共完成联合采集测线 17 条，共 391km。

2015 年 6 月 7 日至 14 日，在南海神狐海域搭载"奋斗四号"船和"探宝号"船进行了海面拖缆、垂直缆、OBS 综合采集海上试验，为立体探测处理解释提供了原始资料。共布设 OBS 站位 11 个、垂直缆 2 套(共 5 个节点)，利用准三维多道地震测量 24 条测线，共 369.7km，点火花测线 3 条，共 128km，采集面积 40km²。

2017 年 4 月 5 日至 18 日，受 863 计划海洋技术领域办公室的委托，广州海洋地质调查局精心组织，搭载"奋斗四号"调查船完成了"天然气水合物地球物理立体探测技术"海上技术试验。试验过程中，针对数字垂直缆进行了仪器本体测试、收放测试、数据采集试验、深水试验 4 个阶段的试验；针对天然气水合物海底冷泉水体回声反射探测系统进行了仪器本体测试、数据采集试验、深水试验 3 个阶段的试验。为达到试验目的，试验人员在 863 计划评审专家的指导下，将所试仪器设备的技术指标进行了细化和量化，并组织专家进行了仪器指标的现场打分验收。经过 14 天的艰苦试验，数字垂直缆完成了 68 项测试项目，其中集中式数字垂直缆测试指标 31 项，所有测试项目全部合格；海底冷泉水体回声反射探测系统完成了 21 项测试项目，所有测试项目全部合格。整个试验浅海区投放 2 个站位数字垂直缆，垂直缆锚系投放设计如图 2-2-36 所示，站位水深约 1200m，完成了 47 条测线，共计 354.50km；深海区投放 3 个站位数字垂直缆，站位水深约 2200m，完成了不同震源能量的 4 条测线采集，共计 8.4km。

对海试资料进行处理，其中数字垂直缆原始资料处理的主要内容包括节点数据二次定位、数据噪声分析及去噪、垂直缆远场子波提取及应用、滤波网络特性分析、单条垂直缆 12 节点数据多次波成像，得到以下结论。

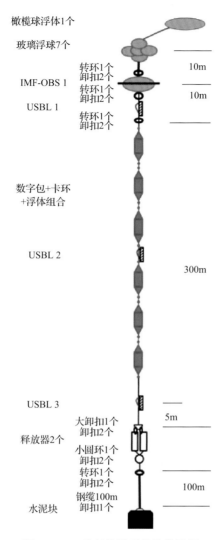

图 2-2-36　垂直缆锚系投放设计图

1) 垂直缆数据能够实现波场分离，有效提高保真度

垂直缆数据实现了上行波与下行波的波场分离，减少了虚反射对有效波的干扰，提高了数据保真度。图 2-2-37 是垂直缆偏移剖面［图 2-2-37 (a)］和拖缆偏移剖面［图 2-2-37 (b)］，通过提取相同位置的单道记录进行比较可以看出，拖缆数据由于虚反射的干扰，同相轴相互叠加明显，地下反射信息出现明显失真，而垂直缆数据的同相轴分离清晰，有效减少了虚反射干扰，体现了垂直缆数据的高保真度。

2) 垂直缆数据能够实现大倾角成像

图 2-2-38 为垂直缆偏移剖面［图 2-2-38 (a)］与拖缆偏移剖面［图 2-2-38 (b)］的对比，从图中可以看出垂直缆数据相对于拖缆数据对海底界面与 BSR 之间的断层的刻画更加清晰，体现出垂直缆数据对大倾角地层成像的优势。

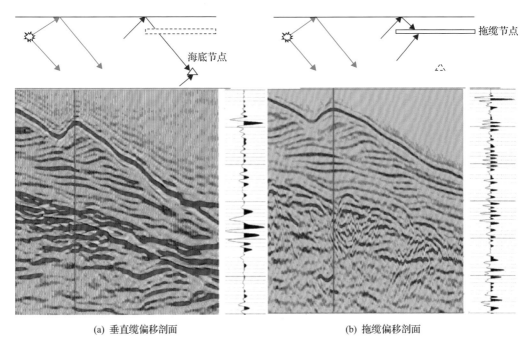

(a) 垂直缆偏移剖面　　　　　　　　　　　(b) 拖缆偏移剖面

图 2-2-37　垂直缆偏移剖面与拖缆偏移剖面单道记录对比

(a) 垂直缆偏移剖面　　　　　　　　　　　(b) 拖缆偏移剖面

图 2-2-38　垂直缆偏移剖面与拖缆偏移剖面对比图

3) 垂直缆数据能够扩大照明范围

垂直缆上一次波反射点与接收点距离较近，而多次波反射点与接收点的距离较远，所以多次波要比一次波的照明范围大(图 2-2-39)。因此，利用多次波数据进行成像，可以有效扩大照明范围。垂直缆 13 节点多次波叠后偏移剖面如图 2-2-40 所示。

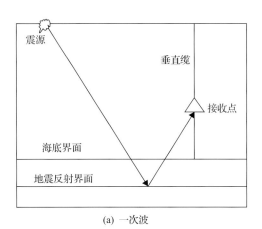
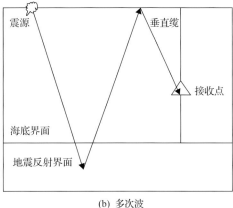

(a) 一次波

(b) 多次波

图 2-2-39 一次波与多次波照明范围对比图

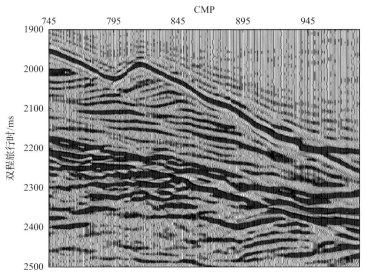

图 2-2-40 垂直缆 13 节点多次波叠后偏移剖面

五、拖缆数据和海底地震仪数据联合处理

（一）OBS 数据纵、横波速度反演方法

1. OBS 数据纵波速度反演

OBS 数据纵波速度反演采用如下流程：

（1）对 OBS 数据进行预处理，包括 OBS 位置二次定位、OBS 数据的几何扩散校正、去噪、滤波等常规处理；

（2）利用拖缆资料获得的叠前深度偏移剖面建立初始层位模型；

（3）利用拖缆资料得到的层速度作为初始模型的层速度；

（4）建立初始速度-深度模型后，拾取 OBS 数据 PP 波的旅行时，进行纵波速度反演。

反演时采取由上到下的顺序，第一层确定后，再反演第二层，依次类推，直至反演出最终的纵波速度-深度模型(图 2-2-41)。

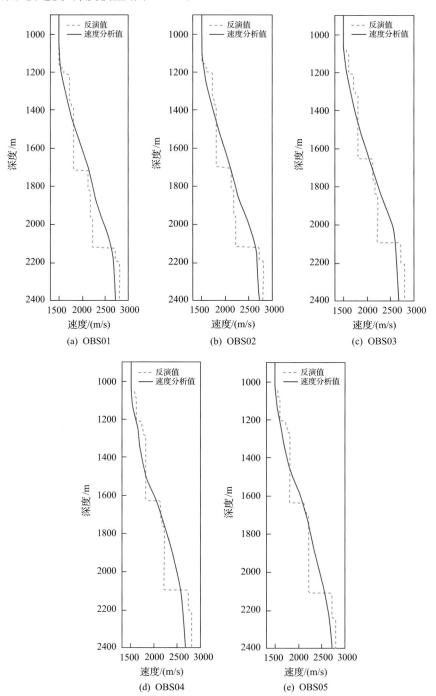

图 2-2-41　5 个 OBS 纵波速度-深度曲线

2. OBS 数据横波速度反演

OBS 数据横波速度反演时存在的最大问题是 OBS 数据中纵波同相轴数量与转换波同相轴数量不等，导致 PP 波同相轴与 PS 波同相轴无法对应，这里采用卡方误差控制技术来解决这一难题，具体过程如下：

（1）对于第一层的 PP 波反射同相轴，拾取一系列转换波记录上的反射同相轴；

（2）对于每一个转换波同相轴，给定一系列泊松比，计算出反演误差卡方（chi-square）的值（周继军和陈钟，2006；盛骥等，2008）；

（3）画出泊松比、PS 波反射同相轴号和 chi-square 图；

（4）chi-square 值最小时对应的泊松比和 PS 波反射同相轴号即为地层第一层的泊松比和对应的 PS 波；

（5）按照如上所述方法，第一层反演完毕后依次反演下部地层。

反演时采取由上到下的顺序，第一层确定后，再反演第二层，依次类推。采用该方法可以确定纵波与转换横波的对应关系，如图 2-2-42 所示。

（二）实际 OBS 数据速度反演

1. 反射波同相轴的拾取

图 2-2-43 为 5 个 OBS 数据与拖缆数据拼接图，根据拼接图可以拾取 OBS 数据中各个反射界面的反射波同相轴。由于 OBS 位于海底，拼接时可以将 OBS 数据向下移动一个海水层深度地震波旅行时，也可以将海洋拖缆数据偏移剖面向上移动一个海水层深度地震波旅行时。

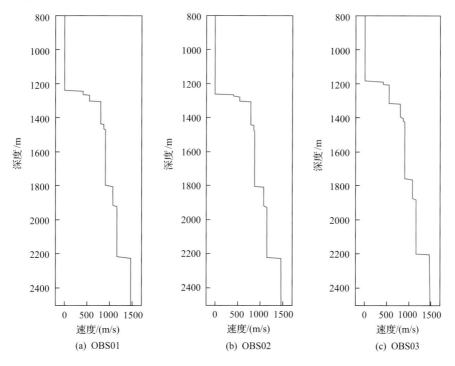

(a) OBS01   (b) OBS02   (c) OBS03

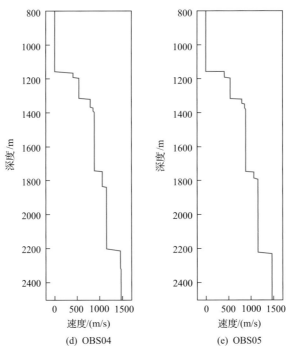

(d) OBS04　　　　　　(e) OBS05

图 2-2-42　5 个 OBS 横波速度-深度曲线

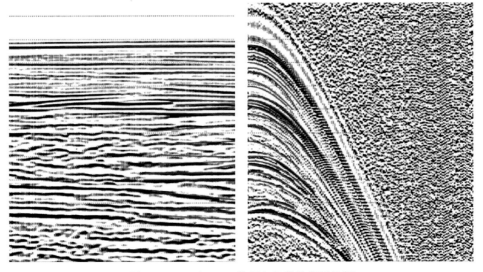

图 2-2-43　5 个 OBS 数据与拖缆数据拼接图

2. 初始速度深度模型的建立

根据拾取的拖缆数据深度偏移剖面反射波同相轴，建立初始地层模型。将对海洋拖缆数据进行速度分析获取的速度-深度模型，作为 OBS 数据速度反演的初始速度-深度模型。

3. 射线追踪法速度反演

反演速度与由拖缆数据获取的初始速度相比较,分辨率及精度明显提高。将 5 个 OBS 位置处反演所得的速度曲线投影到深度偏移剖面上,可以看出含天然气水合物层纵波速度明显增加,如图 2-2-44 所示。

(三)双联处理改善拖缆成像

OBS 速度反演以拖缆数据为基础,建立初始速度模型,逐层反演,反演速度精度较高(Wang et al., 2012),因此采用 OBS 反演出的速度对拖缆数据进行成像,可以改善成像质量。图 2-2-45、图 2-2-46 分别是利用速度分析和使用 P 波速度反演获得的速度场对拖

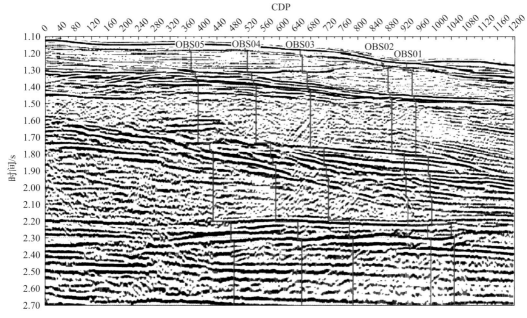

图 2-2-44 5 个 OBS 位置处速度曲线投影到深度偏移剖面上

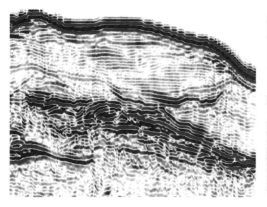

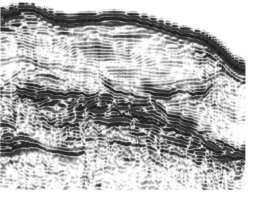

图 2-2-45 OBS 约束前的叠前深度偏移剖面　　图 2-2-46 OBS 约束后的叠前深度偏移剖面

缆资料的成像结果。由于该次 OBS 所处的海底相对比较平坦，拖缆数据获取的速度场较为准确，采用约束后的速度场对拖缆数据的成像质量提高不明显。

六、AVO 反演

（一）AVO 理论方法

地震叠加技术虽然能得到勘探区域的构造特征，也能压制多次波，但也掩盖了叠前振幅特征，这种振幅特征就是振幅随偏移距的变化规律。而这种变化规律与地层参数是密切相关的，是由策普里兹(Zoeppritz)方程组式(2-2-5)决定的。通过 Zoeppritz 方程组可以看出，反射系数不但与入射角有关，而且还与上下介质的纵横波速度和密度有关。上下介质的纵横波速度和密度决定了振幅(反射系数)随偏移距的变化规律：

$$
\begin{bmatrix}
\sin\alpha_1 & -\cos\beta_1 & -\sin\alpha_2 & -\cos\beta_2 \\
\cos\alpha_1 & \sin\beta_1 & \cos\alpha_2 & -\sin\beta_2 \\
\sin 2\alpha_1 & -\dfrac{V_{p_1}}{V_{s_1}}\cos 2\beta_1 & \dfrac{\rho_2}{\rho_1}\dfrac{V_{s_2}^2}{V_{s_1}^2}\dfrac{V_{p_1}}{V_{p_2}}\sin 2\alpha_2 & \dfrac{\rho_2}{\rho_1}\dfrac{V_{p_1}V_{s_2}}{V_{s_1}^2}\sin 2\beta_2 \\
\cos 2\beta_1 & \dfrac{V_{s_1}}{V_{p_1}}\sin 2\beta_1 & -\dfrac{\rho_2}{\rho_1}\dfrac{V_{p_2}}{V_{p_1}}\cos 2\beta_2 & \dfrac{\rho_2}{\rho_1}\dfrac{V_{s_2}}{V_{p_1}}\sin 2\beta_2
\end{bmatrix}
\begin{bmatrix} R \\ B \\ T \\ D \end{bmatrix}
=
\begin{bmatrix} -\sin\alpha_1 \\ \cos\alpha_1 \\ \sin 2\alpha_1 \\ -\cos 2\beta_1 \end{bmatrix}
\quad (2\text{-}2\text{-}5)
$$

式中，α_1 为纵波入射角；α_2 为纵波透射角；β_1 为横波反射角；β_2 为横波透射角；V_{p_1} 为界面上层 P 波速度；V_{p_2} 为界面下层 P 波速度；V_{s_1} 为界面上层 S 波速度；V_{s_2} 为界面下层 S 波速度；ρ_1 为界面上层密度；ρ_2 为界面下层密度；R 为 P 波反射系数；B 为 SV 波反射系数；T 为 P 波透射系数；D 为 SV 波透射系数。

Zoeppritz 方程组虽然反映了反射系数与入射角以及上下介质中的地层参数之间的关系，但由于反射系数和地层参数之间是高度非线性关系，而且该方程组非常复杂，很难从 Zoeppritz 方程组直接确定出地层参数如何影响反射系数。为此，许多学者对 Zoeppritz 方程组进行了近似。又因为地震勘探以接收反射纵波为主，所以这些近似式只对从 Zoeppritz 方程组中求解得到的纵波反射系数方程进行了近似。其中最主要的有 Aki 和 Richards 近似式、Shuey 近似式及 Fatti 公式(李建国，2008)。

（二）AVO 反演的技术路线

1. 拖缆数据的处理

对海面拖缆数据进行处理，获得用于 AVO 反演的 CMP 角度道集数据、均方根速度信息及层位信息。反演过程中需要输入的数据主要有：CMP 道集数据、均方根速度(计算入射角)、层位信息。

2. AVO 反演

采用商业化处理软件进行 AVO 反演处理，获得相关属性参数。

1）P 波反射剖面 R_P

P 波反射剖面就是截距剖面。它显示的是纵波阻抗差的变化特征，正值表示从上到下界面两侧波阻抗增加，反之则表示波阻抗降低。对于天然气水合物和游离气层来说，在天然气水合物层的顶界面的纵波阻抗差应该为正值；BSR 对应的反射界面的纵波阻抗差应该为负值。

2）S 波反射剖面 R_S

S 波速度对岩石孔隙流体性质的变化并不敏感，围岩密度随着孔隙流体性质的变化而改变时，S 波速度也会受到一定影响。当孔隙流体发生变化时，S 波反射系数可能为负，也可能略有增加，这主要取决于 S 波速度和密度变化的组合。对于天然气水合物和游离气层来说，如果天然气水合物在岩层中是接触胶结的，在天然气水合物层的顶界面，由于 S 波速度的增加，S 波反射系数为正，同时在 BSR 对应的反射界面，S 波反射系数为负；如果天然气水合物是非接触胶结的，无论是在天然气水合物层的顶界面还是 BSR 对应的反射界面，S 波反射都不明显，但在 BSR 对应的反射界面 S 波速度的轻微增加都会使 S 波反射系数略为正。

3）R_P-R_S 剖面

该指示因子有非常重要的作用。它包含纵波反射和横波反射双重信息。其指示作用主要体现在以下方面：对于非油气产层来说，P 波反射和 S 波反射同步变化，因此 P 波与 S 波反射系数的比值趋于常数，构成稳定的背景。对于气层来说，由于对孔隙流体的变化很敏感，从而使 P 波与 S 波反射系数的比值明显变为负值。因此该参数对油气层的存在与否有很好的指示作用。对于天然气水合物和游离气层来说，在天然气水合物层的顶界面，该指示因子一般表现为正值；而在 BSR 反射界面，该指示因子表现为负值。因此该指示因子能很好地指示 BSR 的位置。

4）乘积剖面

该指示因子表示截距和 AVO 曲线变化趋势的组合变化。对于天然气水合物和游离气层来说，在水合物层的顶端界面，乘积为正值，而在 BSR 的对应界面乘积也可能为正值。

5）流体因子剖面

流体因子的指示作用在于：对于水饱和岩石，该值接近于零；而当有油气出现时，该值变为负值。对于天然气水合物来说，在 BSR 对应的界面上该值一般表现为比较明显的负值。

6）各种交汇图

交汇图的原理就是将上面拟合得到的截距和梯度显示在同一个坐标系里，用截距作横坐标，梯度作纵坐标。如果感兴趣的反射界面有多个 CMP 道集，可以将它们都标在该图中，就可以得到一散点图，即为交汇图。交汇图的作用在于它能很好地反映气层的存在。

（三）拖缆数据 AVO 反演结果

1. AVO 属性反演

图 2-2-47 为拖缆数据的偏移剖面，可以看出标识天然气水合物存在的 BSR 同相轴十分明显。

用于 AVO 反演的 CMP 角度道集数据信噪比高，主要反射层能量强，完全满足 AVO 反演对数据质量的要求。图 2-2-48 为 CDP 号为 3643 位置处从角度道集中提取出的 BSR 反射的 AVO 曲线，可以看出 AVO 类型为第三类，说明该界面下存在游离气。

图 2-2-49(a) 为 I-G 交汇图，横坐标为截距，纵坐标为梯度，红色区域内的散点表示第三类 AVO 异常，将这些散点值叠加在地震剖面上，得到图 2-2-49(b)，从图 2-2-49(b) 可以看出，第三象限对应的正是 BSR 反射同相轴，进一步证明了 BSR 下方游离气的存在。

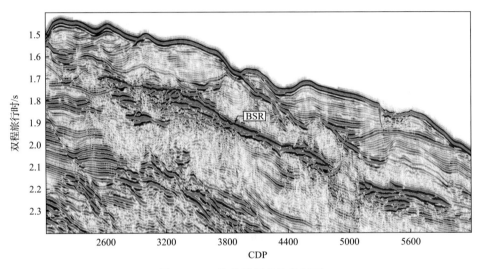

图 2-2-47　拖缆数据的偏移剖面

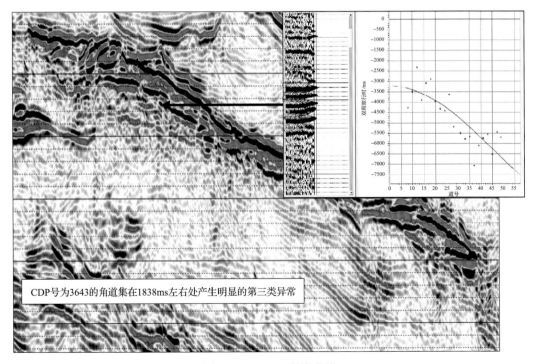

图 2-2-48　AVO 异常曲线

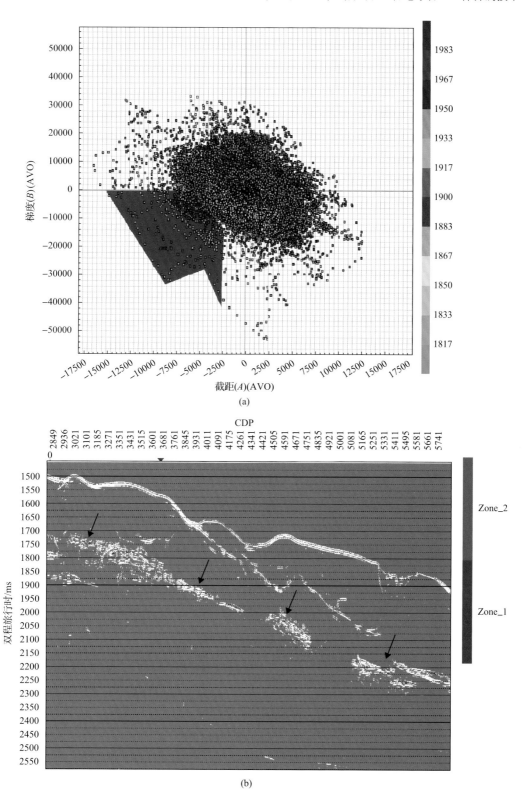

(a)

(b)

图 2-2-49 I-G 交汇图

图 2-2-50 为反演出的截距剖面，表示垂直入射纵波反射系数，指示纵波波阻抗的变化，在 BSR 处显示为明显的负值，与海底极性相反。说明在 BSR 上方存在天然气水合物，波阻抗大；在 BSR 下方，存在游离气，波阻抗小。

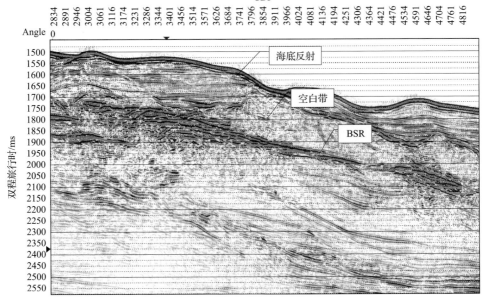

图 2-2-50　截距剖面

图 2-2-51 表示垂直入射横波反射系数，指示横波波阻抗的变化，在 BSR 处显示为负值，与海底极性相反。说明在 BSR 上方存在天然气水合物，波阻抗大；在 BSR 下方，

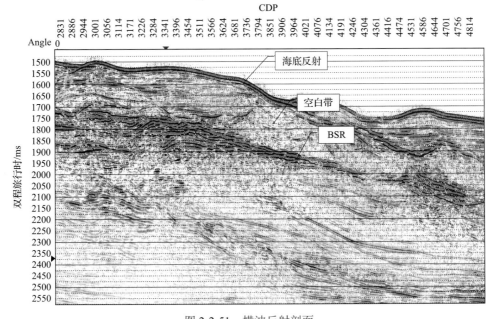

图 2-2-51　横波反射剖面

存在游离气，波阻抗小。

图 2-2-52 为 P 波和 S 波反射系数差值，指示纵横波速度的相对变化率，在 BSR 反射界面上表现为负值，能够指示气层界面。

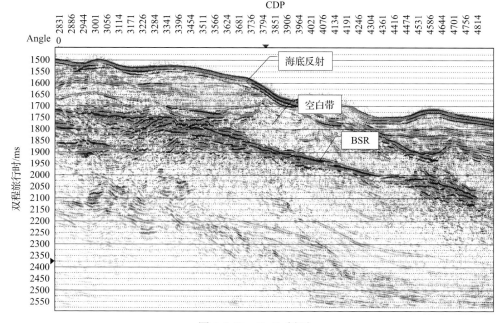

图 2-2-52 R_P-R_S 剖面

2. 纵横波波阻抗及速度反演

天然气水合物和游离气层的速度参数不但对其识别工作很重要，而且对其含量估计也起着举足轻重的作用，所以研究天然气水合物和游离气速度剖面的 AVO 反演意义较大。本书所要反演的数据是海上地震数据，面临的困难主要如下：

(1) 该地震资料所在地区并没有测井资料可应用，因此增加了速度反演的难度。另外，也缺少子波信息。

(2) 许多传统的 AVO 反演方法利用了一些经验公式或井资料。这些经验公式虽然都是经过长期实践总结出来的，但一方面它们来自不同的勘探区域，另一方面它们多是从非天然气水合物勘探区域总结出来的，故不能直接套用这些经验公式。

(3) 许多 AVO 反演方法所基于的 Zoeppritz 方程的近似式都基于界面两侧速度变化比较小这一假设。而天然气水合物和游离气实际覆存区域，可能会出现岩性差别比较大的反射界面。

为了解决这些问题，需寻求新的 AVO 反演思路，本书采用了新的 AVO 反演思路：对于那些岩性变化比较大的反射界面，其两侧的岩性参数差异性显著且连续性较差，因此适合通过非线性方法进行反演；而那些岩性波动较小的界面，其两侧的岩性参数一致性占主体，因此适宜用线性反演方法进行反演；最后，将两部分结果有机结合，就能得到最终的岩性参数剖面。

图 2-2-53 为纵波速度剖面与偏移剖面对比，从纵波速度剖面中可以明显分辨 BSR 下方的低速区域，推测为游离气所致。

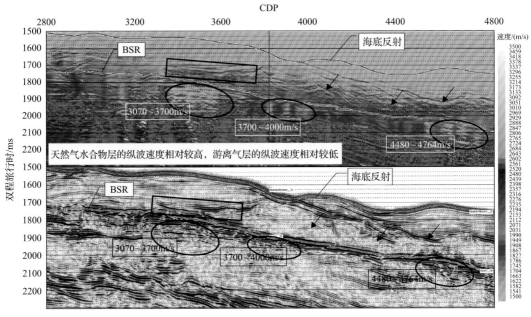

图 2-2-53　纵波速度剖面与偏移剖面对比图

图 2-2-54 为纵波波阻抗剖面与偏移剖面对比图，同样从波阻抗剖面中可以明显分辨出 BSR 下方的低阻抗区域，推测为含有游离气所致，与反演出的纵波速度剖面相一致。

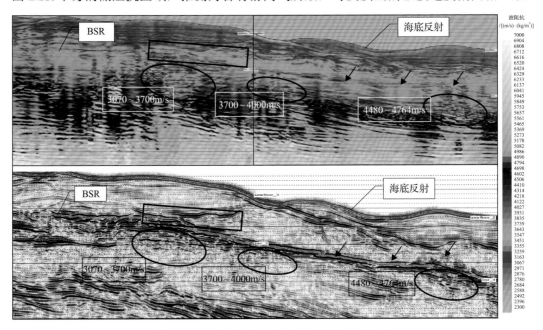

图 2-2-54　纵波波阻抗剖面与偏移剖面对比图

第三节 天然气水合物测井数据处理与模拟技术

一、天然气水合物储层的测井特征

广州海洋地质调查局自 2007 年以来，在南海北部神狐海域实施的天然气水合物钻探，使用了自然伽马、电阻率、密度、声波全序列、井温-井方位、井径及中子等方法进行测井，得到的参数有自然伽马、电阻率、密度、纵波速度、温度、井径及长(短)源距中子计数率等。图 2-3-1 为 SH2 站位的测井曲线图，其中阴影部分为划定的含天然气水合物层段。天然气水合物层的主要曲线特征总结如下。

1) 自然伽马

根据国外的勘探实例，天然气水合物储层多为粉砂质成分，黏土含量低，故在自然伽马测井曲线上表现为低值。然而，神狐海域的天然气水合物储层自然伽马测井读数呈现为相对高值。

2) 井径

在纯的天然气水合物层段，天然气水合物的分解容易造成井壁垮塌。但是在该区，天然气水合物层段的井径并没有太大的变化。这是因为该区天然气水合物是孔隙充填式，虽然在钻井过程中机械摩擦可能会导致天然气水合物分解，但是相对于泥岩层的垮塌对井径造成的影响来说，天然气水合物分解对井径扩大的影响很小，而主要受沉积物岩性的控制。

3) 电阻率

该区天然气水合物储层的电阻率测井值较高，这是天然气水合物本身的高阻特性导致的。国内外的此类储层均表现为类似的高阻特征。

4) 密度

在测井曲线综合图上可以看到，该区天然气水合物储层的密度值与上下围岩密度接近，但局部段略小于上下围岩的密度测井读值。这可能是因为天然气水合物的密度略小于孔隙水的密度。

5) 补偿中子

中子测井主要是反映地层中的含氢量，而天然气水合物的含氢指数较高，因此在含天然气水合物的层段，通常情况下中子孔隙度表现为高值。在该区，中子测井给出的是热中子的计数率。

6) 声波时差

该区天然气水合物储层的声波时差(速度的倒数)较上下围岩有较明显的减小，即声速增大。这可能与天然气水合物的声速较高有关。

从上面的特征分析可以看到，目前，在天然气水合物常用的测井方法中，电阻率和声波测井的特征最为明显。因此，在天然气水合物测井评价中，电阻率和声波时差是最为常用的两组数据。

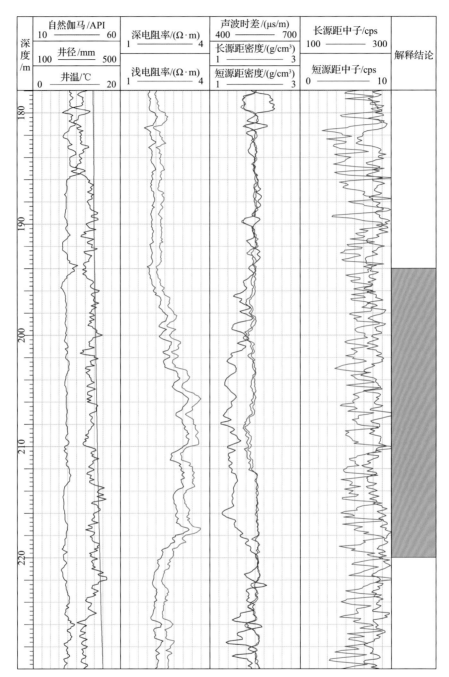

图 2-3-1　南海神狐海域 SH2 站位天然气水合物储层段测井曲线

二、测井曲线校正及重构技术

(一)声波曲线井眼环境校正

声波是重要的与地震资料相关的测井曲线，是地震解释和反演初始模型的重要依据之一。围岩与储层的声波特征存在差异是进行测井约束反演方法的前提条件。泥岩段井壁垮塌造成的高时差、膏岩层段造成的测井曲线缺失和异常、曲线测量段顶底发生的畸变、两次测井曲线衔接处的异常和仪器抖动导致的突变，都会导致声波数据在部分井段出现异常，降低了分辨岩性的能力，以及降低合成记录与实际地震记录的正确匹配关系。声波测井曲线的井眼校正传统上采用以下方法。

1）曲线滤波处理

采用五点加权平均滤波法：

$$\mathrm{AC_{cl}} = \frac{2 \times \mathrm{AC}_{n-2} + 4 \times \mathrm{AC}_{n-1} + 5 \times \mathrm{AC}_n + 4 \times \mathrm{AC}_{n+1} + 2 \times \mathrm{AC}_{n+2}}{2 + 4 + 5 + 4 + 2} \tag{2-3-1}$$

式中，$\mathrm{AC_{cl}}$ 为滤波后的声波时差；n 为采样点序号。

2）井径影响校正

首先，计算出解释层段的声波时差上限值：

$$\mathrm{AC_{max}} = V_{\mathrm{sh}} \times \mathrm{AC_{sh\_max}} + (1 - V_{\mathrm{sh}}) \times \mathrm{AC_P}$$

$$\mathrm{AC_c} = \begin{cases} \mathrm{AC}, & \mathrm{AC} \leqslant \mathrm{AC_{max}} \\ \mathrm{AC_{max}}, & \mathrm{AC} > \mathrm{AC_{max}} \end{cases} \tag{2-3-2}$$

式中，$\mathrm{AC_{sh\_max}}$ 为井径未垮塌层的泥质声波时差；$\mathrm{AC_P}$ 为纯地层最大声波时差值；V_{sh} 为泥质含量；AC 为测井的声波时差；$\mathrm{AC_{max}}$ 为层段内声波时差最大值；$\mathrm{AC_c}$ 为声波测井井眼校正后的声波时差值。

为了消除井眼环境的影响，可针对井眼扩径处的声波异常进行局部校正，以提高合成地震记录与实际地震记录的匹配效果，通常采用 Faust 公式的变形：

$$v = k \cdot R_t^{\alpha} \cdot z^{\beta} \tag{2-3-3}$$

式中，v 为声波速度；R_t 为电阻率；z 为深度值；α、β 为与地层有关的常数；k 为岩性有关经验系数。将拟合后的曲线值代替声波异常部位数值，这样克服了井径对声波的影响。

（二）测井曲线重构

根据遗传算法和神经网络的结合算法，采用遗传算法对神经网络拓扑结构和权值、阈值进行优化，最后重构测井曲线，具体实现步骤如下：

1）测井曲线标准化

测井资料标准化处理可为测井解释和岩石物理建模工作提供在多井间具有一致性、完整的测井曲线。标准化的主要目的是补偿多井间具有一致性、完整的测井曲线。

2）基因编码

采用二进制编码方案对神经网络权值和阈值进行编码，设网络初始权值的范围为[−1, 1]，设基因的编码长度为 N。第一位表示正负，第二位表示该条网络边长是否存在，1 代表存在，继续计算相应的权值与阈值；0 代表节点到节点的连接不存在，也就没有必要继续计算其权值与阈值。

3) 适应度函数的确定

设置一个 BP 神经网络的子函数，将通过遗传算法得到的权值与阈值不断反馈到神经网络，并计算得到网络误差：

$$\|error\| = \left(|Y_1 - T_1|^2 + |Y_2 - T_2|^2 + \cdots + |Y_N - T_N|^2 \right)^{1/2} \tag{2-3-4}$$

式中，Y 为目标函数计算结果；T 为训练目标值；N 为训练样本个数。

网络的适应度可定义为

$$fitness = 1 / error \tag{2-3-5}$$

式中，fitness 为适应度值；error 为网络误差。认为误差大的个体所代表的网络其适应度函数值越小，从而得到适应度函数。

4) 遗传操作

遗传操作的目的是利用选择、交叉和变异等遗传算子，将由神经个体组成的种群由上一代向下一代进化。选择算子采用最佳个体保存方法和轮盘赌选择方法相结合，这样能够保证种群向最优解的方向进化。交叉算子用一点交叉，即在个体串中随机设定一个交叉点，该点前后的两个个体的部分进行互换从而生成两个新个体。变异算子采用点位变异，以事先设定的变异概率来对基因位进行变异处理，利用变异算子可以加速向最优解收敛，同时可维持遗传算法群体的多样性，防止出现未成熟收敛现象。

5) 混合训练神经网络

采用 BP 算子计算种群的适应度值，通过遗传算子得到的最优解不断反馈给子函数中的 BP 算子，使种群的适应度值不断升高，直到优化结束，取得最优的权值和阈值。

6) 使用最优解来重构测井曲线

解码得到包含预测神经网络的权值与阈值信息，使用优化后的权值和阈值来进行曲线重构。对神经网络结构的优化在于遗传算法基因编码中不仅包含预测神经网络的权值与阈值，还包含神经网络层与层之间拓扑结构的优化信息。基因代码中的第二位代表了点与点之间的连接是否存在，若为 1 则代表点与点之间的连接存在，继续解码得到权值与阈值；若为 0，则代表点与点之间的连接不存在，也就不用继续解码和进行相应的计算，这样避免了复杂的网络结构带来的冗余计算，提高了优化效率。

该方法中神经网络和遗传算法的结合点在于将基于遗传算法的遗传进化和基于梯度下降的反传训练结合。先采用遗传算法对神经网络的权值进行全局搜索优化，所得的误差达到一定要求后，再采用 BP 算法对权值进行进一步的修正，如此循环往复直到权值误差达到最小。即遗传算法主要用来优化权值、阈值及拓扑结构，而 BP 神经网络主要用来预报误差值。

(三)测井曲线重构实例及效果分析

以声波曲线的重构为例，神经网络结构直接影响曲线重构的效果。训练网络的输入曲线为：自然伽马、电阻率、密度、中子这 4 条测井曲线，输出曲线为重构的声波测井曲线。当训练集确定之后，输入层结点数和输出层结点数随之而确定，问题是如何设置隐含层的结点数。试验表明，如果隐含层结点数过少，网络不能具有必要的学习能力和信息处理能力；反之，若过多，不仅会大大增加网络结构的复杂性，网络在学习过程中更易陷入局部极小点，还会使网络的学习速度变得很慢。传统的神经网络一般将隐含层的节点数设置为输入曲线个数的两倍。但本书使用遗传算法对神经网络结构进行优化，即使对复杂的神经网络结构也能避免不必要的冗余计算。所以本书将隐含层的节点数设置为输入曲线个数的 4 倍，即 16 个。这样重构曲线的神经网络结构就设置为 4-16-1 的 3 层结构。对权值和阈值进行优化的遗传神经网络参数设置见表 2-3-1、表 2-3-2。

表 2-3-1　遗传算法参数设置

遗传代数	初始种群	交叉概率	变异概率
500	50	0.7	0.01

表 2-3-2　神经网络参数设置

迭代次数	学习速率	训练目标	最小梯度
8000	0.05	0.01	0.01

遗传神经网络进化结果如图 2-3-2 所示。图 2-3-2(a) 为遗传算法进化进程图，横坐标为遗传代数，纵坐标为计算误差的二范数。可以看出随着遗传代数的增加误差在逐渐减少，直到趋于平稳分布。图 2-3-2(b) 为重构声波测井曲线时的误差随着神经网络迭代次数的变化图，图中可以看出误差的变化逐渐接近所设定的目标精度。

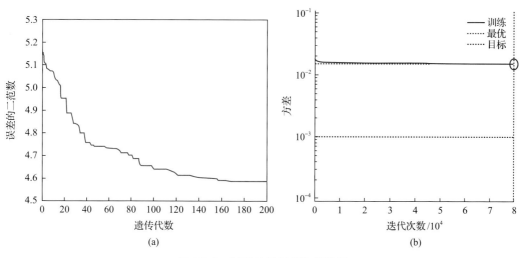

图 2-3-2　基因神经网络迭代进程

声波测井曲线重构结果如图 2-3-3 所示，图 2-3-3(a) 为原始声波曲线、BP 建模结果、GABP 重构声波曲线对比图，其中横坐标为深度，纵坐标为声波曲线取值范围。图

2-3-3（b）为重构曲线与原始曲线误差变化图，纵坐标为重构曲线与原始曲线的误差。从图 2-3-3（a）可以看出遗传神经网络重构的声波曲线效果优于传统的 BP 神经网络结果，从图 2-3-3（b）可以看出遗传神经网络计算结果误差小于传统的 BP 计算误差。综合考虑：遗传神经网络方法在曲线重构方面要优于传统的 BP 神经网络建模方法。

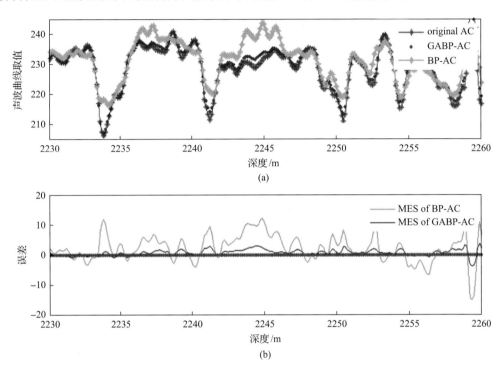

图 2-3-3　声波测井曲线重构结果

original AC-原始声波曲线；GABP-AC-遗传神经网络重构的声波曲线；BP-AC-BP 神经网络重构的声波曲线；
MES of BP-AC-BP 神经网络重构声波曲线的误差；MES of GABP-AC-遗传神经网络重构的声波曲线的误差

为检验遗传神经网络重构测井曲线方法的通用性，选取了具有代表性的陆上示例 1 井和海上示例 2 井资料，分别对声波曲线、电阻率曲线、密度曲线进行了曲线重构。其中陆上示例 1 井资料选取受井眼影响小、测井资料稳定的层段，即选取 1930～2230m 作为训练层段，选取 2230～2280m 作为曲线重构层段的测试层段；海上示例 2 井则选取 2770～2870m 作为训练层段，2870～2920m 作为曲线重构层段的测试层段。将遗传神经网络重构结果与传统的 BP 神经网络重构结果作对比，图 2-3-4 为陆上示例 1 井重构结果图，图 2-3-5 为海上示例 2 井重构结果图。其中，GR 为自然伽马曲线；CAL 为井径曲线；SP 为自然电位测井曲线；RLLD 和 RLLS 分别为深、浅电阻率测井曲线；AC 为声波时差测井曲线；CNL 为中子测井曲线；DEN 为密度测井曲线；original_curve 为原始测井曲线；BP_curve 为传统的 BP 神经网络重构测井曲线；GABP_curve 为遗传神经网络重构测井曲线结果。从整体上来看，遗传神经网络重构测井曲线结构比传统的 BP 神经网络重构曲线效果要好，该算法具有较高的可靠性和通用性。

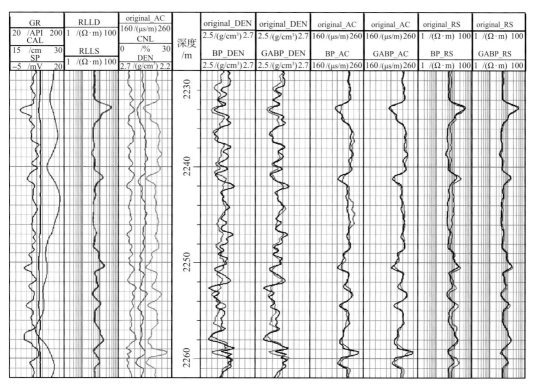

图 2-3-4　陆上示例 1 井的测井曲线重构结果

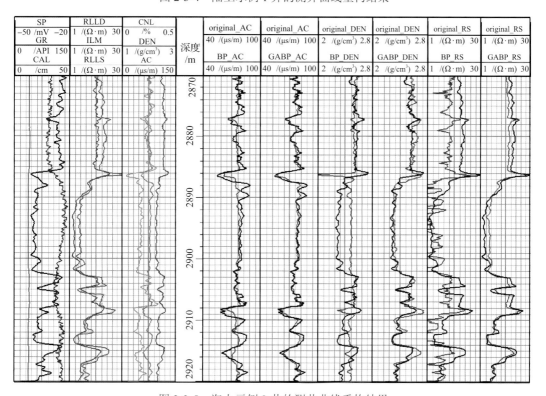

图 2-3-5　海上示例 2 井的测井曲线重构结果

三、井约束随机逆波阻抗反演方法研究

测井和钻井资料具有较高的垂向分辨率，在横向上采样点少，横向分辨率低，利用声测井数据可得到储层模型中小尺度结构的变化。地震数据垂向分辨率低，但在横向上采样密集，横向分辨率高，利用地震数据可以对井间大尺度结果进行预测。地震反演就是充分利用地表观测的地震资料，以宏观地质规律和钻井、测井资料为约束，对地下岩层空间结构和物理性质进行成像的过程。实际上地震资料中包含着丰富的岩性、物性信息，经过地震波阻抗反演，可以把界面型的地震资料转换成岩层型的模拟测井资料，使其能与钻井、测井资料直接对比，以岩层为单位进行地质解释，充分发挥地震横向资料密集的优势，研究储层特征的空间变化。

(一)波阻抗反演的基本原理

假设地震记录为

$$x(t) = r(t) \times b(t) + n(t) \tag{2-3-6}$$

式中，$x(t)$ 为地震记录；$r(t)$ 为地下分界面的反射系数；$b(t)$ 为地震子波；$n(t)$ 为噪声。

地震反演(反褶积)的任务就是从地震记录 $x(t)$ 中设法将地震子波和噪声消除，得到仅反映地下界面变化的反射系数序列，进而求出各层的阻抗、速度和密度参数，依此推断地下介质分布情况。地震反射产生的条件：在速度和密度有差异(即波阻抗有差异)的界面上才产生地震反射。若已知密度 ρ 和声波速度 v，则第 i 个界面上的反射系数可由式(2-3-7)得出

$$R_i = \frac{\rho_{i+1}v_{i+1} - \rho_i v_i}{\rho_{i+1}v_{i+1} + \rho_i v_i} \tag{2-3-7}$$

式中，R_i 为第 i 个界面的反射系数；v_i、v_{i+1} 分别为其上、下地层的声速。

密度和速度的乘积即为波阻抗。通常情况下密度变换较小，并且很接近于速度的线性函数，所以当缺乏密度信息时，一般只要用速度来计算反射系数，在大多数情况下是合适的。因此，式(2-3-7)可以合理近似写为

$$R_i = \frac{v_{i+1} - v_i}{v_{i+1} + v_i} \tag{2-3-8}$$

如果得到了反射系数，就可以实现反演过程，采用不同的算法，从地震反射系数数据中得出波阻抗数据，就可以把界面型的地震剖面转换成岩层型的波阻抗剖面，使地震资料变成能直接与钻井、测井对比的形式。

宽带约束反演是一种将地震资料、测井信息和先验地质知识有机地结合起来的叠后迭代反演方法，它是从广义线性反演发展起来的。当没有测井信息和先验地质知识约束时，它与广义线性反演方法等价；当迭代次数为 1 时，它等价于反褶积方法。宽带约束反演的目的是综合应用地震、地质和测井资料，求取适合于油藏描述的优化宽带波阻

模型。该方法是目前生产中使用最多的波阻抗反演方法。该方法属广义反演性质，这种反演采用最优化算法，迭代速度与稳定性都很好，改善了波阻抗界面的分辨率，消除了子波的剩余效应所造成的畸变，受地震资料带限性质的影响小，提高了反演结果的可信度。但这种方法同样受多解性问题的困扰，尽管如此，由于有测井资料与地质资料的约束，常常可以把多解性降到最低限度。宽带约束反演流程如图 2-3-6 所示。

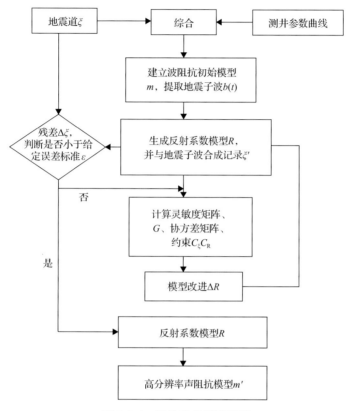

图 2-3-6 宽带约束反演流程

宽带约束反演过程中的几个关键技术：

(1)测井资料的预处理和标定，包括测井资料的环境校正、滤波处理和时深转换。环境校正包括标准化，即校正由刻度不准或不标准所带来的曲线漂移。

井径校正是对由井径不同而对声波测井曲线和密度曲线所造成的影响加以校正，如井径扩大会使密度测井值变低，声波测井时差变大，甚至出现周期跳跃。

(2)初始模型是波阻抗反演寻优算法的初始解，其准确与否直接影响反演寻优过程的搜索方向与收敛速度。初始模型的构建要做好测井曲线与地震记录的层位标定，要求以地质理论为指导，正确解释层位及确定井控制范围。在测井资料少或分布不均的地方，借助虚拟井技术作为控制，为插值建模创造良好的数学基础及实现条件。

(3)子波选取。通常选取的子波为零相位里克(Ricker)子波，它是以高斯指数为包络线的余弦波。但在现在的实际资料处理中，采用由声波测井资料整理出的反射系数序列与井旁地震道提取子波的方法。

(4)合成地震记录。如果测井资料的环境校正得好,反射系数序列求得好,地层位标定和解释正确,子波选取或提取得合适,则合成地震记录不会有太大问题。

(二)测井约束反演结果与分析

根据东沙地区的地震数据及过地震剖面的测井数据进行波阻抗反演,在实际地震反演处理之前,需要对地震数据和测井数据做预处理工作。

(1)测井数据的标准化处理。对测井数据进行深度校正和匹配处理,由于测井测量得到的速度单位和地震数据单位不同,需要对测井测得的速度进行转换,并与地震数据进行匹配。

(2)在地震勘探中,无论是进行合成地震记录的制作、用井旁道提取子波、将测井曲线从深度域转换至时间域进行层位和岩性解释,还是进行波阻抗剖面的宽带约束反演,都会遇到测井数据与地震数据的匹配问题。

初始模型的建立对反演结果来说很重要,对模型反演来说,反演结果的好坏很大程度上由初始模型即先验地质认识决定。因此,建立初始模型是做好基于模型反演的关键。建立尽可能接近实际地层条件的初始波阻抗模型,是减少其最终结果多解性的根本途径。测井资料在纵向上详细揭示了岩层的变化细节,地震资料则连续记录了界面的横向变化,二者的结合,为我们精确地建立空间波阻抗模型提供了必要的条件。

地震资料波阻抗反演技术往往是通过求解含有两个未知数的方程来实现。由于方程的不确定性,引起了方程解的不确定性。为解决这一问题,人们通常先求取地震子波,然后再对该方程求解。在求解之初,利用地震资料和测井资料建立初始模型,且以此为初始解对整个方程寻最优法求解。求取准确波阻抗的过程,实际上是一个寻优过程。其中,初始模型起了至关重要的作用。若此初始解接近真实值,则可使寻优过程朝着正确的方向搜索前进,节省寻优时间;反之,将导致计算时间增加乃至产生不可靠的反演结果。初始模型一般以地震解释得到的层位作为横向控制,以测井曲线及其他地质资料作为纵向控制,并通过插值得到。

图 2-3-7 为根据井 7 测井资料和地震记录提取的高精度地震子波和过井 7 的合成地震

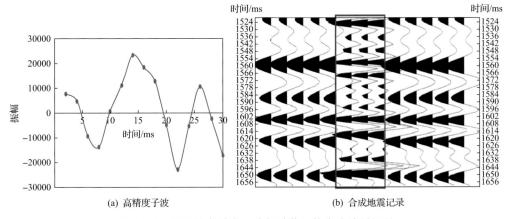

(a) 高精度子波   (b) 合成地震记录

图 2-3-7 提取的高精度子波与过井 7 的合成地震记录

记录。可以看到，合成地震记录与过井剖面有很好的匹配关系。图 2-3-8～图 2-3-11 为过井 7 的原始地震剖面、反射系数、声波速度及地层孔隙度反演剖面。

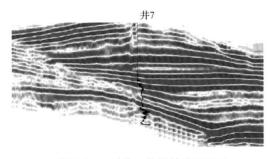

图 2-3-8　过井 7 的原始地震记录

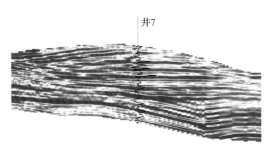

图 2-3-9　过井 7 的反射系数反演结果

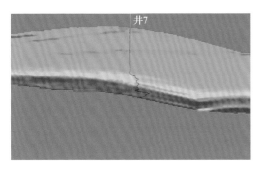

图 2-3-10　过井 7 的声波速度反演剖面

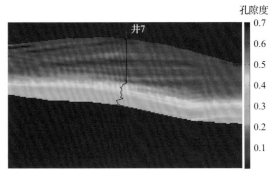

图 2-3-11　地层孔隙度反演剖面

从图 2-3-9、图 2-3-10 可以看出，反演结果中，其相比原始地震记录图 2-3-8 来说，纵向分辨率得到了很大的提高，原始地震记录上无法分辨的地层在图 2-3-9 和图 2-3-10 上可以分辨出来。

从图 2-3-11 所示的地层孔隙度反演剖面可以看到，它不仅实现了储层孔隙度的横向预测，而且对应于井 7 位置，反演的结果与测井计算的孔隙度有较好的一致性，孔隙度反演剖面在纵向上有较高的分辨率。

四、天然气水合物储层的随机模拟预测

测井-地震的联合应用，提高了储层反演和预测的效果，但却依然无法达到测井那样的高分辨率解释效果。如果测井资料足够多，不仅可以提高井约束反演的效果，通过多井资料的井间插值，还可能取得储层物性特征良好的预测效果。因此，本书对利用多井资料进行储层物性模拟的方法进行了研究，实现了以序惯高斯法为核心的储层模拟预测技术。

（一）序贯高斯模拟

序贯高斯模拟为经典的条件模拟方法，它是基于蒙特卡罗模拟思想发展起来的数值模拟方法。主要应用于连续变量的情况，并且要求模拟数据满足正态分布的条件，对于非高斯的采样数据，在模拟前应先将数据作高斯变换，处理完成后再进行反变换。序贯

高斯模拟的思想是顺着随机路径依次获取各个节点的条件累计分布函数，然后抽样获取模拟值。

假设 N 个随机变量 $Z(x)$ 的联合条件概率分布可表示成：

$$F_N[z_1, z_2, \cdots, z_n(n)] = P_{\text{rob}}\{Z_i \leqslant z_i(n+i-1), i = 1, 2, \cdots, N\} \tag{2-3-9}$$

式中，$P_{\text{rob}}\{Z_i \leqslant z_i(n+i-1), i = 1, 2, \cdots, N\}$ 为随机变量的概率分布函数；N 元样本可通过 N 个步骤得到，由概率理论可得到如下的关系：

$$\begin{aligned} F_N[z_1, z_2, \cdots, z_n(n)] &= P_{\text{rob}}\{Z_1 \leqslant z_1(n)\} \times P_{\text{rob}}\{Z_2 \leqslant z_2(n+1)\} \\ &\times \cdots P_{\text{rob}}\{Z_N \leqslant z_N(n+N-1)\} \end{aligned} \tag{2-3-10}$$

假设已知 n 个条件数据，通过 n 个条件数据可获取它的条件概率分布函数，对其进行抽样，可得到 Z_1 的一个样本 z_1，它将作为一个新的条件数据加入之前的 n 个条件数据中，这样便得到了 $n+1$ 个条件数据；通过这 $n+1$ 个条件数据可以获取新的条件概率分布函数，对其进行抽样，可得到 Z_2 的一个样本 z_2，同样 z_2 将作为一个新的条件数据加入之前的 $n+1$ 个条件数据中，便得到了 $n+2$ 个条件数据。此方法可以使得多个变量的联合一次实现，重复上述过程 L 次，便可得到 L 次实现，对网格节点的访问路径最好为随机路径，这样可避免人为效应。

序贯高斯模拟是在高斯概率理论和序贯模拟算法的基础上发展起来的，它是按象元过程进行的，具体步骤如下所述：

(1)确定代表整个研究区的单变量分布函数 $f(Z)$。如果 Z 数据分布不均，则应先对其进行去丛聚效应分析。

(2)利用变量的分布函数，对 Z 数据进行正态得分变换转换成 y 数据，使之具有标准正态分布的分布函数。

(3)检验 y 数据的二元正态性。如果符合二元正态性则可使用该方法，否则应考虑其他随机模型。

(4)如果多变量高斯模型适用于 y 变量，则可按下列步骤进行顺序模拟。

a. 把已知数据赋值到最近的网格点上。

这样做可以很好地用到条件数据(这些条件数据值会出现在精细的三维模型中)，同时可以提高算法运行速度，搜索已经模拟的网格节点和原始数据是一步完成的。

b. 确定随机访问每个网格节点的路径。

确定随机路径有多种方法，如抽样产生一个随机数字并乘以网格总数 M，将随机数字以数组方式分类并返回数组的指标，采用有限周期长度下的线性同余数生成程序对已经赋值的网格节点在模拟时跳过。

c. 找到邻域内的数据点。

指定估计网格点的邻域范围，搜索邻域内的条件数据(包括原始条件数据和先前模拟的值)，并确定条件数据的个数(最大值和最小值)。这样做的好处主要是提高计算速度，在模拟计算时只考虑在相关性范围内的数据点，并且限定采用数据点的最大数量。已有研究表明，当参与计算的数据点个数增加到一定数量时，计算的精度基本不再增加。

d. 应用克里金法来确定该节点处随机函数 $Y(u)$ 的条件分布函数的参数(均值和方差)。

e. 从 $f(Z)$ 随机抽取模拟值 $Ys(u)$。

f. 将模拟值 $Ys(u)$ 加入已有的条件数据集。

g. 沿随机路径处理下一个网格节点,直到每个节点都被模拟,就可得到一个实现。

h. 把模拟的正态值 $Ys(u)$ 经过逆变换变回到原始变量 $Z(u)$ 的模拟值。在逆变换过程中可能需要进行数据的内插和外推。

整个序贯高斯模拟过程可以按一条新的随机路径重复以上步骤,以获得一个新的实现,通常的做法是改变用于产生随机路径的随机种子数。

(二)天然气水合物储层随机模拟

1. 数据的准备

随机模拟在油气田开发中已广泛使用并取得了很好的效果,随机模拟研究的前提是数据库。多种数据的共同作用使得随机模拟精度不断提升,数据的全面性及准确性在随机模拟中起到了至关重要的作用,因此,对工区多种数据的搜集处理是十分必要的。

鉴于工区资料的特点,本书进行随机模拟的数据以井数据为主。井的数据主要包括:井的基本信息数据、测井解释数据及分层数据等。

井的基本信息数据包括井名、井坐标、补心海拔、井轨迹数据、井底深等,图 2-3-12 为工区井位分布图。测井解释数据主要包括孔隙度和含天然气水合物饱和度。根据测井解释结果,该工区主要分为两个主力层,即水层和含天然气水合物层,其中水层又分为若干细层。

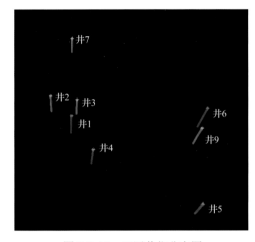

图 2-3-12　工区井位分布图

2. 储层参数的随机模拟

本书利用序贯高斯模拟对工区天然气水合物储层孔隙度和含天然气水合物饱和度进行三维模拟。图 2-3-13、图 2-3-14、图 2-3-15 分别为水层孔隙度、含天然气水合物层孔隙度、含天然气水合物层饱和度的模拟结果图。图 2-3-13 总体反映了工区内水层的孔隙度分布,其中,井 2、井 7、井 9 控制区域的孔隙度较大,井 1、井 3 控制区域的孔隙度较小。由于研究区内只有井 2、井 3、井 7 含有天然气水合物层,对于含天然气水合物层的模拟,只用到了 3 口井的数据。图 2-3-14 反映了含天然气水合物层的孔隙度分布,其中,井 2、井 7 的孔隙度较大,并且与水层孔隙度的变化趋势基本一致。图 2-3-15 反映了含天然气水合物层饱和度分布,其中,井 7 控制区域的饱和度较大。

3. 随机模拟实现的检验

随机模拟结果检验的方法主要有统计对比法和抽样法,统计对比法即对模拟前后的数据进行对比,抽样法就是利用未参与模拟井的解释数据与模拟得到的数据进行对比。

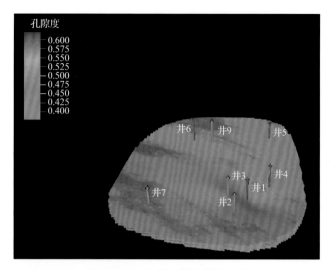

图 2-3-13 水层孔隙度模拟结果

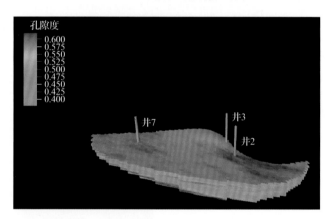

图 2-3-14 含天然气水合物层孔隙度模拟结果

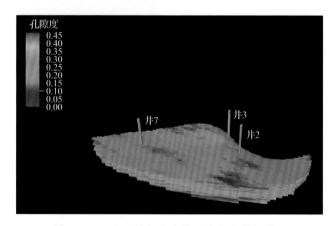

图 2-3-15 含天然气水合物层饱和度模拟结果

由于研究区域内井的数量较少，本书随机模拟的结果通过统计对比法来进行检验。图 2-3-16～图 2-3-18 分别为水层孔隙度、含天然气水合物层孔隙度、含天然气水合物层

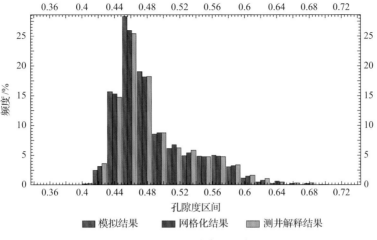

图 2-3-16 水层孔隙度对比直方图

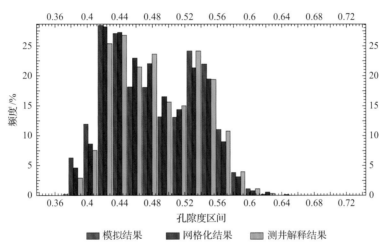

图 2-3-17 含天然气水合物层孔隙度对比直方图

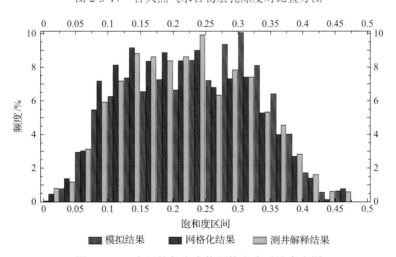

图 2-3-18 含天然气水合物层饱和度对比直方图

饱和度的测井解释数据、网格化数据以及模拟结果数据的对比直方图。由图 2-3-16～图 2-3-18 可以得到模拟结果数据的分布与测井解释结果数据的分布基本一致，最大值及最小值基本相同。

第四节　天然气水合物目标综合识别技术

一、天然气水合物地球物理立体探测数据库设计

　　近年来天然气水合物的勘探评价技术得到了快速发展，目前天然气水合物勘探技术有高分辨率多道地震、电磁法探测、地球化学和遥感勘查技术等，其中高分辨率多道地震勘探及其特殊地震资料相关处理解释技术是未来天然气水合物勘探研究的主流发展方向，相应的勘探数据的多样性也增加了数据管理的难度。天然气水合物数据库的数据来源主要是天然气水合物资源勘查原始数据和成果数据，如图 2-4-1 所示，包含了地球物理、地球化学、沉积学、热动力学等多个学科，且野外调查所获取的数据复杂，数据之间具有很强的关联性，需要建立一个综合多门学科的统一的天然气水合物空间数据库结构，原始数据经统一整理和标准化才能进入天然气水合物数据库，这样可以为天然气水合物数据的进一步挖掘研究提供保障。

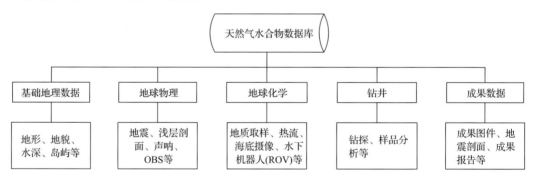

图 2-4-1　天然气水合物数据库逻辑结构示意图

　　预测天然气水合物成矿有利区的相关依据有 BSR、速度异常、气烟囱数据等。BSR 作为目前最有效的识别海洋天然气水合物的地球物理标志之一，是指含天然气水合物沉积物与下伏不含气水合物之间的声反射界面，对应于天然气水合物稳定带的底界(宋海斌等，2001)。速度异常数据是指通常含天然气水合物层速度会高于含气或含水的沉积层，故地层中速度出现反转是天然气水合物存在的又一重要的地球物理标志。气烟囱是因天然气(或流体)垂向运移作用，从而引发特殊伴生构造，在地震剖面上形成的含气异常反射，形态与断层、裂缝、裂隙相似，具有幕式张合的动力学特征，具有烟囱效应，命名为气烟囱。气烟囱构造是深部流体向上运移的通道，不仅对于研究断裂不发育区天然气水合物赋存机制具有重要作用，还能有效预测勘探方向、揭示天然气的运移路径、预测断层的封闭性，同时利用气烟囱还可以预测超压和海底构造稳定性，降低浅层气钻探风险。

　　天然气水合物空间数据库结构采用基于 GIS 的空间数据库管理，框架为顶层采用

ArcGIS 图形桌面程序管理，空间数据库采用 ArcSDE 管理，底层属性数据及图形数据采用 Oracle 数据库管理，图形数据以二进制位形式存储到 ArcSDE 库的 Shape 字段中。

二、数据管理模块

(一)模块设计原则

数据管理模块设计原则是坚持 3 个面向，即坚持面向业务(以业务为基础)、面向数据(以数据为核心)、面向用户(以人为本的应用)的前提下，遵循平台化、组件化的设计思想，以实现 3 个统一，即统一的数据交换、统一的接口标准、统一的安全保障。

根据以上思路，结合长期以来在海洋地质领域的成功经验，总体设计中遵从以下原则(图 2-4-2)。

图 2-4-2 系统的设计原则

1. 模块化、松耦合

系统建设要尽可能采用最先进的技术、方法、软件平台，确保系统的先进性，同时兼顾成熟性，使系统成熟而且可靠。

系统主要模块均采用动态链接库(DLL)技术封装，平台提供 DLL 接口，以方便集成、管理各功能模块，同时为系统扩展提供相应接口。

2. 系统分层

采用面向对象、面向服务的设计思想，按不同的业务、不同的功能、不同的职能划分各功能组件，各功能组件既可以独立形成系统又可以组成一个综合系统。良好的扩充性和可维护性，可实现在快速搭建总体框架的基础上分业务、分任务地逐渐充实整个系统，使系统具备可持续升级的基础。

为了方便计算机系统维护和管理人员使用，采用简单、直观的图形化界面的多种输入方式，维护人员可以轻松地完成对整个系统的配置、管理。

3. 数据接口、信息共享

数据表结构、属性字段的定义完整、明确、界限清晰，保证用户能方便准确地查询业务数据。

4. 图文并茂、直观方便

所有业务应用系统的功能模块设计均应提供个性化定制功能，提供一些界面定义的工具，用户可根据自己的需要显示或者隐藏功能模块，实现个性化设置，以满足各镇街不同的业务需求。

5. 实用、易于维护

系统开发充分考虑业务的实际需要，界面友好和美观、操作简单、使用方便。

6. 高性能、稳定

在系统设计、开发和应用时，应从系统结构、技术措施、软硬件平台、技术服务和维护响应能力等方面综合考虑，确保系统具有较高的性能及高效稳定运行。

(二)模块架构

1. 系统网络结构设计

天然气水合物数据管理系统的网络由数据库服务器、应用服务器、客户计算机和相关的网络设备组成，可实现基于客户—服务器结构(C/S)模式下的天然气水合物数据管理，并通过数据网提供基于 WEB 方式的天然气水合物数据查询。系统总体部署图如图 2-4-3 所示。

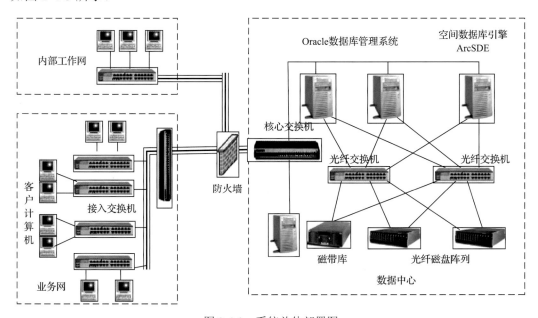

图 2-4-3　系统总体部署图

利用已有海洋地质调查数据库建设软硬件环境，系统将通过数据中心专用网络连接各业务所交换机。

2. 模块逻辑结构设计

天然气水合物数据管理系统总体逻辑结构框架可分为 3 个层次：数据服务层、业务分析层和人机交互层。业务分析层通过人机接口与天然气水合物数据管理及使用人员交互，在数据服务层的数据、模型和业务分析层众多分析功能的支持下，完成天然气水合物数据管理及相关业务。系统逻辑结构如图 2-4-4 所示。

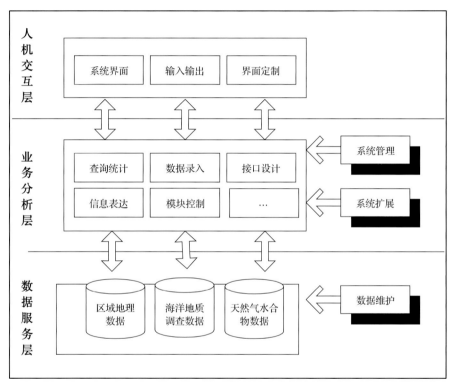

图 2-4-4　系统逻辑结构图

1）数据服务层

数据服务层由数据库管理软件以及基于数据库管理系统软件（Oracle、ArcGIS Server）而设计的视图、函数、存储过程及备份与恢复体系、数据构成。

数据服务层存储和管理着天然气水合物数据管理系统的所有数据，包括区域地理数据、海洋地质调查数据和天然气水合物数据等。

2）业务分析层

业务分析层主要是由系统核心功能组件构成各项业务功能模块，通过这些功能模块可以快速地构建满足用户需求的各项操作功能。系统核心功能组件主要包括：查询统计、数据录入、接口设计、信息表达、模块控制等。

3）人机交互层

人机交互层是系统使用者与应用软件之间的人机接口（界面与输入输出），总的作用是通过建立总控程序构筑系统运行的软件环境。具体功能包括控制应用软件运行、运行控制参数的输入和运行结果的表达等。系统的开发除了建立各种业务功能模块外，系统交互界面的设计和开发也是其主要内容。

（三）模块功能

天然气水合物数据管理系统由信息表达、数据入库、查询统计、应用模块控制和数据安全五大主要功能模块组成。根据用户对系统的需求，该系统的功能主要包括五大部分，如图 2-4-5 所示。

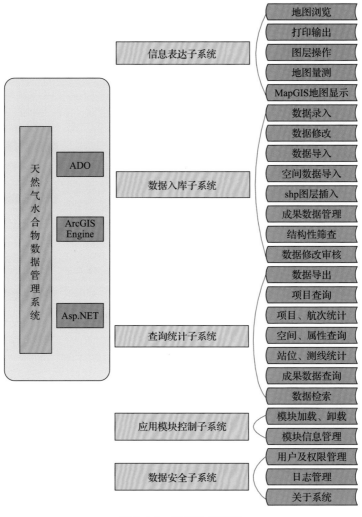

图 2-4-5　系统功能架构

ADO-ActiveX 数据对象

三、天然气水合物目标识别模块

天然气水合物的调查评价分为预查、普查、详查和勘探 4 个阶段，不同调查阶段的对应调查手段、测网密度都有所差别，对应研究成果也是有所区别的，如在预查、普查阶段成藏构造远景区中底辟发育(在天然气水合物成藏评价中通常只指泥底辟和盐底辟，下同)，通常是以单点表格形式统计的，而只有到了详查阶段底辟发育区才会细化到区块程度(面积)。不同测网调查阶段识别的 BSR 也是按线段分布的，速度异常原始数据在成果报告中也是点数据类型，而在天然气水合物目标区识别中，通常指的都是天然气水合物发育面积概念，以往对 BSR 区块的确定，都是研究人员根据个人经验、参考调查测网手工圈定的，因而带有很大的不确定性和个人随意性。天然气水合物目标识别模块主要是以数据库业已入库的成果资料为载体，依托业已建立的天然气水合物数据库系统，充分利用 GIS 的数据挖掘功能，以天然气水合物数据库入库资料为研究对象，以叠合分析、趋势分析等为主要工具，对数据库中的数据进行再利用，提高天然气水合物资源评价的精度，为天然气水合物目标综合识别服务。

天然气水合物目标识别模块通过对预处理过的数据进行分析获得天然气水合物的分布范围(远景区)，它具有计算天然气水合物稳定域和对多个专题图层进行叠加分析的功能。

(一)模块架构

该模块采用 3 层架构，基层采用基于 Oracle 10g 数据库构建，中间采用 ArcGIS 10.1 空间数据库引擎进行空间数据库管理，顶层采用基于.NET 集成开发环境以及 ArcGIS Engine 的二次开发工具进行数据库的开发。围绕天然气水合物目标识别模块的应用需求，进行天然气水合物目标识别模块开发工作。

结合现有的软件平台与技术，该系统采用以下方案构建。

(1)操作系统：服务器端为 Window 2003/2008 server，客户端为 Win7；

(2)后台数据库：Oracle 10g；

(3)空间数据库引擎：ArcSDE 10.1；

(4)开发语言：C#；

(5)二次开发组件：ArcGIS Engine 10.1。

系统架构如图 2-4-6 所示。

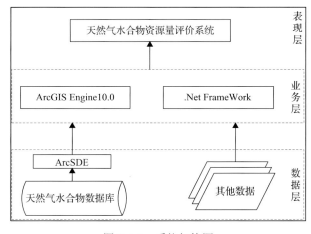

图 2-4-6 系统架构图

1. 系统的数据层

系统的数据层采用基于 Oracle 的数据库构建,采用空间数据库引擎(ArcSDE)进行空间数据库管理。它是架构在数据库服务器和应用客户端之间的中间件,是以关系型数据库为后台存储中心,为前端的 GIS 应用提供快速的空间数据访问,实现 GIS 功能应用与后台数据访问分离,从而降低系统的复杂度,使得空间数据库的数据能够被充分利用和共享,海量数据的快速读取和数据存储的安全高效是 ArcSDE 区别其他产品的重要特征。ArcSDE 原理如图 2-4-7 所示。

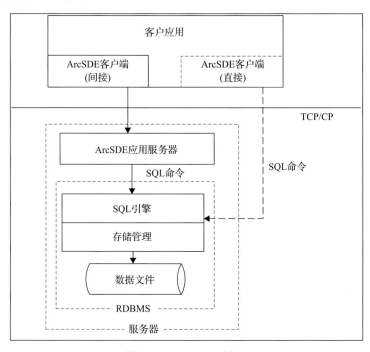

图 2-4-7 ArcSDE 原理

ArcSDE 的优势在于:①为各种支持的客户应用提供空间数据服务;②通过 TCP/IP 横跨任何同构或异构网络;③以一种连续的、无缝的数据库管理大型地理要素;④通过标准的应用程序接口(API)提供查询、检索函数的开放存取。

2. 系统的业务层

业务层采用.NET 集成开发环境和 ArcGIS Engine 的二次开发工具进行系统的开发。ArcGIS Engine 开发包(Development Kit)是由美国 ESRI 公司推出的一组构建在 ArcObjects 上的用于创建客户化 GIS 桌面应用程序的开发包,为 GIS 的二次开发提供各种函数接口的函数库,其对象与平台无关,能够在各种编程接口中调用。开发人员能够利用 ArcGIS Engine 提供的开发包在不同的开发环境中添加控件、工具条、容器和类库,并能结合应用实践嵌入相应的 GIS 功能为用户提供解决方案,不仅可以创建独立于界面版本的应用程序为专业 GIS 用户或非专业 GIS 用户提供自定制的应用程序,相比其他组件开发工具,基于 ArcGIS Engine 开发还具有标准的 GIS 架构、可视开发控件、可扩展选项、支持多种语言开发等优势，已经成为当前 GIS 软件二次开发的主流产品。ArcGIS Engine 组件开发平台作为一个能够独立搭建定制 GIS 功能的完整类库，由开发包和运行时（runtime）两部分组成，如图 2-4-8 所示。

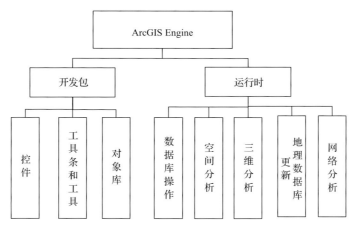

图 2-4-8　ArcGIS Engine 构成

3. 系统的表现层

表现层是用户的操作界面，围绕天然气水合物的应用需求，进行天然气水合物资源量评价系统模块系统软件开发工作。系统开发环境分为服务器端和客户端。服务器端安装 ArcSDE、Orcale 数据库，以响应客户端的数据要求，对系统开发的各种属性数据和用户数据进行处理，并将系统的处理结果及时传达给客户端。客户端是用户操作的界面，在 Visual Studio 2010 环境下，基于 ArcGIS Engine 10.0 的二次开发组件包，利用 C#语言进行开发系统，并采用第三方插件 DevExpress 来设计界面，满足友好、美观、清晰的基本原则。

（二）技术路线

借助 GIS 二次开发技术在矿产资源预测中的应用，采用 C/S 开发模式开发基于 GIS 的天然气水合物资源量系统，C/S 架构最大的优点就是用户对数据库的访问和应用程序的执行具有较快的速度。系统安装部署在服务器端，客户端安装基本软件，这种结构对天然气水合物资源勘查所具有的海量数据来说是最适合的 GIS 架构，可结合实例完成系统的具体功能。该系统的技术路线图如图 2-4-9 所示。

（三）模块功能

根据需求分析和相关设计原则，在遵循界面设计的基本原则的情况下，使用第三方插件 DevExpress 来设计系统的主界面，首先设计出最基本的操作界面和系统的主要模块；其次对每一个模块进行下一级的界面设计，再依次设计下一级功能，直到完成最低一级界面的具体功能。这样的功能设计使得系统界面清晰、友好、易操作，功能分级层层分解。天然气水合物资源量评价系统的功能模块如图 2-4-10 所示。

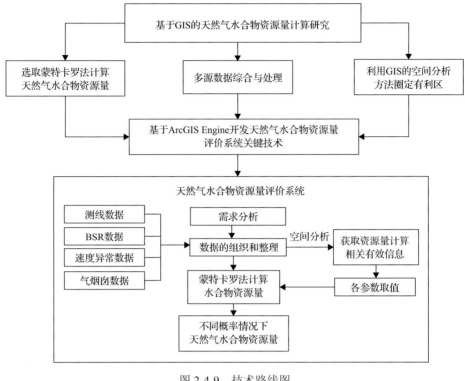

图 2-4-9　技术路线图

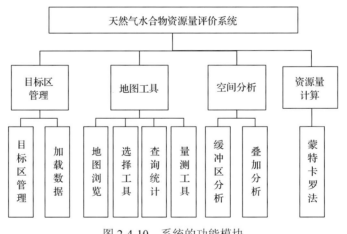

图 2-4-10　系统的功能模块

1. 目标区管理

目标区管理包括目标区管理和加载数据两个子模块。目标区管理中包括新建、打开、编辑、保存天然气水合物资源评价目标区等功能，按勘探程度的不同，天然气水合物资源勘探可分为预查、普查、详查 3 个阶段，在新建目标区时，需要填写目标区的勘探阶段、编号、起始时间等基本信息。加载数据主要是从数据库中加载各类文件格式数据。

2. 地图工具

在天然气水合物资源量评价系统中，地图工具模块如图 2-4-11 所示，包括地图浏览、选择工具、查询统计、量测工具。地图的基本操作包括地图缩小、放大、全图、平移、图层显示控制等功能，量测工具包括距离测量和面积量测。

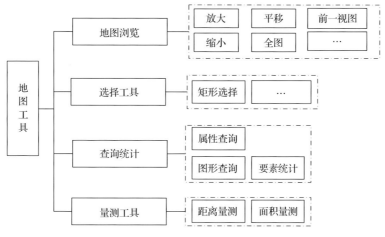

图 2-4-11 地图工具模块

3. 空间分析

利用空间分析中的缓冲区分析、叠加分析对数据进行分析处理，为天然气水合物资源量计算做准备。通过结合测线数据利用 GIS 缓冲区分析功能，设计缓冲区分析算法，将天然气水合物成矿相关的 BSR 线数据、速度异常点数据和气烟囱点数据等转换为面数据，然后对面数据进行叠加分析生成一级、二级、三级有利远景区。空间分析模块功能执行的流程如图 2-4-12 所示。

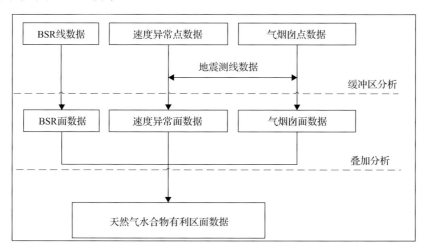

图 2-4-12 空间分析的流程

4. 资源量计算

资源量的大小是天然气水合物资源远景评价最直接的依据，资源量计算模块的实现是系统重要成果的体现，通过对蒙特卡罗法计算天然气水合物资源量过程的分析，实现根据随机变量分布函数和抽样模拟等计算资源量的关键技术。以体积法为基础，输入相关参数数据取值，可得到不同概率情况下天然气水合物资源量，并能以 Excel 表格形式输出总储量概率计算结果的值。

四、模块实现

（一）目标区管理

该模块中有新建目标区、打开目标区、保存目标区和编辑目标区。当创建新的目标区文件时，需填写的基本信息包括：目标区编号、目标区名称、目标区类型和目标区起始时间等，并可选择目标区的存储路径。创建新目标区后，系统自动创建命名为"目标区编号+目标区名称+目标区类型"的空白文件夹，其中包括一个以目标区名称命名的空白 mxd 地图文件，是用于保存加载原始数据和经处理后的成果数据。打开目标区是用于打开已创建好的目标区文件。通过编辑目标区能对目标区属性信息进行修改，如图 2-4-13 所示。

图 2-4-13　编辑目标区信息

（二）加载数据

该模块是用于加载各种格式的数据，能加载常用的 SDE 数据、shapefile 数据、coverage 数据、mdb 数据、文件地理数据库等各种类型数据，加载的数据可保存在目标区文件夹 mxd 中。图 2-4-14 为加载文件地理数据库中的数据。

（三）地图工具

地图工具模块提供了 GIS 的多个地图工具功能，包括地图浏览、选择工具、查询统计、量测工具。地图浏览工具包括浏览地图通用的工具和清空选择工具。选择工具包括矩形选择、圆形选择、多边形选择功能。属性查询是为了方便用户查看感兴趣要素的属性信息；要素统计是用于统计要素的个数，要素统计不仅可以统计要素个数，还可以统计要素某一属性的最小值和最大值。距离量测可以对线段进行长度量测；面积量测可对任意形状的多变形进行面积计算，且计算结果能直观、实时地显示在地图上，如图 2-4-15 所示。

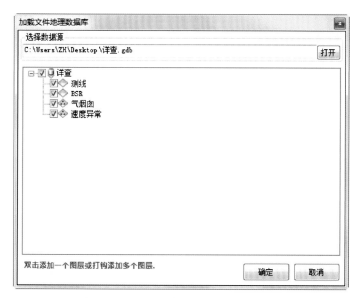

图 2-4-14　加载文件地理数据库中的数据

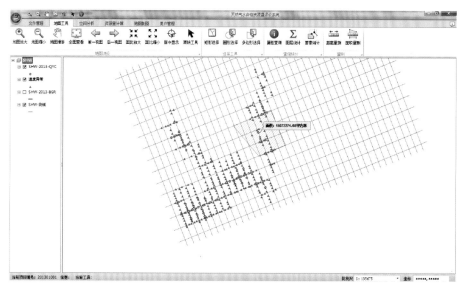

图 2-4-15　面积量测工具

（四）空间分析

空间分析是 GIS 区别于计算机制图系统和其他信息系统的特征之一，是分析空间数据相关技术的统称，主要是运用数理统计分析、几何的逻辑运算、代数运算等手段，解决地理空间相关的实际问题，也是 GIS 的核心部分。空间分析的方法有很多种，常用的有缓冲区分析、叠加分析、网络分析、空间统计分析等。实际工作中针对不同的应用需要，采用不同的方法。GIS 的厂家一般根据客户需要利用两种通用方法来包装 GIS 产品：一种是为大多数用户所用的一套空间分析工具，另一种是为专业的应用开发设计和扩展的模块。该系统是采用第二种方法，基于空间分析方法中的缓冲区分析和叠加分析，针对天然气水合物勘探资源量计算的实际需要设计面向对象的缓冲区算法，完成空间分析模块的开发。

天然气水合物资源量评价系统中，空间分析模块的功能分为缓冲区分析和叠加分析，主要功能是对天然气水合物资源量计算中相关的点、线、面数据进行缓冲区分析和对面数据进行叠加分析圈定天然气水合物的赋存有利区，以满足后续资源量计算的需要。并通过对实例数据进行空间分析，来完成具体功能的实现。

1. 缓冲区分析

缓冲区分析是一种重要的空间分析方法，用于确定不同地理要素的空间邻近性或接近程度。基本思想是给定一个空间对象，领域的大小由领域半径 R 决定。因此对象 O_i 的缓冲区定义为

$$B_i = |x : d(x, O_i) \leqslant R| \tag{2-4-1}$$

B_i 的含义是以对象 O_i 为中心，半径为 R 的领域中，到 O_i 的距离 $d \leqslant R$ 的全部点的集合。缓冲区分析的应用领域非常广泛，如公共设施的服务半径、传染疾病暴发的影响范围、水污染的检测、城市规划与建设等。

基于 GIS 的缓冲区生成算法可分为栅格和矢量两种。在栅格数据生成缓冲区，是将地理空间划分为多个小的规则单元(像元)，空间位置由单元的行、列号表示，是以膨胀法原理为基础，利用填充算法、数学形态学扩张法等实现缓冲区分析。该系统是针对矢量数据的缓冲区分析研究，此处栅格算法将不作过多的叙述。由于空间要素能被抽象为点、线和面 3 种类型的矢量数据，矢量数据的缓冲区创建是根据领域大小建立多边形，其过程可分为单个目标的缓冲区独立生成和所有目标的缓冲区重叠合并两个阶段。

天然气水合物资源量评价系统采用的是面向资源量计算相关数据的缓冲区分析，区别于 ArcGIS 软件的缓冲区分析功能在于邻域半径的取值不是常量，而是根据测线与要素之间的关系来确定的变量。在天然气水合物资源量评价中，根据地质条件、地球物理和地球化学特征等成矿依据，结合专家经验来评价天然气水合物赋存有利区，系统设计将成矿相关数据和专家经验充分结合，实现了基于空间对象的缓冲区算法分析，总结点要素和线要素经过缓冲区分析生成面要素的规则，从而分析点数据、线数据与调查测线数据间的空间关系。系统中点数据缓冲区邻域半径大小是根据点与测线的距离的大小来确定的变量，线数据缓冲区邻域半径大小要根据实际点的位置和测线的密度来确定。面数据的缓冲区分析设计则与 ArcGIS 软件原理相同，即给定一个邻域半径，生成缓冲区而得到。

系统中点数据缓冲区分析的算法流程如下：首先根据点数据与相关线数据间的拓扑

关系，找到点数据中任意一点如点 1，如图 2-4-16 所示。根据点 1 所在测线，由该条测线找到与其相交的所有的线中最邻近点 1 的两条线，求出点 1 距这两条线的距离，取较大距离的一半作为该点缓冲区领域半径的大小，经缓冲区生成面数据，依次遍历所有的点数据，生成面数据合并缓冲区可得到不规则曲面，当点数据比较聚集时，可得到不规则多边形面数据，如图 2-4-17 所示。

系统中线数据缓冲区分析的算法流程如下：从线数据中选取任意一条线，根据线与线之间的拓扑关系得到所有与该线相交的线，继续找到与已获取线相交的线，直至找到所有相互相交的线才结束，提取这些交线的端点，根据相交线端点连接围成一个多边形，遍历数据中所有的线，利用缓冲区分析，最终生成面数据，如图 2-4-18 所示。

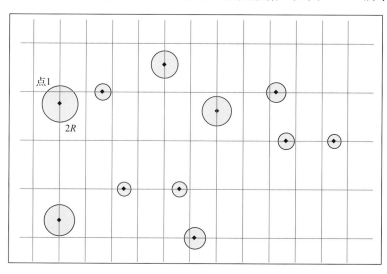

图 2-4-16　基于测线的点数据缓冲区的生成

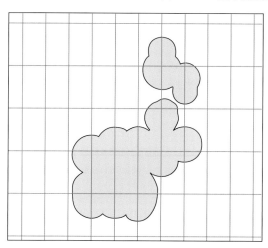

图 2-4-17　密集点数据缓冲区合并

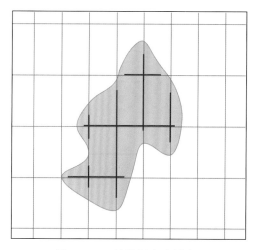

图 2-4-18　线数据生成缓冲区

系统中缓冲区分析模块包括对点、线、面数据进行缓冲区分析。从天然气水合物数据库中获取的 BSR 专题数据类型为线数据，速度异常数据和气烟囱数据都是点数据。由于速度异常数据、气烟囱的点数据需要结合专家经验，是基于测线数据进行缓冲区分析，实现过程中的规则相同，首先选取需要进行缓冲区分析的点数据图层，其次选择与其相关的地震测线数据图层，通过缓冲区分析技术生成面，速度异常数据和气烟囱点数据分布生成面数据的结果分布，如图 2-4-19、图 2-4-20 所示。

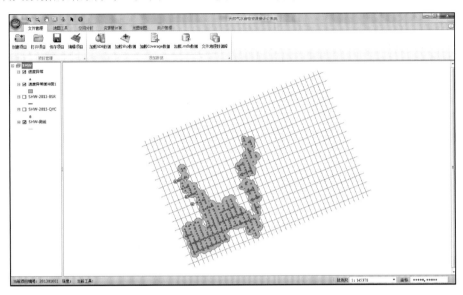

图 2-4-19　速度异常数据缓冲区分析结果

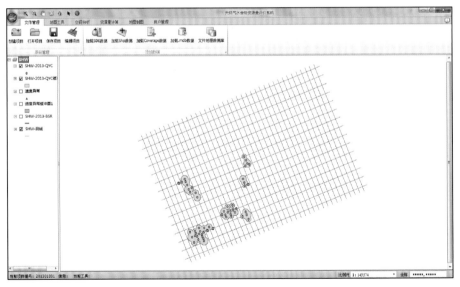

图 2-4-20　气烟囱数据缓冲区分析结果

　　BSR 线数据是在测线上进行识别的，只需要利用 BSR 线数据之间的拓扑关系便可生成缓冲区，先通过 BSR 数据中的任意一条线，查找与其相交的所有的线，提取所有线的端点，来生成面数据。通过运用系统的空间分析功能，利用速度异常、气烟囱、BSR 数据相对应生成 3 层新的面数据，系统会将其自动保存于所在工程中，如图 2-4-21 所示。

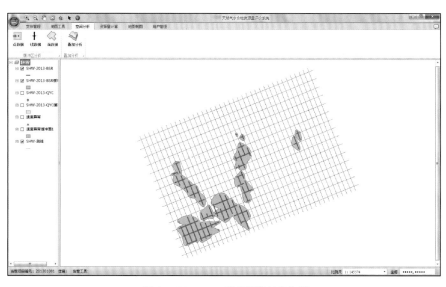

图 2-4-21　BSR 数据缓冲区分析

2. 叠加分析

叠加分析是 GIS 最常用的提取空间隐含信息的手段之一，是指在统一空间参考下，对同一地区两组或更多的专题数据进行叠加，进行一系列的集合运算，生成一个新的数据层。新数据层的要素具有各叠加层要素的属性或各叠加层要素属性的统计特征，可以将原叠加层相应位置处图形的对应属性的函数表达为

$$U=f(A, B, C, \cdots) \tag{2-4-2}$$

式中，f 函数为叠加层属性与用户需求之间的关系；A、B、C 为各叠加层的属性。根据数据结构的不同，叠加分析分为矢量和栅格分析两种，栅格叠加分析主要是应用数学、逻辑运算对相同空间关系、相同栅格单元大小的多层栅格数据进行叠加，用于揭示某种空间现象和空间过程。本书是对矢量数据进行叠加分析，对栅格叠加分析不做过多的讨论。

矢量数据叠加分析的目的是基于空间位置分析空间对象的空间和属性特征间的相互关系，一般包括叠加求交、叠加求和、层叠置，利用叠加分析可以产生新的空间关系、新的属性特征关系，发现多层数据间的差异、联系和变化等特征。该系统是采用多个面数据层进行叠加分析，利用叠加求和运算，生成一个包含全部叠加层属性的新的面数据。

采用对面数据进行叠加分析，来对天然气水合物进行评价分级，分级标准是叠加后满足 3 个图层相交的部分为天然气水合物一级有利区，满足任意两个图层相交的是天然气水合物二级有利区，只有任意一个图层的为天然气水合物三级有利区，除此以外的区域不考虑。叠加分析实现的步骤：首先进行属性赋值，为叠加分析的各面数据分别添加一个新的属性字段，并且全部赋值为 1；其次对 3 个图层进行求并集、交集、差集的操作完成叠加分析，并分析叠加后的新图层的属性，将分级的相关属性字段相加，以新字段的形式保存在叠加后的图层中，完成分级。

利用 GIS 技术获取含天然气水合物沉积物面积的参数值是由 BSR 数据、速度异常数据和气烟囱数据综合叠加分析得到。将通过缓冲区分析新生成的 3 层面数据进行叠加分析，得到预测天然气水合物资源量的面数据，其中包含 3 层数据属性的定义为天然气水合物一级有利区，具有任意两层属性的定义为天然气水合物二级有利区，具有任意一层数据属性的定义为天然气水合物三级有利区，并计算这 3 类有利区的面积即确定出资源量计算中含天然气水合物沉积物面积参数值，为天然气水合物资源量的计算做准备。

选择速度异常、气烟囱、BSR 经缓冲区分析生成的面数据图层进行叠加，由属性字段 SUM 值相等的进行累加计算，分别得到该海洋天然气水合物一级、二级、三级有利区的面积值分别为 20.012km^2、44.555km^2、29.422km^2，为资源量计算做准备，图 2-4-22 为叠加结果。

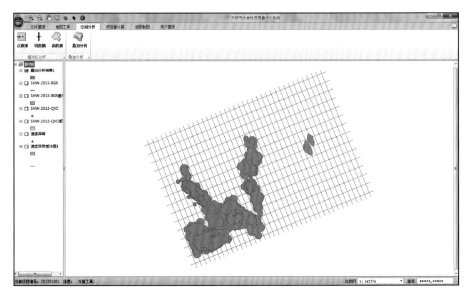

图 2-4-22　叠加分析后的结果

3. 资源量评价

首先利用蒙特卡罗法进行天然气水合物资源量的计算，根据天然气水合物资源量计算参数取值，计算机产生随机数；其次进行随机抽样模拟，依次得出单个区域资源量的概率累积分布曲线；最后将全部计算单元的资源量进行概率叠加，可以得到天然气水合物总资源量概率累积分布曲线。

天然气水合物资源量计算中，面积参数是应用系统空间分析的缓冲区和叠加分析，得到天然气水合物的各级有利区和对应有利区的面积。已知厚度、饱和度、产气因子、孔隙度这 4 个不确定参数的分布函数是正态分布。系统默认的抽样模拟次数是 2000 次，这样既能满足计算的正确性，又能保证运行效率。选择天然气水合物分级结果，并在文本框中输入或加载相应的参数取值范围，自动计算出"50%"资源量的结果，用户可根据需要得到自定义概率水平下的天然气水合物资源量。

Ⅴ区一级有利区的面积为 11.92km^2，综合实际钻井资料和试验测试数据获取该区域一级有利区的厚度取值范围为 10～25m，孔隙度为 55%～57%，饱和度为 10%～25%，产气因子为 150～173m^3/m^3，50%概率资源量为 32.9399×10^{8}m^3。

该区域二级有利区的面积为 12.25km^2，综合实际钻井资料和试验测试数据获取该区域一级有利区的厚度取值范围为 10～25m，孔隙度为 53%～54%，饱和度为 10%～25%，产气因子为 150～173m^3/m^3，50%概率资源量为 32.3496×10^{8}m^3。

按照相同的操作方法，获取天然气水合物三级有利区的面积和各参数的取值后，进行资源量计算，在 50%概率条件下，得到该区域有利区天然气水合物三级资源量为 227.6356×10^{8}m^3。

求该区域总天然气水合物资源量时，可将含天然气水合物面积直接相加求和得到总的含天然气水合物面积，但总的天然气水合物资源量要进行概率累加求和，最终得到该海洋天然气含水合物区域面积为 81.16km^2，在 50%概率条件下总的天然气水合物资源量为 340.2161m^3。累积概率分布如图 2-4-23 所示，单击"输出 Excel"按钮将结果以表格的形式输出。

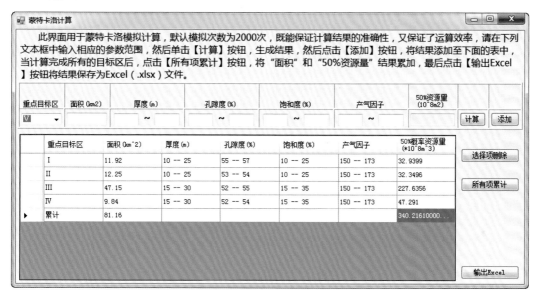

图 2-4-23 天然气水合物总资源量计算结果

第三章 天然气水合物流体地球化学精密探测技术

流体地球化学探测技术是天然气水合物调查研究工作的重要手段。在天然气水合物海底成藏区，由于地下环境中普遍存在压力、温度、浓度和组分上的差异，烃类物质将从深部动态运移至表层，浅表层沉积物、孔隙水和底层水等介质中的地球化学特征发生变化，形成地球化学异常。海水和孔隙水中的烃类气体(如 CH_4)及其他气体(如 H_2S)异常标志是识别天然气水合物的重要标志之一，可为快速、高效地探查天然气水合物提供线索和依据。广州海洋地质调查局天然气水合物流体地球化学研究团队通过前期科研工作，成功实现了海底原位孔隙水采集，验证了深海原位孔隙水取样的可行性(陈道华等，2009)。天然气水合物流体地球化学精密探测技术是以原位孔隙水和底层海水中的溶存气体为主要研究对象的流体地球化学探测技术，可以更好地满足天然气水合物调查和海底界面水、气、离子、营养盐交换研究的需要，最终实现勘探技术的突破。其主要研究内容是研制一套海底沉积物孔隙水和底层水的分层原位气密采集系统，通过压滤法原理实现在短时间内同时获取深海多层位、气密性好、无污染的原位孔隙水样品，沉积物采样深度不小于 8m，采样间距 0.4m，单个样品采样量不少于 100mL；同时能实现海底以上0.6m 原位分层底层水采集，采样间距 0.3m，单个样品采样量不少于 200mL；另外船载测试平台可实现对不同类型水体中烃类气体等地球化学指标进行现场的快速检测，并应用海试资料开展天然气水合物流体地球化学特征应用研究。该探测技术可为我国海洋天然气水合物有利成藏区的圈定、天然气水合物资源整体评价提供高技术支撑。

第一节 沉积物孔隙水原位采样瓶设计与研制

一、双瓶结构设计

孔隙水采样瓶设计为双储水室、双电磁阀(图 3-1-1)，采用两次采水工作方式降低海水对孔隙水的污染。第一次采水时，采样瓶过滤层上留存的海水、电磁阀里留存的海水、采样下插过程中带入的少量海水及沉积物孔隙水将进入第一储水室(海水/孔隙水混合样)；第二次采水时，沉积物孔隙水进入第二储水室(孔隙水样)，这样能保证获得无污染的孔隙水样品。

二、阀口镶件改进

对于电磁阀的密封，初期设计采样瓶进水口为单一零件，一旦瓶口密封出现问题，势必会使整个瓶体报废。此外，因为采样瓶本身体积大、质量大，单节瓶体超过 50kg，即便每一个瓶体都没有报废，每次进行合理性改造时，搬运、装夹、加工，再配合电磁阀进行测试，工作量非常大，同时也非常困难。为此我们把取样瓶进水口改为双零件密封组合，如图 3-1-2～图 3-1-4 所示。

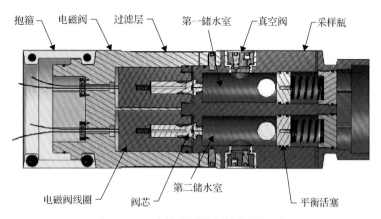

图 3-1-1 孔隙水采样瓶结构示意图

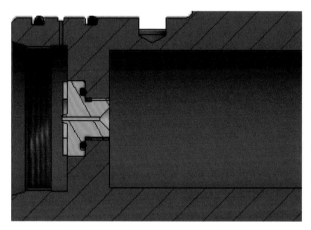

图 3-1-2 采样瓶零件分解示意图

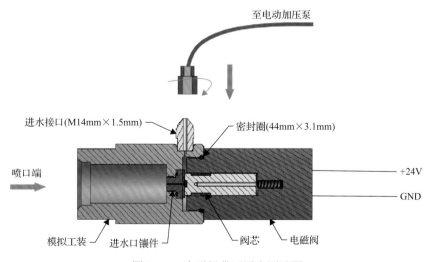

图 3-1-3 电磁阀带压通电测试图

GND 为电压参考基点

图 3-1-4　电磁阀与测试工装图

把采样瓶进水口分离出来的镶件单独与电磁阀阀芯进行通断测试，一方面可检测镶件本身的密封性能，另一方面可检测电磁阀的工作性能，很好地解决了大零件进水口修改困难、电磁阀调试工作量大等实际问题，同时也节约了时间。

三、真空阀密封改进

真空阀与取样瓶瓶体原角密封方式为径向密封方式(图 3-1-5)，可充分利用环境压力增加阀体密封的可靠性。另外增设侧密封作为径向密封失效时的应急补救措施。通过此方案进行改造后，经反复检测，真空阀密封性能可靠、稳定。

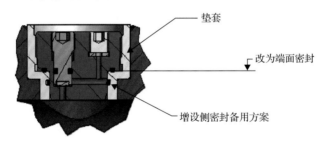

图 3-1-5　真空阀密封改进图

第二节　高真空电磁阀研制

为满足海底沉积物孔隙水的原位采集，原位气密孔隙水采样瓶储水室需维持高真空(真空度为 200Pa)，以及实现最大水深 4000m(最大压力 40MPa)下打开采样瓶进水阀，采用高真空密封、电磁力打开的方式，我们设计了一种可以用于原位气密孔隙水采样设备中深海高真空高压电磁阀，结构如图 3-2-1 所示。

海水及压力的结合给材料的选择带来了独特的挑战。在容易腐蚀的环境中，选择高性能的材料很关键。适用于海水环境中的材料包括不锈钢、钛合金、镍基合金、蒙乃尔铜镍合金等。高压海水阀是在 4000m 海水环境中使用，所有元件面临防海水腐蚀包括化学腐蚀、电化学腐蚀及微生物腐蚀等多种腐蚀形式。由于海水有较强的腐蚀性，同时海

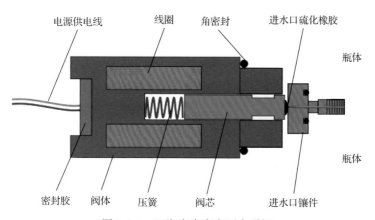

电源供电线　线圈　角密封　进水口硫化橡胶

瓶体

瓶体

密封胶　阀体　压簧　阀芯　进水口镶件

图 3-2-1　深海高真空高压电磁阀

水又是一种强电解质，材料本身不但要有较强的耐腐蚀性能，而且不同材料组合使用时要有较强的防电耦腐蚀能力。当腐蚀与磨损同时存在时，它们相互促进，使零件很快失效。由于海水黏度低(仅为液压油的 1/40～1/50)，在同样的压力差作用下，海水的流速远高于液压油。高速流体将对配台面产生很强的冲刷作用，久而久之会在零件表面形成一条条丝状凹槽，破坏工作表面。当高速流体中携带污染颗粒时，其破坏作用大大加剧。为减小冲蚀磨损，需设法降低流速、全用高硬度的耐冲蚀材料或采取过滤措施，以降低介质的污染度。

　　驱动电磁铁所需的软磁合金材料。软磁合金在外磁场作用下容易磁化，去除磁场后磁感应强度又基本消失。试验时，在原理样机上选取 DT4C 和 1J50 软磁合金，但在海试中发现 1J50 软磁合金材料表面的化学镀镍处理不耐海水腐蚀，造成衔铁在极靴中工作一段时间后在海水中腐蚀而卡死，从而使电磁铁失效。图 3-2-2 为软磁材料下海试验后海水腐蚀情况。

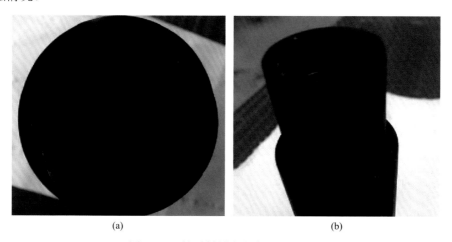

(a)　　　　　　　　　　　　　　(b)

图 3-2-2　软磁材料海水腐蚀后的照片

　　经改进设计，我们选取 SS446 铬基软磁合金作为电磁铁主要材料。采用真空热处理对软磁合金零件进行真空退火处理，消除加工残余应力，提高了电磁性能。

　　阀座、阀芯的结合对压力密封来说很关键，材料的选择基于应用场合及通过阀的流体介质，如工作流体的过滤级别、最大工作压力、响应时间等。因此，考虑金属与金属结合的密封方式或者金属与软材料结合的密封方式，静密封采用 O 形橡胶圈的密封形式。

　　活门密封形式采用金属包胶结构（金属与硫化橡胶结合的密封方式），密封结构如图 3-2-3(a) 所示，由复合橡胶密封结构 2Q 和不锈钢活门座 2 构成。它利用橡胶材料弹性高、密封比压低的优点，使活门在工作中具有良好的补偿功能。该密封活门结构加工工艺性好，制造成本低廉。图 3-2-3(b) 为活门座结构图，图中高度 h 范围内为密封型面，R 为密封面，R 值小，活门灵敏度高；R 值大，活门寿命长。经优化设计，R 在 0.3～0.5 取值，密封面粗糙值 R_a 不大于 0.4μm。

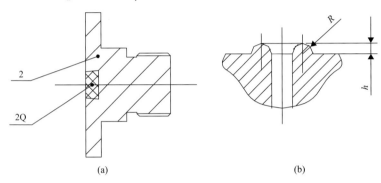

图 3-2-3　复合橡胶密封和活门座结构图

　　静密封采用 O 形橡胶圈的密封形式。O 形橡胶圈是一种挤压型密封，挤压型密封的基本工作原理是依靠密封件发生弹性变形，在密封接触面上产生接触压力，接触压力大于被密封介质的内压，则不发生泄漏，反之则发生泄漏。

　　在静密封中以 O 形橡胶圈应用最为广泛，如果设计、使用正确，O 形橡胶圈在静密封中可以实现无泄漏的绝对密封。图 3-2-4 为 O 形橡胶圈密封机理，O 形橡胶圈的初始接触压力是不均匀的[图 3-2-4(a)]，工作时在内压作用下 O 形橡胶圈沿作用力方向移动，并改变其截面形状，密封面上的接触压力也相应变化[图 3-2-4(b)]，其最大值 P_{max} 将大于介质内压，所以不发生泄漏。这是 O 形橡胶圈用作静密封的密封机理，这种借介质本身压力来改变 O 形橡胶圈接触状态使之实现密封的过程，称为自封作用。实践证明，这种自封作用对防止泄漏是很有效的。目前一个 O 形橡胶圈可以封住高达 200MPa 的静压而不发生泄漏。

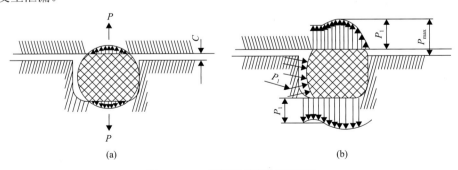

图 3-2-4　O 形橡胶圈密封机理图

理论上，压缩变形即使为零，在液压力下也能密封。但实际上 O 形橡胶圈安装时可能会有偏心。所以 O 形橡胶圈装入密封沟槽后，其断面一般有 7%～30%的压缩变形。静密封取较大的压缩值，动密封取较小的压缩值。这是因为合成橡胶在低温下要收缩，所以静密封 O 形橡胶圈的预压缩量应考虑补偿它的低温收缩量。

采用丁腈橡胶材料的 O 形橡胶圈密封图，其沟槽按照所选 O 形橡胶圈的型号设计，可以参照 O 形橡胶圈选型手册，O 形橡胶圈两边的沟槽按照耐磨环的沟槽设计，在实际试验中，密封效果良好，没有出现压力损失现象。

作为原位孔隙水采样柱设备的核心部件，深海高真空电磁阀的关键问题是解决高压密封和使用寿命问题，同时还要尽量缩小体积，以便装配。国内生产的电磁阀一般只能承受几个兆帕的压力，而 30MPa 以上的高压电磁阀很少且体积庞大。通过反复设计研究，密封方面，电磁阀阀体采用了传统的 O 形橡胶圈密封方式，而关键部位阀口，则采取了活门硫化橡胶密封方式；采用对不同硬度橡胶的反复认证、硫化、测试、对比后，最终得出结论：邵氏硬度 90HD 的氰化丁腈橡胶能较可靠地满足 4000m 海水压力密封要求。通过优化设计和技术攻关，深海高真空电磁阀有效解决了耐压 45MPa、零泄漏密封、使用寿命在 200 次以上等技术难题，同时还实现了小体积外形尺寸要求(外形尺寸仅 ϕ55mm×100mm)，具有综合体积小、耐压高、寿命长等特点。

第三节　泥水分离过滤技术

一、过滤层结构的定型

采水柱与第一代产品相比，不论是材料还是结构上都进行了优化设计；为了保证较高的工作效率和可靠性，泥水分离过滤方面最终采用了 3 个结构层，并进行了优化。内层为耐腐烧结毡，中层为复合过滤纸，外层为不锈钢网板(图 3-3-1)。

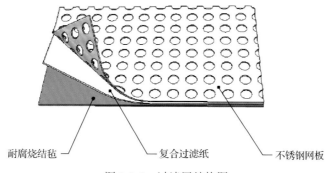

耐腐烧结毡　　　　复合过滤纸　　　　不锈钢网板

图 3-3-1　过滤层结构图

外层采用材料为 1Cr18Ni9Ti，对海水有很强的抗腐蚀能力，上面开有均匀的小孔，其主要作用是，一方面对海底有机物或植物纤维起粗滤作用；另一方面可保护复合过滤层，以免在采样器下插过程中，外环境对复合层造成损伤。

中层采用以聚合膜为主的复合型过滤膜，聚合型过滤膜是近年来开发的一种新型过滤介质，已广泛应用于一些特殊的过滤场合。试验证明，选用尼龙聚合膜（龙六 0.2μ），能有效满足课题过滤设计要求。

内层对中间复合过滤纸起衬托作用。试验证明，耐腐烧结毡有利于提高泥水分离过滤效率，加速孔隙水的流动速度，提高复合过滤层的使用寿命。

通过前期大量试验，最终验证过滤层采用 3 层结构形式，过滤纸改为龙六 0.2μ，能满足课题样品粒度指标要求。

此外，试验还进一步发现，除了表面 3 层过滤装置配置合理外，瓶体进水口孔径大小将直接影响取样成败：当孔径过大时，电磁阀打开后，进水流量过大，导致过滤层被高压水冲坏，收集的样品无法满足指标要求；当孔径过小时，过滤层底部瓶体进水口容易被堵塞，样品采集受阻。为此，确定一个合理的过滤层底部瓶体进水口孔径大小非常必要，已经成为泥水分离过滤技术的关键。

二、进水口孔径实验室测试

将不同进水口孔径的采集单元同时放入真实海底沉积物中，在高压舱内进行加压对比测试，以便在保证所采集的样品粒径满足不得大于 5μm 的指标要求的前提下，合理选择瓶体进水口孔径的大小。

1. 试验目的

优化过滤层底部瓶体进水口，确保孔隙水中沉积物的粒径满足不得大于 5μm 的指标要求。

2. 主要试验材料及装置

(1)孔径为 1mm、1.5mm 和 2mm 的单节试验用孔隙水采样柱，如图 3-3-2 所示。

(2)3 层过滤网，外层采用不锈钢网板，中间层采用复合过滤纸，内层采用耐腐烧结毡，如图 3-3-3 所示。

图 3-3-2　不同孔径的采集单元　　　　　图 3-3-3　3 层过滤网

(3)由"海牛"号深海钻机从南海某海域水深 3109m 取上来的真实海底沉积物如图 3-3-4 所示。由中南大学资源加工与生物工程学院出示的该沉积物的粒度分析报告如图 3-3-5 所示。

(4)120MPa 深海高压舱如图 3-3-6 所示。

图 3-3-4　真实海底沉积物

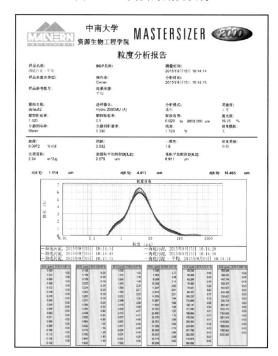

图 3-3-5　沉积物的粒度分析报告

图 3-3-6　120MPa 深海高压舱

3. 试验方法

将 3 层过滤材料安装在采样柱上后，在采样柱一端安装一个单向阀和一个皮囊；将准备好的采样柱插入真实海泥中；为了防止海泥被稀释，对盛海泥的试验桶进行适当密封；将准备的整个试验装置调入高压舱内，盖上高压舱密封盖，打压至 20MPa，等待 10min 后，打开高压舱，取出采样柱，将孔隙水倒入玻璃杯并观察水的浑浊程度。试验过程如图 3-3-7～图 3-3-11 所示。

图 3-3-7　高压舱打压 20MPa 读数

图 3-3-8　试验装置泄压出水

图 3-3-9　沾满沉积物的采样柱

图 3-3-10　过滤失败的采样柱

图 3-3-11　过滤水质样本

4. 试验结果分析

由图 3-3-11 可知，1 号水杯是自来水，2 号水杯是孔径为 2mm 的采样柱多次出现过滤失败的水质，3 号水杯是孔径为 1.5mm 的采样柱多次出现过滤失败的水质，4 号水杯是孔径为 1mm 的采样柱的过滤水质。分析结果如下：

（1）孔径大导致进出水流量大，当高压舱快速泄压时，采样柱里面的孔隙水快速泄出，对过滤层产生冲击，导致过滤层材料变形，当孔隙水泄出速度为零时导致采样柱腔内为负压，外面的水又流进腔内，过滤层材料已变形导致过滤失效。

（2）试验表明孔径为 1mm，3 层过滤结构并且每层只包裹一层材料的过滤系统能够达到孔隙水中沉积物的粒径不大于 5μm 的技术要求。

（3）建议进水孔的位置尽可能远离过滤层材料的边界，降低材料变形对过滤效果的影响。

第四节　孔隙水采样系统研制

孔隙水采样系统总体方案设计成上、下瓶为一个单元；整体由 N 个单元组成，单元之间采用卡箍连接（图 3-4-1）；电源由一根主缆提供，在每个单元连接处接引线至各单元电磁阀。通过该设计可增强采样瓶及采样柱的防污染能力、抗腐蚀能力、可靠性和操作性。

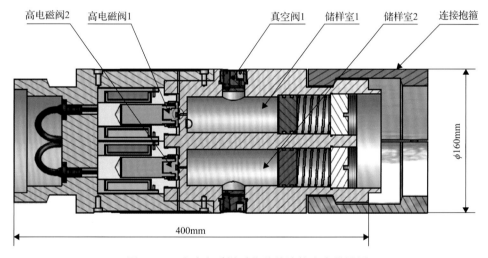

图 3-4-1　孔隙水采样系统总体连接方案设计图

为了防止海水污染新增加了一个储样室，导致采水器外径增至 ϕ160mm；另外，由于采集密度由 10 个单位调整为 20 个单位，整个采水柱增长至近 10m，对应的采水柱的强度和刚度要求提高，为了满足采水器的强度和刚度的实际使用要求，各单元卡箍连接处采取"去少留多"的原则，在满足各零件装配的前提下，尽量多保留材料，以达到提高采水柱的强度和刚度的目的，详见图 3-4-2。

与第一代产品相比，本次动力传输完全采用软连接即单元线缆通过接插件连接，并整体埋于瓶体内以保证整个取样器外壁光滑，减少凸起产生间隙所带来的表层海水污染，单元之间采用全橡胶转接头连接并分线至各单元电磁阀，全密封、整体式全橡胶密封结构设计操作简便、工作可靠，详见图 3-4-3。

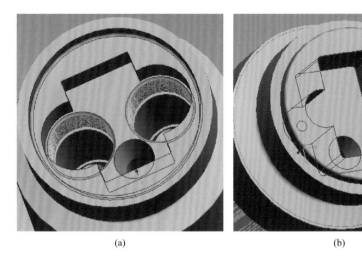

(a)   (b)

图 3-4-2   连接端部处理示意图

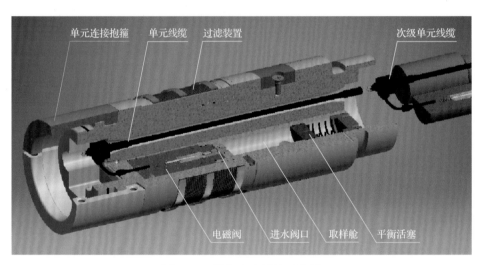

图 3-4-3   连接方案设计示意图

一、接插式缆线的研制

采用专用水密接插件安装在取样瓶内部，可防止下插和上提过程中造成引线损坏，同时连接简单、可靠。为了有效保证专用水密接插件全密封防水、耐压和连接可靠等性能要求，在结构设计上采用了全密封、整体式全橡胶密封结构。利用橡胶材料受压后的弹性变形，使接插件密封结构部位受压，并随着水压的逐步增加，密封也越来越可靠。

橡胶在接插件结构中，承担了密封和绝缘两大功能，因此在橡胶材料的选材上，不仅要考虑材料的弹性变形性能、耐压性能，还要考虑材料的防腐性能和耐电性能。

图 3-4-4 中，通过控制两组电磁阀的通断时间实现电磁阀的定时开启与关闭，达到收集表层污水与采集样品的目的。

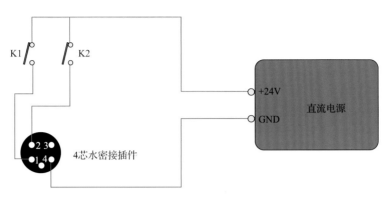

图 3-4-4　设备接线图

对于 20 个采集单元来说，为便于装配，需要将缆线分为 20 段，且保证各段连接可靠。为此将单元缆线设计为如下结构形式(图 3-4-5)，即各采集单元电磁阀全部通过并入的方式接入一根公共主线(3 芯公共线)，这样一来，即便是个别单元线路因故障不能上电，也不会影响到其他采集单元的供电，最大限度提高了电磁阀的通电稳定性。

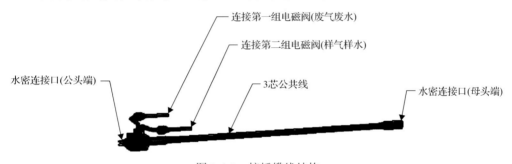

图 3-4-5　接插缆线结构

为便于装配，保证设备内接接插式缆线可以互换，分别对缆线公头、母头及线缆逐一进行了开模(图 3-4-6～图 3-4-8)。

图 3-4-6　公头模具

图 3-4-7　线缆模具

模具打样后发现线缆合格率很低。因为常规的接插件表层绝缘橡胶材料为聚乙烯或聚氯乙烯。聚乙烯熔点较低，大概为 135℃；聚氯乙烯则没有明显的熔点，在 80～85℃开始软化，130℃左右为皮革状，120～126℃时开始分解。而氯丁橡胶的熔点在 160℃左右，在模具加热过程中，温度还未达到 160℃时，接插件表层橡胶已经融化而导致接插件短路或断路。研究人员经反复筛选和试验，最终选用了硅橡胶高温线，其耐温高达200℃，远远超过了氯丁橡胶的熔点。

图 3-4-8　母头模具

高温线经硫化机压制成型后。经检测所有线缆均达到设计要求，性能优良、通电可靠。接插式线缆生产过程如图 3-4-9～图 3-4-12 所示。

图 3-4-9　首次高温试模

图 3-4-10　首次试模件

图 3-4-11　接插式线缆合格样品

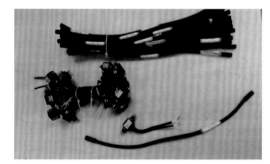

图 3-4-12　接插式线缆小批投产

设备进行采集组装时，即可分段装入每个采集单元，并按次序与电磁阀连接好后再进行主线的连接。根据单个电磁阀电阻的大小（大概为 62Ω），20 个采集单元整机并联后的电阻大致为 3Ω。通过此办法，很容易对接插式线缆的通断状况进行排查(图 3-4-13)。

高真空电磁阀引线采用专用水密接插件，连接可靠、拆卸方便。采用专用水密接插件安装在取样瓶内部，可防止下插取水和上提过程中损坏引线。整体取样器外壁为一光滑表面，可大大减少外壁带来的底层水或海水。

图 3-4-13 接插式线缆的组装

图 3-4-14 所示的取样器连接采用抱箍连接,连接可靠、拆卸方便。

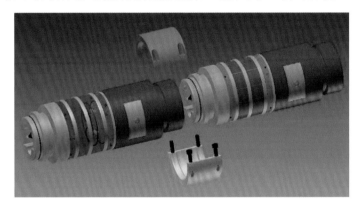

图 3-4-14 单元抱箍连接图

二、设备主体材料试用与定型

对于采样瓶的材料选用方面,一方面要保证设备强度,另一方面还要考虑防腐问题。在整个设备研制过程中,对材料的选用经历了 3 个阶段,分别对钛合金、1Cr17Ni2 进行了试验性探讨,并最终定型为双相不锈钢 2205。

1. 钛合金的试验性探讨

钛合金 TC4 又名为 GR5,又称其为 6Al4V,其特点是密度小、熔点高、耐腐蚀性强、比强度高、塑性好,是目前应用最广的钛合金,其性能见表 3-4-1。

表 3-4-1 钛合金 TC4 力学性能表

合金牌号	Al		V	
	含量为 5.5%~6.8%		含量为 3.5%~4.5%	
TC4	热处理状态	抗拉强度/MPa	延伸率/%	冷弯角度/(°)
	退火	900	10	30

由于钛合金的密度小,其强度远大于其他金属结构材料。而在抗腐蚀性方面,钛合

金在潮湿的大气和海水介质中工作，其抗蚀性远优于不锈钢；对点蚀、酸蚀、应力腐蚀的抵抗力特别强；对碱、氯化物、氯的有机物、硝酸、硫酸等有优良的抗腐蚀能力。仅是对具有还原性氧及铬盐介质的抗蚀性差。

钛合金在低温和超低温下仍能保持力学性能。低温性能好、间隙元素极低的钛合金导热系数小、弹性模量小，钛的导热系数 $\lambda=15.24W/(m \cdot K)$。

对众多防腐材料的物理化学性能进行比较后，初步确立了以钛合金作为设备主体材料，并进行了小规模投产、试验。2014 年海试后发现，昂贵的钛合金作为采集单元的主体材料也存在一些问题：

(1) 采集单元经海试后外表面仍有少许被海水腐蚀的锈迹。这势必会影响所采集样品的纯度。

(2) 个别单元出现密封不可靠问题。尽管钛合金 TC4 材料的组成为 Ti-6Al-4V，属于 (a+b) 型钛合金，具有良好的综合力学机械性能，但是钛合金的弹性模量较低。TC4 的弹性模量 $E=110GPa$，约为钢的 1/2，故钛合金加工时容易产生变形，这将降低设备密封的可靠性。

(3) 材料成本较高，不利于国家资金的合理有效使用。

2. 双相不锈钢 1Cr17Ni2 的试验性探讨

1Cr17Ni2 不锈钢是一种用途广泛的马氏体-铁素体型双相不锈钢，由于它具有马氏体不锈钢中最好的耐蚀性和最高的强度，在船用机械、压缩机转子、压气机叶片等制造中应用广泛。通过对 1Cr17Ni2 不锈钢的热处理工艺进行探讨和试验，得到如下结论：

(1) 1Cr17Ni2 不锈钢要同时获得高强度及高韧性是完全可行的。

(2) 在不能改变 δ-铁素体含量的情况下，可以通过改变组织形态来提高材料的抗冲击韧性。

(3) 在 δ-铁素体含量小于 10% 的情况下，淬火温度不宜超过 1000℃。

(4) 回火温度的选择应避免 475℃ 脆性和 550℃ 下的高温回火脆性区域。

(5) 对 1Cr17Ni2 不锈钢，同温度下的多次重复回火是提高材料综合性能可采取的有效手段。

(6) 1Cr17Ni2 经热处理后，对氧化性的酸类(一定温度、浓度的硝酸，大部分的有机酸)，以及有机酸水溶液都有良好的耐腐蚀性。

此外研究还发现，对于 1Cr17Ni2 不锈钢材料，亚温淬火能有效抑制该钢的高温回火脆性，可以使钢的脆性转化温度降低，韧性得到改善，断口形貌由准解理型变为韧窝型，合金元素向基体和 δ-铁素体中的富集程度增大，在改善钢韧性的同时仍保持较高的强度水平。

尽管双相不锈钢 1Cr17Ni2 具有上述优点，但设备一旦接触到海水，海水腐蚀问题依然没有得到很好的解决。

综上所述，不论是钛合金还是 1Cr17Ni2 不锈钢。在防海水腐蚀问题上均不能很好地满足防腐要求，采集的样品纯度仍然受限。研究人员在 2014 年 11 月的天然气水合物流体地球化学精密探测技术项目海试报告会议上，一致达成重新选用设备主体材料的主张，并提出了选用双相不锈钢 2205。

3. 双相不锈钢 2205

双相不锈钢 2205 是一种加 N 双相不锈钢。N 的加入明显改善了双相不锈钢 2205 的耐腐蚀性能,当有恰当的热处理时,双相不锈钢 2205 中 22%的 Cr、3.5%的 Ni、3%的 Mo、0.16%的 N 就会产生包括奥氏体相和铁素体相平衡的显微组织结构,这种结构和化学成分让双相不锈钢 2205 有比 316 和 317 不锈钢更好和更广泛的耐蚀性能,同时其屈服强度比普通奥氏体不锈钢高两倍多。双相不锈钢 2205 是使用最广泛的双相不锈钢材料,在出厂前的所有双相不锈钢 2205 都要进行金相检验,以防止加工过程中产生 σ 相,其相对于 1Cr17Ni2 双相不锈钢 2205 有较强的抗均匀腐蚀和应力腐蚀的能力,其应用范围非常广泛。

研究人员在对双相不锈钢 2205 做了必要的防腐测试后,将 1Cr17Ni2 材料和 2205 材料在样品海水中同时浸泡 24h 后,希望能见到 2205 表现出更好的抗海水腐蚀性能。结果可见:1Cr17Ni2 明显有被腐蚀的锈迹,而双相不锈钢 2205 无肉眼可见腐蚀锈痕。说明 2205 不锈钢在防海水腐蚀方面,性能卓越。

2015 年,研究人员用双相不锈钢 2205 全面改造了设备,组织了 20 个采集单元再次投产,并获得了良好的防腐效果。为此,研究人员最终决定将原位孔隙水采水柱系统设备的主体材料定为双相不锈钢 2205。

第五节 负压抽提式底层水原位气密采样瓶研制

一、负压抽提式底层水采样瓶

作者研制的基于压力自适应平衡的深海气密采水系统的采样瓶是在常用的自锁式翻盖采样瓶上加装压力自适应平衡器,随外界压力自动改变容积,使得气密采样瓶内外压保持平衡,减少瓶内外压差(黄豪彩等,2010)。采样瓶翻盖用 O 形橡胶圈在橡皮筋或弹簧拉力下密封,保证容器内样品中的气体不会泄露,可完整保存样品中的气体成分。该设计的主要优点是结构简单、易操作、造价低,缺点是橡皮筋或弹簧拉力弱,瓶盖的密封气密性能不佳。为此,研制了可浮动自锁器安装在密封盖上,增强瓶盖抗内压强度。按李风波等(2010)的试验结果,未安装自锁装置时,内压到 0.038MPa 时密封盖漏水;安装自锁装置后,内压提高到 1.049MPa 时仍保持密封。该采样瓶可在深海海水样品中水溶气不太多时使用,此时样品到甲板后释放出的游离气体容积不太大,压力平衡器尚能保持瓶内外压差不大于上限(如上述 1.049MPa)。作者计算出压力自适应平衡器容积要大于等于采样瓶容积的 12.24%。水深越大,温度变化越大,则容积越大。

应该指出,作者是基于正常海水中水溶气含量计算的。考虑到底水中水溶气含量可能比一般海水高,因而采样瓶的内压可能比外压高很多。此时采样瓶上下盖用 O 形橡胶圈在弹簧拉力下密封的密封机制就会失效。虽然可以增加采样瓶的平衡器容积释放内压,但是容积增加也是有限制的。合理的解决途径是提高采样瓶的耐压气密性能。

据油气开发获得的油气田水溶气资料,卤水中水溶气含量(换算成标准状态下)达到 1:1 甚至更高(张子枢,1995;张云峰,2002)。因此在油气藏的上方或冷泉发育的地区,底水中水溶气含量(换算成标准状态下)可能达到与水本身的体积相同的数量级。现有的气密海水采样瓶的耐压密封性能不能满足要求，因此必须研制一种有别于现有海水采样瓶的底层水采样瓶。

通过负压抽提式原理研制了一种原位气密采水技术——负压抽提式原位气密采水技术（专利号：CN201110205666.7）（吴宣志，2011），该系统的原理如图 3-5-1 所示。

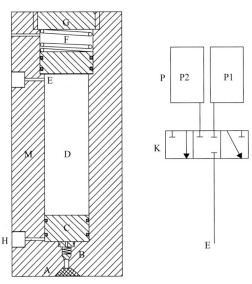

图 3-5-1　负压抽提式原位气密采水系统原理图

A-微孔过滤芯；B-单向水阀；C-抽提活塞；D-储水室；E-外压引入口；F-缓冲室；G-堵头；H-出水口；

K-二位三通电磁阀；M-壳体；P-压力源；P1-平衡桶；P2-负压源

气密采集瓶壳体（M）内设计一个储水室（D），在进水口与储水室之间安装一个单向水阀（B）、进水口前加微孔过滤芯（A），储水室底端是一个抽提活塞（C），其侧旁壳体开一出水口，储水室上端壁上开一个外压引入口（E），储水室之上为缓冲室（F），两者通过活塞隔开，缓冲室上部侧旁壳体开孔与外部相通，壳体最上端为堵头（G）。设计一个外接压力源（P）由平衡桶和负压源（P2）组成，它们通过一个二位三通电磁阀（K）选择接入外压引入口（E），接入平衡桶（灌满清水），工作腔对外开放即压力等于环境压力；若接入负压源则工作腔处于负压状态。

图 3-5-2、图 3-5-3 为设计的负压抽提式原位气密采样瓶的结构图和实物照片。采样

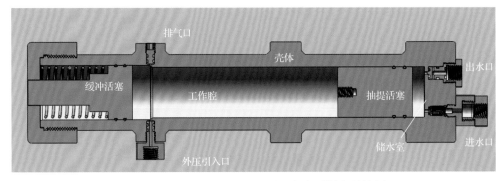

图 3-5-2　负压抽提式底层水原位气密采样瓶结构图

图 3-5-3 负压抽提式底层水原位气密采样瓶实物图

瓶为一个气密圆筒，最右端为储水室(最大容积 200mL)，筒壁上开有进水口和出水口，进水口与储水室之间安装有一个单向水阀，储水室底端是一个抽提活塞，抽提活塞的另一侧为工作腔。工作腔端部壁上开一个外压引入口和一个排气口，工作腔左侧为缓冲室(容积 50mL)，用缓冲活塞及复位弹簧将两者隔开。

二、采样瓶实验室仿真试验装置设计加工

为保证研制的负压抽提式底层水原位气密采样瓶等部件满足技术要求，研制了实验室仿真试验装置(最高工作压力：45MPa)，用于采样瓶及触发器等的抗压密封和功能仿真测试(图 3-5-4)。

图 3-5-4 深海仿真测试装置图

1. 采样瓶仿真测试方法

1)采水准备

(1)打开出水口，从负压口注入高压水，将抽提活塞推到储水室底部。观察进水口密封、出水口出水及起平衡作用的缓冲活塞运动情况。

（2）加大水压并保压 10min 以上，观察进水口和出水口是否出水（反映抽提活塞密封性能）及平衡活塞密封情况。

（3）撤压，观察起平衡作用的缓冲活塞回弹情况。

2）负压抽提采水

关闭出水口，从进水口注入高压水，抽提活塞移动抽水至顶后将推动缓冲活塞移动。观察出水口密封、负压口排水及平衡活塞移动情况。

3）样品转移

打开出水口，从负压口注入高压水，将抽提活塞推到储水室底部。观察进水口密封、出水口出水、进水口水压情况。

2. 测试结果

（1）抽提活塞在 0.3~1MPa 压差驱动下灵活移动，能完成在水深超过 100m 的水下将水抽提到储水室，以及在实验室将样品转移到转移瓶中的任务。

（2）储水室气密抗压 40MPa，即在 4000m 水深处采集的水样可保气甚至保压回收。

（3）缓冲机构工作正常。

3. 测试结论

通过上述仿真测试结果，可以确保研制的负压抽提式底层水原位气密采样瓶满足在水深 100~4000m 原位气密采水的要求。

三、深海用二位三通电磁阀研制

深海底层水采集系统中需要用二位三通电磁阀来控制采样瓶的关闭，最大工作水深 4000m。由于国内市场没有现成的二位三通电磁阀成品，而国外采购又受到限制，只能委托研制。图 3-5-5、图 3-5-6 是北京工业大学流体传动与控制中心研制的二位三通电磁阀结构图与实物照片。

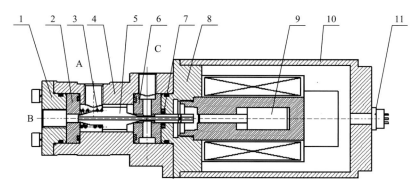

图 3-5-5　深海二位三通电磁换向阀结构图

1-端盖；2-左阀座；3-复位弹簧；4-阀体；5-阀芯；6-右阀座；7-格莱圈；8-连接端盖；9-电磁铁；10-电磁铁封装外壳；
11-水密接头；A-进水口；B、C-出水口

该二位三通电磁阀通过了实验室仿真测试，但在海试中不稳定，容易出现异常。因此，考虑采用相对成熟的二位二通电磁阀两只组合使用，替代二位三通电磁阀。该组合

阀由一个常开型二位二通电磁阀和一个常闭型二位二通电磁阀组合而成，两个二位二通电磁阀共用一个进水口 A 口，并用通道在阀体上使两个出水口（B 口和 C 口）与进水口 A 口相通，从而构成二位二通组合电磁阀，B 口为常开口，C 口为常闭口。图 3-5-7、图 3-5-8 为二位二通组合电磁阀的结构图与实物照片。

图 3-5-6 深海二位三通电磁换向阀实物图

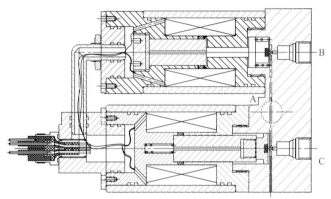

图 3-5-7 二位二通组合电磁阀结构图　　　　图 3-5-8 二位二通组合电磁阀实物图

改良后的组合阀不仅较好地通过了实验室仿真测试（模拟水压 45MPa），也在海试中取得了较好的应用效果。

第六节　系统集成方案

采集系统柱头由底层水采集子系统（包括底层水采样瓶、负压抽提控制系统和压力补偿装置）、采样智能监控系统、电源桶、配重块及管路等部分组成，需要进行科学设计集成。

一、采集系统总体设计

以实用化为目标，加强实用性和易操作性研发，综合配置上述各子系统，集成一体化的孔隙水/底层水原位采样系统，具体措施包括：

（1）科学设计采集系统柱头（图 3-6-1）。

（2）加大配重，满足采样深度由 5m 加深到 8m 的要求。

（3）加强与采样柱的连接设计。

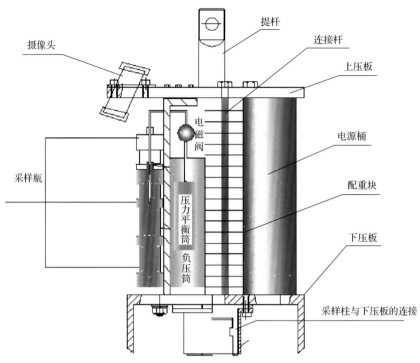

图 3-6-1　采集系统柱头综合设计图

（4）因沉积物孔隙水原位采集的双储水室两次采水的技术要求，增加开启采样瓶阀门的电力供应，满足开启更多阀门的需要。

（5）继续改进柱头的可靠性、安全性和易操作性，增加电源模块外充电接口。

（6）加强下插沉积物部分电缆和接口的保护。

针对可能的海水污染源，对采集系统柱头进行改进（图 3-6-2）。

(a)　　　　　　　　　　(b)

图 3-6-2　采集系统柱头前、后视图

（1）在下压板边部加独立的支架安装触发器。

（2）去除采样柱外挂的触发器和固定卡、连接电缆等突出物。防止采样柱下插过程中这些突出物将上部沉积物带下去，形成污染源。

（3）加装锚定板：在采样柱的下压板上焊接锚定板，当采样柱插入沉积物后可将采样柱固定住不致摆动，同时用沉积物堵住开口，阻断海水，防止海水沿采样柱与沉积物之间的间隙下渗，减少海水对孔隙水样品的污染。

二、底层水采集子系统

将 3 个采样瓶与配套的负压抽提控制系统、压力补偿装置组合成为底层水采集子系统，如图 3-6-3～图 3-6-5 所示。

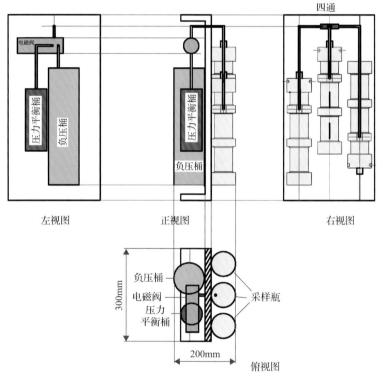

图 3-6-3　底层水采水器装配图

图 3-6-4　底层水采样瓶组

图 3-6-5　底层水采样瓶配套装置图

采样工作过程如下：下水前，通过给负压口注水将抽提活塞推到储水室最右侧；下水后，缓冲室和工作腔均与外部连通。到达采样位置后，操纵二位三通电磁阀从采样瓶外压引入口接入负压源，工作腔内的水流入负压桶形成负压，抽提活塞在负压驱动下向左运动，抽提进水口处的水通过滤芯，顶开单向水阀进入储水室，直到活塞到达储水室顶端，受到缓冲室底部活塞阻挡，采水过程结束。此时再操纵二位三通电磁阀，先将采样瓶外压引入口接通平衡桶，再关闭外压引入口，储水室内压力等于采水深度静水压力。将采样瓶上提回收，随着水深减小，缓冲室内压力随外部压力降低，储水室中压力较高的水推动缓冲活塞左移，保持与外部压力平衡。孔隙水样品中的水溶气因压力下降可能释放出气体，得以气密保存。

三、仿真测试

为验证 3 个采样瓶同时采水，3 根液压管汇合用一个电磁阀控制的设计的合理性，将电磁阀、3 个采样瓶安装到采水板上，整体置于大仿真测试桶中进行电磁阀控制 3 个采样瓶同时采水的试验(图 3-6-6)。测试时将电磁阀 C 口用管路接到测试桶外，以测试桶外部模拟负压桶。直接观察电磁阀打开，采样瓶工作腔内的水流到负压桶形成负压，驱动抽提活塞采水的过程(图 3-6-7)。

图 3-6-6　底层水采样瓶整体仿真测试图　　　　图 3-6-7　模拟负压桶测试图

在模拟水下 4000m(围压 42MPa)环境下，电磁阀打开，采样瓶工作腔内的水喷出高压桶外形成负压，驱动抽提活塞，采水过程持续约 6s，3 个采样瓶各采水 200mL，试验取得成功。

第七节　升级遥测遥控技术

一、研制水下独立霍尔触发器

霍尔触发器结构如图 3-7-1(a)所示，主要由单极型霍尔接近开关和顶端镶有永磁铁的触发杆组成。单极型霍尔接近开关工作原理如图 3-7-1(b)所示。在外磁场作用下，当霍尔元件处磁感应强度超过导通阈值 BOP(工作点)时，霍尔电路输出管导通输出低电平，改变外磁场,使霍尔元件处磁感应强度低于 BRP(释放点),电路截止输出高电平。BOP–BRP=BH,BH 称为回差。

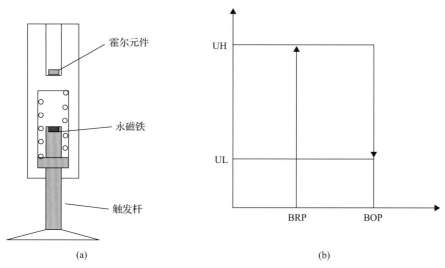

(a) (b)

图 3-7-1 霍尔触发器及单极型霍尔接近开关工作原理图
UH-高电平;UL-低电平

霍尔触发器安装在系统柱头下压板下的触发支架前端。在采样柱插入海底沉积物前,触发杆在弹簧力作用下下移,永磁铁距霍尔元件较远,霍尔元件处磁感应强度低于导通阈值 BOP,霍尔电路输出管未导通,输出高电平;当采样柱插入海底沉积物时,前端的触发杆受到沉积物的阻挡后缩,触发杆顶端的永磁铁上移,使霍尔元件处磁感应强度高于导通阈值 BOP,霍尔电路输出管导通输出低电平。当采样结束拔出采样柱,触发杆在弹簧力作用下下移,永磁铁距霍尔元件较远,霍尔元件处磁感应强度低于 BRP,电路停止输出高电平。霍尔电路输出接入控制子系统的水下计算机的数字输入(DI)接口,高电平时 DI=0,低电平时 DI=1,系统将 DI 由 0 转成 1 识别为触发信号。

回放海试中控制子系统的记录,发现触发不稳定表现为采样柱插入时 DI 值没有由 0 转成 1,按照上述霍尔触发器工作原理,从以下方面改进试验:

(1)调整永磁铁的强度和触发杆的位置及移动距离,使触发杆前伸和后缩时霍尔元件处磁感应强度有足够大的变化,更好满足霍尔电路输出高、低电平的要求。

(2)进行仿真试验,测试永磁铁在高围压下磁性的变化。查明触发器在深海工作失常的原因。

在 2009 年海底孔隙水原位采样系统触发装置的基础上,研制了新的水下独立霍尔触发器(图 3-7-2),消除了原有通过钢套保护信号线传输触发信号时可能存在的钢套漏水的风险,解决了外挂于采样柱有可能引起海水污染的问题。在下压板前边部加装独立的支架安装触发器,提高了触发器的可靠性,获得的触发信号通过水密电缆传送到控制系统。

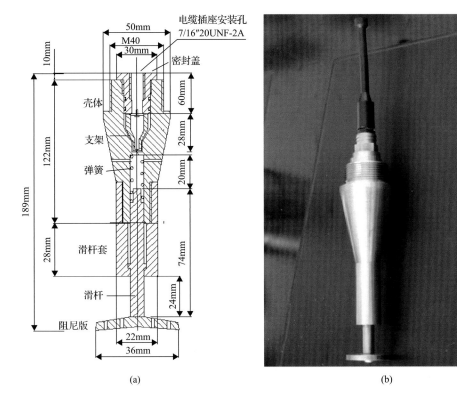

(a)   (b)

图 3-7-2　水下独立霍尔触发器结构及实物图

二、升级遥测遥控子系统

遥测遥控子系统由甲板控制台与水下计算机及相应软件系统组成。水下计算机实现对孔隙水采样管的布放、回收过程和采样器开/闭采水过程的全自动监控。甲板控制台通过与水下计算机联网查看/下载采样过程监控记录，设置采样参数：休眠时间为SLEEP_TIME，第 1 组采样时间为 CLOSE_DELAY1，第 2 组采样时间为 CLOSE_DELAY2等，这些参数保存在水下计算机中作为缺省参数。

水下计算机监控沉积物孔隙水原位采集(in-site extraction of sediment pore water，IESPW)程序流程图如图 3-7-3 所示。

2014 年海试证明所研制的触发器工作可靠，可以用作控制自动采集原位孔隙水的主要信号，不过仍保留定时自动开启采水过程的辅助功能。为此对控制子系统进行升级，主要有：

(1)可指定休眠时间结束前若干时间(如 1min)，开始接收有效触发信号。

(2)延长休眠结束后自动开始采集孔隙水的时间间隔为 30s。如此在指定休眠时间结束前后一段时间，设备下插海底都将触发采水过程，而不必等待定时触发。

(3)将采集底层水的时间放在第二轮孔隙水采集时间的后段，以降低设备冲击海底扬起淤泥对采集底层水的影响。

(4)对电源模块进行升级，保证孔隙水采样瓶电磁阀组供电电流可达 24V/10A。

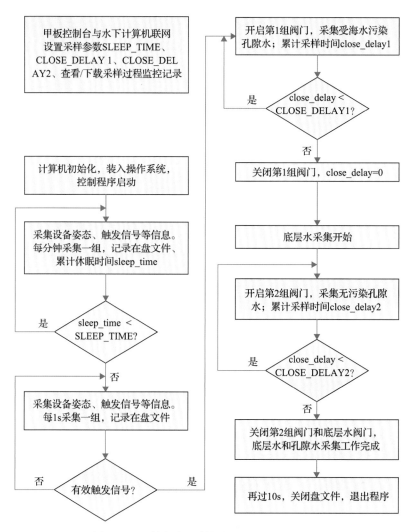

图 3-7-3　采样系统采样过程监控流程示意图

第八节　船载现场流体地球化学测试技术集成

一、船载现场离子检测方法

1. 测试仪器

使用戴安 ICS-2000 型离子色谱仪，测试条件：分析柱为高容量的 AS19-HC（4×250mm）的色谱柱；采用淋洗液发生器产生的 KOH 溶液，进行梯度淋洗，运行时间为 30min：0～20min 使用淋洗液浓度为 10mmol/L；20～25min 使用淋洗液浓度为 40mmol/L；25～30min 使用淋洗液浓度为 10mmol/L；流速为 0.25mL/min；自动再生抑制电流为 115mA；进样量 25μL；采用抑制电导法检测。配制阴离子化合物标准储备液（1.000mg/mL），试剂均采用购买的国家标准溶液（具备标准物质证书）配制，稀释用水为新制备的高纯水(18.25MΩ·cm)。在上述测试条件下，各离子项目间分辨情况良好，可以使 SO_4^{2-} 与其他阴离子完全分离。图 3-8-1 为阴离子分离度的各项目分析谱线图。

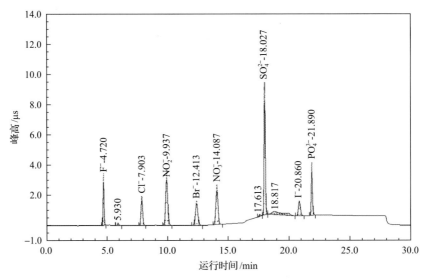

图 3-8-1 8 种阴离子分析谱线图

F^-: 0.60ppm；Cl^-: 0.90ppm；NO_2^-: 3.00ppm；Br^-: 3.00ppm；NO_3^-: 3.00ppm；SO_4^{2-}: 4.50ppm；I^-: 3.00ppm；PO_4^{3-}: 4.50ppm

2. 标准曲线的建立

在上述测试条件下，建立了 SO_4^{2-} 的标准工作曲线。图 3-8-2、表 3-8-1 为 SO_4^{2-} 的标准曲线图和标准曲线参数表，配制的 5 个点的标准曲线的 R^2 值大于 0.999，线性良好。

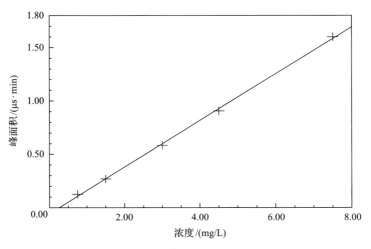

图 3-8-2 SO_4^{2-} 测试标准曲线图

表 3-8-1 SO_4^{2-} 标准曲线参数表

保留时间/min	峰名称	校准类型	点	截距 C_0	斜率 C_1	曲率 C_2	R^2/%
18.03	SO_4^{2-}	多点线性校准	5	−0.057	0.219	0.000	99.905

3. 重复性以及精密度

用标准试剂配制一定浓度的试验样品，以上述初步建立的测试条件对 SO_4^{2-} 进行 11 次平行进样测试，测得相对标准偏差为 1.80%；依据前期条件制定的不同离子采用不同的稀释倍数分别进行测试，并将稀释倍数分别为 100 倍和 20 倍的孔隙水样品进行了 11 次平行进样测试，测得的相对标准偏差分别为 0.16% 和 0.29%。

4. 回收率试验

用标准试剂配制 3 个不同浓度的空白加标溶液，平行测试 11 次后求取平均值得到测试值 1、测试值 2、测试值 3，与各自的加标量进行计算得到相应的空白加标回收率，测得回收率在 97.5%～100.5%。

5. 方法检出限

将阴离子标样 2 稀释 100 倍平行测试 11 次，计算其平均值、标准偏差、相对标准偏差，从而计算检出限 (3S)，测得 SO_4^{2-} 的检出限在 0.002mg/L。

二、船载现场烃类气体检测方法

1. 使用仪器及测试条件

采用安捷伦 6890N 型气相色谱仪，为分流/不分流进样口，色谱柱为 HP-PLOT 型毛细管柱，测试条件：进样口温度为 150℃，压力为 15psi[①]，进样方式为不分流；炉温为 100℃；检测器为氢火焰离子化检测器 (FID)，温度为 170℃，H_2 流量为 40mL/min，空气流量为 350mL/min。图谱积分条件：斜率灵敏度 12.739；最小峰宽为 0.01pA，最小峰面积为 0.0812pA·s，最小峰高为 0.0677pA，肩峰关闭。

2. 测试过程

使用气密取样针，抽取 20μL 气体注入气相色谱仪进行分析，根据样品量和顶空体积，计算出单位体积(或者单位质量)的样品挥发出的烃类气体的量。

3. 分析系统

分析系统的软、硬件设备主要由色谱数据工作站、气相色谱仪、载气发生器、电源稳压器和标准样罐等组成。电源稳压器主要是保证载气发生器空气流量和压力的稳定。载气发生器产生 N_2、H_2 和纯净空气，保证气相色谱工作中载气的纯度、压力和流量的稳定性。载气发生器比罐状载气瓶具有流量和压力稳定、操作安全简便等优点，适合野外携带工作。用气相色谱仪毛细管色谱柱和 FID 对气态烃进行分离和检测。气相色谱仪 FID 具有压力、温度、更加稳定和抗磁干扰强的优点，检测限完全可以达到气态烃检测的要求。利用毛细管柱可使甲烷、乙烷、丙烷峰能够完全分离(图 3-8-3)，避免连峰现象，适合用面积外标法计算含量，比按峰高计算含量具有更高的精确性，使分析结果更加准确可靠。

4. 定量分析

该次气态烃的定量分析采用单点多次面积外标法，即采用一种已知标准浓度样品，

---

① 1psi=6.89476×10³Pa。

多次校正：

$$X_i = \frac{A_i}{A_E} \times E_i \qquad\qquad (3\text{-}8\text{-}1)$$

式中，X_i 为待测样品中某气态烃组分 i 的含量(浓度)；A_i 为组分 i 的峰面积；A_E 为标准样品中组分 i 的峰面积；E_i 为标准样品中组分 i 的含量(浓度)。

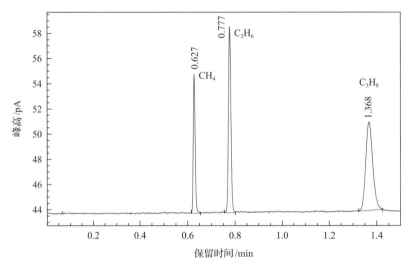

图 3-8-3　标准气各组分峰的分离状况和保留时间图

色谱化学工作站自动校正并进行含量计算、显示、存储，打印出的原始谱图包括样品编号、气态烃组分名称、保留时间、峰面积和浓度等参数。

5. 分析方法的精密度

按照规定的分析方法，对标准气体进行 11 次测定，计算出甲烷、乙烷和丙烷结果的相对标准偏差，分别为 3.65%、5.78% 和 8.92%。

三、转移装置

1. 气体转移装置

气体转移装置用来实现分层海水和原位孔隙水样品中所含气体的无损、无污染转移及保存，该装置能迅速提取分层海水和孔隙水原位样品中的水溶气体，是为原位孔隙水及底层水原位采集系统样品转移和保存，量身制作的简洁实用的简易装置。

气体转移装置的设计方案如图 3-8-4 所示，气体转移装置由一根有机玻璃管和数个不同的橡胶密封结构与铝合金壳体组合而成：①下部分通过密封开关进行密封，上部分通过硅橡胶材料制成的流失性与优化温度堵塞 1 进行密封，同时硅橡胶堵塞 1 的材质可保证气密注射针多次扎入后仍能密封保气；②进气导管长度为 2.5cm，最大限度地减少了气体转移瓶的死体积。该转移装置在海试中发挥了重要作用，成功地转移或保存了多个批次的样品(图 3-8-5)。

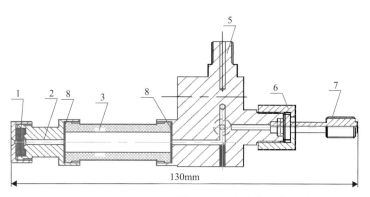
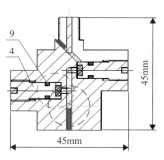

图 3-8-4 孔隙水气体转移器结构图

1-硅橡胶堵塞；2-LY-12 接头；3-有机玻璃管；4-真空阀芯；5-转移器 LY-12 壳体；6-螺帽；
7-过渡接头；8-丁腈橡胶密封垫；9-丁腈橡胶密封圈

(a)   (b)

图 3-8-5 气体转移及保存装置图

液体转移装置是用来实现与原位孔隙水及底层水气密分层采集系统的无损、无污连接，直接采集原位孔隙水和底层水样品的装置，该装置能迅速提取其中的游离气体和孔隙水样品，是专为原位孔隙水及底层水厚位采集系统设计制作的样品转移和保存装置。液体转移装置由瓶体和与瓶盖连接为一体的密封控制调节装置组成，结构如图 3-8-6 所示：①进水口位于顶部，进水导管为竖直状，呈竖直状态，螺栓接口，可以直接与采样器母体相联；②开关位于螺口的侧部；③孔隙水转移瓶为 200mL 的玻璃瓶，并标有容量刻度。该转移装置在海试中发挥了重要作用，成功地转移或保存了多个批次的样品(图3-8-7)。

2. 转移装置的工作原理及流程

气、液转移装置的工作原理都是负压抽提。用真空泵将装置内抽至负压，并通过几个密封结构保证装置内部密封，连接取样器后即可通过压力差实现样品的转移。

工作时，先将转移装置安装在采样器相应的出口上拧紧，完成对接。然后用真空泵的胶管连接转移装置的出气口，打开转移装置出气口开关，启动真空泵，抽至负一个大

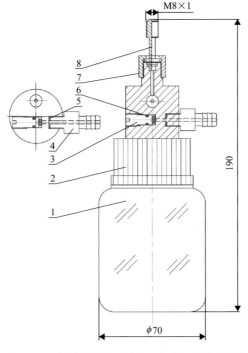

图 3-8-6　原位孔隙水及底层水气密转移瓶结构图　　　　图 3-8-7　原位孔隙水及底层
（单位：mm）　　　　　　　　　　水气密转移瓶实物图

1-玻璃转移瓶；2-聚醚醚酮密封塑料盖；3-真空阀芯；4-接头；
5-丁腈橡胶密封垫；6-丁腈橡胶密封圈；7-螺帽；8-过渡接头

气压，使瓶内、管路内及腔内均为真空负压状态；此时关闭出气口开关，同时打开采样器的出水口或出气口开关和转移装置的进水口或进气口开关，采样器内的水样或气样因压力差会自动从高压舱进入真空负压的转移瓶或腔内，关闭转移装置的进水口或进气口开关，水样或气样就保存在瓶内或腔内了。最后通过出气口或出水口提取水样或气样，也可以使用进样针直接插入装置内抽取气样。

第九节　海 试 试 验

　　广州海洋地质调查局利用自主研发的天然气水合物流体地球化学原位孔隙水、分层气密底层水样品采集系统与测试系统装备（图 3-9-1），成功进行了 3 次海上试验和应用，在深海高压下实现了沉积物孔隙水的原位采集（图 3-9-2）；同时通过无污染转移技术、船载平台测试系统成功对水样多组分气体与离子进行了快速检测；实现了天然气水合物流体地球化学船载现场快速探测技术的突破。

　　在 2014 年、2015 年成功进行两次海上试验后，2016 年 5 月 28 日至 6 月 28 日，天然气水合物流体地球化学原位孔隙水、分层气密底层水样品采集系统搭载"海洋四号"船 HYIV20160528 航次在南海北部海域进行了系统海上验收试验。本次海试中，沉积物原位孔隙水气密采集系统安装了 8m 20 节孔隙水采集瓶，分别在 3 个站位进行了 3 次海底

图 3-9-1 原位孔隙水、分层气密底层海水样品采集系统与测试系统装备图

图 3-9-2 系统采集孔隙水样品图

表层沉积物原位孔隙水气密采集试验，每次均采集到 20 个层位的原位孔隙水及相应的孔隙水水溶气，采样深度达 8m，单瓶采水量超过 100mL，采集成功率为 100%；另外，底层水气密采集系统分别在 9 个站位进行了 9 次海底以上 0.6m 原位分层底层水采集试验，其中 8 个站位采集到了相应的海水及水溶气样品，其中的 6 个站位每个站位采集到的相应海水样品为 3 瓶，两个站位每个站位采集到的相应海水样品为 1 瓶，每瓶采水量 200mL；在海试现场利用船载测试平台对采集的原位孔隙水和底层水样品进行了主要气体(CH_4、C_2H_6 等)和营养盐的现场快速检测，获取了海试样品测试数据。

第十节　流体地球化学地质应用

海上试验 2016HSSSY02 站位的沉积物原位孔隙水中硫酸盐的浓度变化很明显，为了便于进行数据对比，选择了与 2016HSSSY02 站位位置相隔较近的 SH-W22 站位和 SH-W13 站位作为参考，在这两个站位采集了大型重力活塞柱状样，并通过传统的压榨方式获取了相应的沉积物孔隙水样品，具有较好的对比性。通过传统方式获得的沉积物孔隙水中 Cl^- 含量从表层至 8m 含量基本在 555～570mmol 小幅度变化，相对比较稳定，其变化趋势与 2016HSSSY02 原位孔隙水样品基本相同，但 2016HSSSY02 原位孔隙水样品中 Cl^- 含量相比 SH-W22 站位和 SH-W13 站位更低（图 3-10-1），可以推断，沉积物原位孔隙水相比传统方法获取的压榨孔隙水有更好的趋势。另外，在 SH-W22 站位和 SH-W13 站位通过传统方式获得的沉积物孔隙水中的 SO_4^{2-} 含量分别从表层 26.6mmol 和 27.9mmol 向下呈线性降低（图 3-10-2），至底部 8m 两站位 SO_4^{2-} 含量分别降低至 10.9mmol 和 16.6mmol；相比之下，海上试验 2016HSSSY02 站位采集的沉积物原位孔隙水中 SO_4^{2-} 含量则从表层的 28.19mmol 向下呈线性降低，至底部 8m 处降为 6.49mmol（图 3-10-2），据此推断，沉积物原位孔隙水相比传统方法获取的压榨孔隙水有一定的优势。根据"强烈甲烷厌氧氧化层位的孔隙水中的 SO_4^{2-} 含量线性下降至零值"这一规律，推断 2016HSSY02 站位 SMI 界面深度应在 10m 左右，其上部则为硫酸盐还原带。海试区域 SMI 深度为 10m 的推论与国际国内研究成果基本一致。综合分析，2016HSSSY02 试验站位附近存在较好的天然气水合物成藏区的可能性较大。

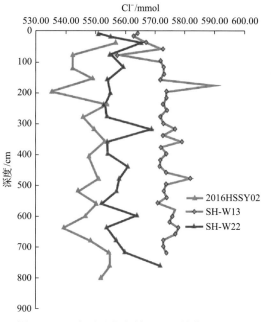

图 3-10-1　海试站位与神狐工区其他站位 Cl^- 含量变化对比图

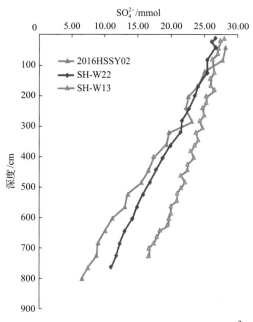

图 3-10-2　海试站位与神狐工区其他站位 SO_4^{2-} 含量变化对比图

第四章 | 天然气水合物样品保压转移及处理技术

天然气水合物样品保压转移及处理技术主要包括 4 部分研究内容，分别是：天然气水合物样品保压转移装置与技术研究、天然气水合物岩心在线声波检测装置与技术研究、天然气水合物岩心处理技术研究、海上试验。

第一节 天然气水合物样品保压转移装置与技术研究

一、保压转移装置总体设计

（一）总体结构及工作原理

保压转移装置总体结构如图 4-1-1 所示，该装置主要分成两大部分，分别是由取样器和保压转移本体组成。取样器是在广州海洋地质调查局的 15m 取样器上修改而成，保压转移本体为新设计，主要由长行程耐压转移装置、切割抱管装置、声波检测装置、天然气水合物保压取样器、移动拖架、分装保压筒接口、球阀几部分组成。

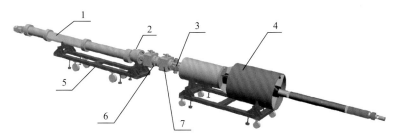

图 4-1-1 保压转移装置总体结构

1-长行程耐压转移装置；2-切割抱管装置；3-声波检测装置；4-天然气水合物保压取样器；
5-移动拖架；6-分装保压筒接口；7-球阀

保压转移本体的作用是实现对取样器中的样品管进行保压前提下的抓取、拖动、声波检验和切割分段样品转移。其中，长行程耐压转移装置的作用是实现样品管的抓取与拖动；切割抱管装置的作用是样品管进行分段切割；声波检测装置的作用是检测样品管中的样品；球阀是在样品转移时与天然气水合物保压取样器或分装保压筒进行对接。天然气水合物样品保压转移装置工作过程如图 4-1-2 所示。

（二）研究方案

高压下的切割抱管装置和卡爪机构是整个保压转移本体的核心部件，也是整个研究的关键核心技术，决定了整个保压转移装置的工作性能，因此在研究中采用的方案为：

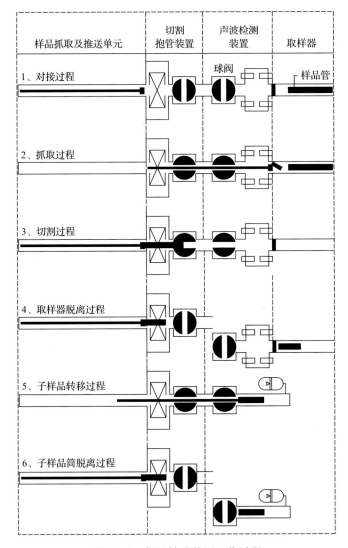

图 4-1-2   保压转移装置工作过程

(1)首先进行关键核心零部件的原理讨论、方案设计、方案评审、关键核心零部件打样，其次进行样件的原理功能验证试验，最后根据试验结果优化方案。

(2)在此基础上，开发保压转移本体的配套辅助部件(如同步轮传动、支撑装置、球阀连接部分等)，组成完整的保压转移本体，并完成样机验证。

(3)完成实验室试验。进行总装前的各零部件功能试验及总装后的分阶段整体联调试验。根据试验结果发现问题，解决问题，并形成试验记录报告，使尽可能多的问题暴露于实验室内，并为类似工况的再研究积累经验教训。

(4)进行海试。搭载广州海洋地质调查局"海洋四号"和"海洋六号"母船进行两次海洋试验，根据试验结果修正完善现有设备。

二、卡爪机构

（一）方案设计

卡爪的主要功能是抓取样品管并进行回拉，在到达位置后实现自动脱扣，保证样品管进入保压储存仓。根据这样的要求，本书设计了 10 种不同零部件，零件总数为 30 个，通过组装形成一个完整的卡爪样品。卡爪设计图如图 4-1-3 所示，其总长度为 150mm，换针立起来时的圆面直径为 72mm。

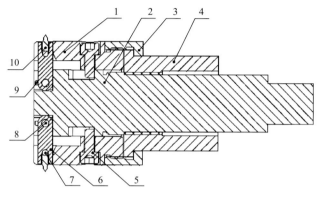

图 4-1-3　卡爪整体结构正视图

1-推筒；2-螺纹杆；3-螺母套；4-给进转头；5-特制螺钉；6-顶杆；7-滑杆；8-顶杆转轴；9-紧定螺钉 M2×4；10-换针

设计主要考虑到样品管的尺寸，样品管内径为 70mm，外径为 73mm。要保证卡爪在换针没有顶出来的时候能够顺利进入样品管，换针顶出来以后又不能刺穿样品管，所以设计卡爪时以螺纹杆为基础，在螺纹杆左端通过顶杆转轴连接顶杆，顶部插入换针，再通过滑杆嵌入推筒十字槽，套上螺母套和给进转头，在特制螺钉的固定限位下用过旋转给进转头来推进或回拉换针，达到抓取样品管和脱扣的目的。卡爪零件见表 4-1-1。

表 4-1-1　卡爪各零件名称及描述

序号	零件号	材料	数量
1	推筒	45#钢	1
2	螺纹杆	45#钢	1
3	螺母套	45#钢	1
4	给进转头	45#钢	1
5	特制螺钉	316 钢	2
6	顶杆	45#钢	4
7	滑杆	45#钢	4
8	顶杆转轴	45#钢	4
9	紧定螺钉 M2×4	304 钢	8
10	换针	45#钢	4

(二)研究过程

卡爪以螺纹杆为主体,在螺纹杆的基础上进行卡爪的装配,而设计零件材料分为 3 种,除特制螺钉和紧定螺钉以外都用 45#钢进行加工,下面就根据材料的不同对其做具体分析。

1. 螺纹杆设计

螺纹杆的设计是卡爪设计的基准,如图 4-1-4 所示,总长度为 150mm,用直径为 35mm 的圆柱体切削而成,尾部 25mm 作为试验样品安装连接,成品的制作会比现在的结构长一些。尾部切屑成四个平面,方便接入整个保压转移装置。中部 30mm 长的螺纹部位和旋转螺母连接,螺纹大径为 33mm,螺距为 2mm,牙型角设计为 60°,前后两端切成 45°倒角,退刀槽放在前部。螺纹的连接使得旋转螺母能够在上面旋转推进和回拉。

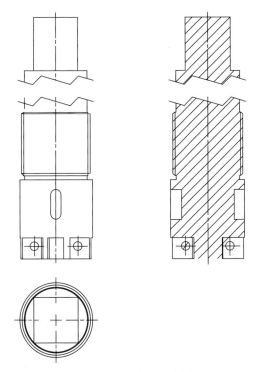

图 4-1-4 螺纹杆设计图

前端长 37mm 处是安装推筒的位置,开了一个深 5mm、长 14mm 的限位槽,用来插入特制螺钉,起到限位作用。最前端设计为能固定顶杆的"井"字形结构,用来固定顶杆的位置。设计为"井"字形结构也是考虑到固定强度和减轻整体质量的问题。固定结构的宽为 10mm,在距离螺纹杆后部 4mm 的地方打直径为 4mm 的孔,用于插入滑杆来固定顶杆。在加工过程中保证插入顶杆转轴的两圆孔同心。

螺纹杆的加工运用了车削、铣削和钻孔工艺,加工时要注意量的给进,钻孔时要注意保证位置精确。

2. 给进转头设计

给进转头在指定位置受到外置电机的带动，发生旋转产生向前的推力和向后的回拉力，向前的推力带动推筒使得顶杆和换针被推下达到脱扣的目的，向后的回拉力带动推筒把顶杆和换针顶起卡住样品管，达到抓取的目的。

给进转头如图 4-1-5 所示，螺纹分布在前端，为内螺纹，规格为 M33×2，长 20mm，也就是说螺纹旋进与拉出的最大长度为 20mm。但受到限位的作用，最大行进量为 9mm。给进转头加工材质选用 45#钢，总长 50mm，加工成内径为 34mm、外径为 50mm 的圆筒，套入螺纹杆中。前端留出 5mm 厚、直径为 56mm 的部位方便螺母套套住，达到组装的目的。

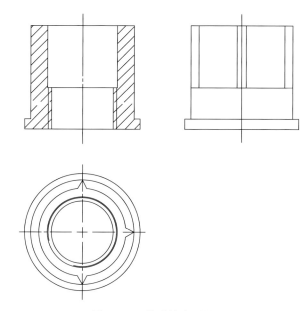

图 4-1-5 给进转头设计图

给进转头后端长 30mm 部分为花键，是连接外部设备的部分，花键直径为 42mm，是 60° 倒角的对称齿轮结构。花键的主要作用就是传递转矩。给进转头的加工工艺为车削、攻丝。

3. 推筒设计

推筒是卡爪实现抓取和脱扣的关键部分，设计图如图 4-1-6 所示，装置外径为 65mm，小于样品管内径。推筒后端内径为 35mm，确保卡爪能够进入螺纹杆。总长 48mm，前端用于卡住顶杆的槽长 18mm、宽 3mm。后端外表面为 M58×1.5 的螺纹，与螺母套连接，切削有 3mm 宽的退刀槽。特制螺钉槽为 2×M6 的螺纹，深 7mm，设计在离后端面 18mm 长的地方。安装顶杆的槽呈对称分布，且前端开口。前端内表面设计出一个 25° 的斜坡，主要是考虑到安装滑杆和顶杆的时候是要从内部滑进槽里面去。所以该斜坡起到的是一个引导的作用。安装推筒的时候特别要注意的问题就是要保证 4 个顶杆和滑杆保持一致性，这样才能保证安装成功。推筒的加工材料为 45#钢。

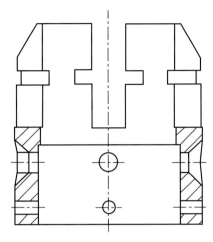

图 4-1-6　推筒设计图

4. 螺母套和顶杆设计

螺母套主要用于连接推筒和给进转头,如图 4-1-7 所示。外径设计直径为 65mm、长度为 20.5mm,前端 11mm 长的螺纹是连接推筒的。后端设计直径为 50mm、厚 5mm,用来扣住螺母,达到连接的目的。安装时先把推筒和螺母固定好,再从后往前套住螺母套。内螺纹加工之前先切削出 4mm 宽的退刀槽,采用了车削工艺。

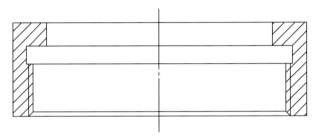

图 4-1-7　螺母套设计图

顶杆如图 4-1-8 所示,使用长方体材料加工而成。顶杆设计长度为 29.5mm、宽 8mm,顶杆顶部设计为一个螺纹孔,用来与换针相连。距上表面 6mm 处设计了一个直径为 3mm

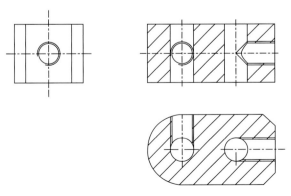

图 4-1-8　顶杆设计图

的通空，用来插入滑杆，与推筒相连。距下表面 4mm 处开设了一个直径为 4mm 的通孔，用来插入顶杆转轴。底部为半圆柱体，直径为 8mm，可以方便顶杆的滑动。在垂直于顶杆转轴的一面上开设两个 M2 螺纹孔，用来旋入紧定螺钉，与顶杆转轴固定，相应地，顶杆转轴上也有两个相同的孔相连。顶杆加工采用车削、攻丝和钻孔工艺，加工时要注意倒角和去毛刺。

5. 滑杆、顶杆转轴和换针设计

滑杆是长 18mm、直径为 3mm 的圆柱体，而顶杆转轴则是长 12mm、直径为 4mm 的圆柱体，再在上面打两个深 0.5mm 的孔。顶杆转轴通过紧定螺钉与顶杆相连，在顶杆被推动的时候随着顶杆的运动在螺纹杆的孔里旋转，而滑杆则是在推筒中做上下运动，如图 4-1-9 和图 4-1-10 所示。

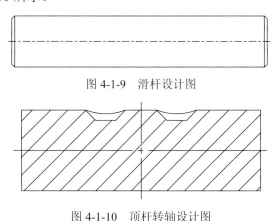

图 4-1-9 滑杆设计图

图 4-1-10 顶杆转轴设计图

换针如图 4-1-11 所示，尖端呈 60°角，底部是直径为 2mm 的圆锥形，螺纹段长 4.5mm，总长 8.5mm。以上零件都是采用 45#钢加工制作，换针用圆柱体切削而成。换针全部旋进顶杆装置时保证出头部位高出顶杆 4mm，以确保换针能够插入样品管。紧定螺钉直接选取 M2×4 型号。

6. 特制螺钉设计

特制螺钉材料为 316 不锈钢；底部切除高 4mm、直径为 5mm 部分作为插入限位槽的部分；未注倒角为 0.5×45°，设计图如图 4-1-12 所示。选用内六角螺钉主要也是考虑到它可以施加较大的拧紧力矩、连接强度高的优点。特制螺钉底部切削部分加工成直径为 5mm 的圆柱，安装到螺纹杆上。处于拧紧状态的特制螺钉在到达限位位置时底部会受压力。

（三）整体受力分析

在对卡爪进行理论受力分析时，整个机构受到一个竖直向下的 150kg 的外力，150kg 作为整个卡爪系统的外力。将整个卡爪装置拿出来做受力分析（图 4-1-13），可以看出该卡爪装置在实际工作时主要的受力部件是螺纹杆、特制螺钉、顶杆、滑杆、顶杆转轴。它们是整个设计中的关键结构。分别将其拿出来做受力分析与强度校核，看是否满足强度要求。

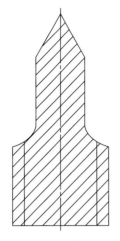

图 4-1-11　换针设计图

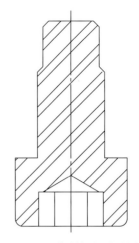

图 4-1-12　特制螺钉设计图

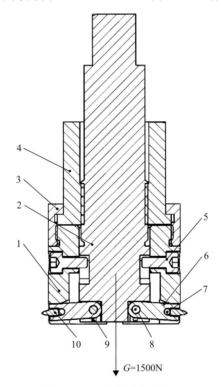

G=1500N

图 4-1-13　整体受力分析图

1-推筒；2-螺纹杆；3-螺母套；4-给进转头；5-特制螺钉；6-顶杆；7-滑杆；8-顶杆转轴；9-紧定螺钉 M2×4；10-换针

卡爪机构的零件及其材料和屈服极限见表 4-1-2。在设计过程中将各种材料的屈服极限作为评定的标准。

1. 螺纹杆的受力分析

将螺纹杆简化成一根阶梯轴进行受力分析，并将简化后的模型进行内力及应力强度分析。将阶梯轴进行分段，分成 1～5 段（图 4-1-14），轴力图如图 4-1-15 所示。

表 4-1-2　卡爪各零件材料及屈服极限

序号	零件号	材料	屈服极限/MPa
1	推筒	45#钢	355
2	螺纹杆	45#钢	355
3	螺母套	45#钢	355
4	给进转头	45#钢	355
5	特制螺钉	316 钢	172
6	顶杆	45#钢	355
7	滑杆	45#钢	355
8	顶杆转轴	45#钢	355
9	紧定螺钉 M2×4	304 钢	207
10	换针	45#钢	355

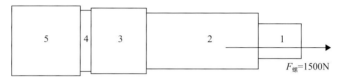

图 4-1-14　阶梯轴的分段图

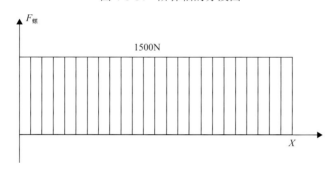

图 4-1-15　阶梯轴的轴力图

根据应力计算公式：

$$\sigma = \frac{F_{螺}}{A_{螺}} \tag{4-1-1}$$

式中，$F_{螺}$ 为阶梯轴所受的轴向力，N；$A_{螺}$ 为阶梯轴的截面积，m^2。

对于 1～5 段来说：

$$\sigma_1 = \frac{F_{螺}}{A_{螺1}} = \frac{1470\text{N}}{499.8641^{-6}\text{m}^2} \approx 2.94\text{MPa} \tag{4-1-2}$$

$$\sigma_2 = \frac{F_{螺}}{A_{螺2}} = \frac{1470\text{N}}{3.14 \times 0.015^2\text{m}^2} \approx 2.08\text{MPa} \tag{4-1-3}$$

$$\sigma_3 = \frac{F_{\text{螺}}}{A_{\text{螺3}}} = \frac{1470\text{N}}{3.14 \times 0.0165^2 \text{m}^2} \approx 1.72\text{MPa} \qquad (4\text{-}1\text{-}4)$$

$$\sigma_4 = \frac{F_{\text{螺}}}{A_{\text{螺4}}} = \frac{1470\text{N}}{3.14 \times 0.015^2 \text{m}^2} \approx 2.08\text{MPa} \qquad (4\text{-}1\text{-}5)$$

$$\sigma_5 = \frac{F_{\text{螺}}}{A_{\text{螺5}}} = \frac{1470\text{N}}{3.14 \times 0.0175^2 \text{m}^2} \approx 1.53\text{MPa} \qquad (4\text{-}1\text{-}6)$$

式中，$\sigma_1 \sim \sigma_5$ 分别为 1~5 段轴的应力；$A_{\text{螺1}} \sim A_{\text{螺5}}$ 分别为 1~5 段轴的截面积。

由以上各式可知阶梯轴所受的应力远小于 45#钢的屈服极限，可满足要求。

2. 特制螺钉、顶杆、滑杆、换针的剪切受力分析

在卡爪装置中，特制螺钉、顶杆、滑杆、换针的主要失效形式是剪切失效，说明该特制螺钉承受的主要是剪切应力，其计算公式如下：

$$\tau_{\text{钉}} = \frac{F_{\text{钉}}}{A_{\text{钉}}} = \frac{735\text{N}}{3.14 \times 0.0025^2 \text{m}^2} \approx 37.45\text{MPa} \qquad (4\text{-}1\text{-}7)$$

式中，$F_{\text{钉}}$ 为特制螺钉所受的轴向力；$A_{\text{钉}}$ 为特制螺钉的截面积。

可知特制螺钉所受的应力远小于 316 不锈钢的屈服极限，可满足要求。

顶杆的受力分析图如图 4-1-16 所示。该顶杆承受的主要是剪切应力，剪切是其失效的主要方式。计算公式如下：

$$\tau_{\text{杆}} = \frac{F_{\text{杆}}}{A_{\text{杆}}} = \frac{735\text{N}}{3.14 \times 0.008^2 \text{m}^2} \approx 3.66\text{MPa} \qquad (4\text{-}1\text{-}8)$$

式中，$F_{\text{杆}}$ 为顶杆所受的轴向力；$A_{\text{杆}}$ 为顶杆的截面积。

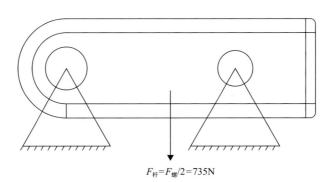

$$F_{\text{杆}} = F_{\text{螺}}/2 = 735\text{N}$$

图 4-1-16　顶杆的受力分析图

可知顶杆所受的应力远小于 45#钢的屈服极限，可满足要求。

滑杆的受力分析图如图 4-1-17 所示。滑杆承受的主要是剪切应力，计算公式如下：

$$\tau_{\text{滑}} = \frac{F_{\text{滑}}}{A_{\text{滑}}} = \frac{367.5\text{N}}{3.14 \times 0.0015^2 \text{m}^2} \approx 52.02\text{MPa} \qquad (4\text{-}1\text{-}9)$$

式中，$F_滑$ 为滑杆所受的轴向力；$A_滑$ 为滑杆的截面积。

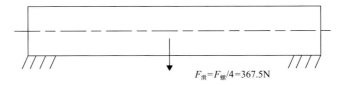

$$F_滑 = F_螺/4 = 367.5\text{N}$$

图 4-1-17　滑杆的受力分析图

可知滑杆所受的应力远小于 45#钢的屈服极限，可满足要求。

换针的受力分析图如图 4-1-18 所示。换针承受的主要是剪切应力，计算公式如下：

$$\tau_针 = \frac{F_针}{A_针} = \frac{367.5\text{N}}{3.14 \times 0.002^2 \text{m}^2} \approx 29.26\text{MPa} \tag{4-1-10}$$

式中，$F_针$ 为换针所受的轴向力；$A_针$ 为换针的截面积。

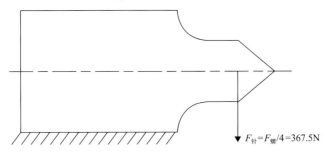

$$F_针 = F_螺/4 = 367.5\text{N}$$

图 4-1-18　换针的受力分析图

可知换针所受的应力远小于 45#钢的屈服极限，可满足要求。

3. 结构有限元分析

有限元分析的主要作用有以下 7 个方面：一是增加设计功能，借助计算机分析计算，确保产品设计的合理性，减少设计成本；二是缩短设计和分析的循环周期；三是有限元分析起到的虚拟样机作用在很大程度上替代了传统设计中资源消耗极大的物理样机验证设计过程，虚拟样机作用能预测产品在整个生命周期内的可靠性；四是采用优化设计，找出产品设计最佳方案，降低材料的消耗或成本；五是在产品制造或工程施工前预先发现潜在的问题；六是模拟各种试验方案，减少试验时间和经费；七是进行机械事故分析，查找事故原因。

研究中采用 SolidWorks 中的 Simulation 模块对卡爪零部件进行有限元分析，通过分析得出在给定受力情况下零部件上产生的应力，分析最大应力是否超过材料许用强度，若没有超出，则达到了设计标准。

1）螺纹杆有限元分析

螺纹杆是卡爪安装的基座，螺纹杆三维图如图 4-1-19 所示。针对螺纹杆的分析可分为两种情况：一种是螺纹杆不动，给进转头运动带动推筒运动，产生向前或向后的拉力使顶杆带动换针脱出或插入样品管；另一种是在螺纹杆已抓取好样品管后受到丝杆装置的拉动向后运动。

图 4-1-19　螺纹杆三维图

针对第一种情况而言，可以设螺纹杆后端是固定的，给进转头旋转达到限位螺钉限位位置时为临界状态，这个时候螺纹杆受到特制螺钉的推力，把前端固定顶杆转轴的孔状态设置为滑杆状态，对推力附上一个值，就可以分析出螺纹杆的应力变化情况，如图 4-1-20 所示。

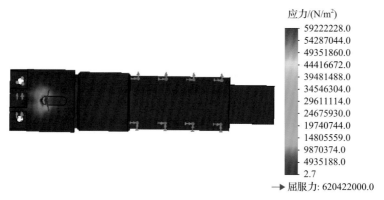

图 4-1-20　螺纹杆应力分析图(第一种情况)

由图 4-1-20 分析可知，螺纹杆受到的最大应力约为 $5.9 \times 10^7 \, \text{N/m}^2$，远远小于材料的屈服强度 $5.3 \times 10^8 \, \text{N/m}^2$，所以螺纹杆在第一种受力情况下是符合材料的设计标准的。

分析第二种情况时直接改变夹具的固定位置，当卡爪抓紧样品管回拉时，可设螺纹杆前端与顶杆转轴连接处是固定几何体，在尾部施加一个 1470N 的拉力。螺纹杆应力状态如图 4-1-21 所示。

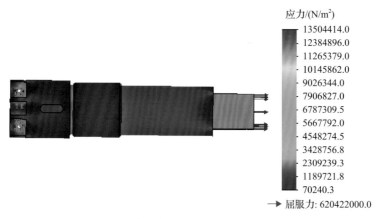

图 4-1-21　螺纹杆应力分析图(第二种情况)

由图 4-1-21 分析得到，螺纹杆所受最大应力约为 $1.35 \times 10^7 \, \text{N/m}^2$，也是远远小于屈服强度 $5.3 \times 10^8 \, \text{N/m}^2$，所以两种情况下螺纹杆的设计均符合材料的设计标准。

2）给进转头有限元分析

给进转头三维图如图 4-1-22 所示，给进螺母旋转到限位位置后停止，在螺纹杆被回拉的时候，给进转头受到螺母套的作用向上提，可假设力全部传递过来，并且给进转头的螺纹面为固定的进行分析。

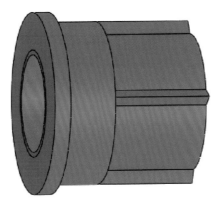

图 4-1-22　给进转头三维图

施加 1470N 的力作用于被螺母套扣住的面，应力分析如图 4-1-23 所示。

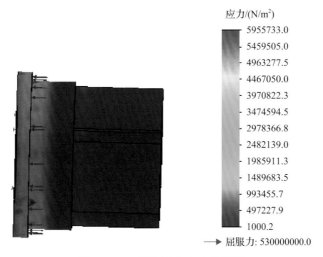

应力/(N/m²)

5955733.0
5459505.0
4963277.5
4467050.0
3970822.3
3474594.5
2978366.8
2482139.0
1985911.3
1489683.5
993455.7
497227.9
1000.2

→ 屈服力: 530000000.0

图 4-1-23　给进转头应力分析图

由分析可知，给进转头受到的最大应力约为 $5.9 \times 10^6 \, \text{N/m}^2$，小于材料的屈服强度 $5.3 \times 10^8 \, \text{N/m}^2$，所以给进转头的设计符合材料的设计标准。

3）螺母套有限元分析

螺母套三维图如图 4-1-24 所示。在做螺母套有限元分析时，考虑的情况就是螺纹杆的第二种临界状态。这时螺纹杆受到推筒对它的拉力和给进转头对它的反作用力。假设力没有损失，力的大小设为 1470N，且螺母套的螺纹面是固定的来进行分析。

图 4-1-24　螺母套三维图

在与给进转头接触面上附加 1470N 的力，在与推筒的接触面上附加 1470N 的反向力，最终应力分析如图 4-1-25 所示。

应力/(N/m²)

15961288.0
14691597.0
13421906.0
12152216.0
10882525.0
9612834.0
8343144.5
7073453.5
5803763.0
4534072.5
3264381.5
1994691.0
725000.4

→ 屈服力: 530000000.0

图 4-1-25　螺母套应力分析图

由图 4-1-25 分析可知，螺母套所受的最大应力约为 $1.6 \times 10^7 \, \text{N/m}^2$，小于材料的屈服强度 $5.3 \times 10^8 \, \text{N/m}^2$，所以螺母套的设计也是符合材料的设计标准。

4）推筒有限元分析

推筒三维图如图 4-1-26 所示。在螺纹杆处于第二种运动状态的时候，推筒处于临界状态，受到了滑杆对其向前的拉力，可假设螺母套端为固定端来进行有限元分析。

把推筒与螺母套的接触面设为固定几何体，在滑杆槽内赋值 1470N，是滑杆对推筒的一种向前的推力作用。因为推筒也传递给螺母套向前的拉力，所以螺母套对推筒有一个相等的反作用力，应力分析结果如图 4-1-27 所示。

由图 4-1-27 分析可知，推筒受到的最大应力约为 $1.3 \times 10^8 \, \text{N/m}^2$，小于材料的屈服强度 $5.3 \times 10^8 \, \text{N/m}^2$。所以推筒的设计符合材料的设计标准。

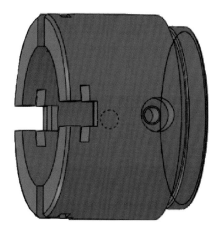

图 4-1-26　推筒三维图

图 4-1-27　推筒应力分析图

5）换针有限元分析

换针三维图如图 4-1-28 所示。因为换针尖端面是插入样品管里的，可设其与顶杆固定螺纹面为固定几何体来进行分析。

图 4-1-28　换针三维图

针端受到最大的压力为 1750N，这样它才能提供水平方向 1470N 的拉力。对换针螺纹面处进行固定，应力分析如图 4-1-29 所示。

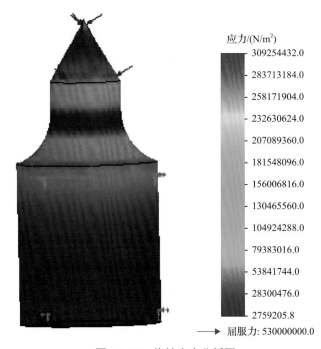

应力/(N/m²)
- 309254432.0
- 283713184.0
- 258171904.0
- 232630624.0
- 207089360.0
- 181548096.0
- 156006816.0
- 130465560.0
- 104924288.0
- 79383016.0
- 53841744.0
- 28300476.0
- 2759205.8

→ 屈服力: 530000000.0

图 4-1-29 换针应力分析图

由图 4-1-29 分析可知，换针所受的最大应力值约为 $3.1 \times 10^8 \, \text{N/m}^2$，小于材料的屈服强度 $5.3 \times 10^8 \, \text{N/m}^2$，所以换针的设计也符合材料的设计标准。

6）特制螺钉有限元分析

卡爪上的特制螺钉采用 316 不锈钢制作，材料属性见表 4-1-3。特制螺钉三维图如图 4-1-30 所示。

表 4-1-3　316 不锈钢材料属性

属性	数值	单位
弹性模量	1.92×10^{11}	N/m²
泊松比	0.3	
质量密度	8000	kg/m³
张力强度	5.5×10^7	N/m²
屈服力	1.37×10^8	N/m²
热扩张系数	1.6×10^{-5}	K⁻¹
热导率	16.3	W/(m·K)
比热	500	J/(kg·K)

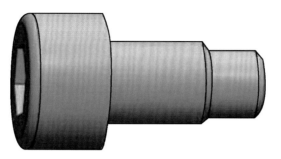

图 4-1-30　特制螺钉三维图

特制螺钉在限位的过程中螺纹处于固定状态,底部高 4mm 的地方由于限位作用和螺纹杆相连接,产生外部受力,通过固定螺纹,给下方施加外部 1470N 受力来分析特制螺钉的受力变化情况,应力分析结果如图 4-1-31 所示。

应力/(N/m²)
33450520.0
30663078.0
27875636.0
25088192.0
22300750.0
19513308.0
16725864.0
13938422.0
11150979.0
8363536.0
5576093.5
2788650.5
1207.8
→ 屈服力: 137895145.9

图 4-1-31　特制螺钉应力分析图

由图 4-1-31 分析可知,特制螺钉所受的最大应力约为 $3.35 \times 10^7 \text{N/m}^2$,小于材料的屈服强度 $13.8 \times 10^7 \text{N/m}^2$,所以特制螺钉的设计也符合材料的设计标准。

4. 卡爪样品及拉管试验

研究中完成了卡爪样品的加工,如图 4-1-32 所示。根据要求做了拉管试验,试验的目的是测试卡爪的抓管能力:①试验卡爪针头插入样品管深度;②测试卡爪能抓多重的样品管不脱落。

在卡爪伸进样品管之前,螺纹杆处于拧紧状态,换针在推筒外径内,卡爪伸进样品管齐平时,拧松螺纹杆,拉紧推筒,顶杆相对于螺母杆往下移动。顶杆一头的轴销在径向槽内往外滑动,直至与样品管接触,继续拧动螺纹杆,换针继续往外走,直到到达极限位置。卡爪抓住样品管的状态如图 4-1-33 所示。

图 4-1-32　卡爪样品视图

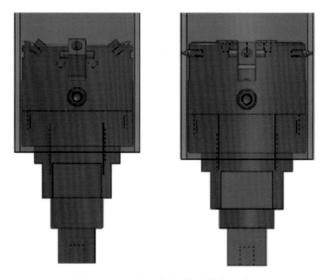

图 4-1-33　卡爪抓住样品管的状态

试验是在杭州宇控机电工程有限公司车间进行的，试验条件为常温空气。试验的主要设备如下，试验功能性展示图如图 4-1-34 所示。试验步骤如下：

(1) 在样品管钻孔端穿上可以承受 500kg 质量的钢丝绳并且紧固(选用直径为 5mm 的钢丝)；

(2) 准备好重力块(预先得知重力块的质量)，重力块必须可以吊装；

(3) 按照图 4-1-34，由质量小的重物开始测试(测试时间为 15min 一次)；

(4) 慢慢增加重力块的质量，直至卡爪与样品管脱离，记录极限质量。

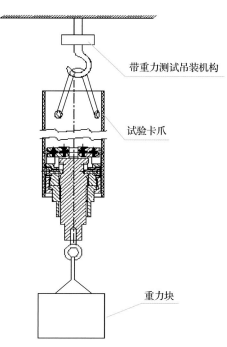

图 4-1-34　试验功能性展示图

带重力测试吊装机构

试验卡爪

重力块

试验记录见表 4-1-4，当悬挂重物达到 155kg 后时，卡爪没有发生脱落情况。

表 4-1-4　试验记录

序号	质量/kg	时间/min	是否脱落	序号	质量/kg	时间/min	是否脱落
1	32.4	15	否	6	121.6	15	否
2	46.4	15	否	7	128.8	15	否
3	66.8	15	否	8	139	15	否
4	96.6	15	否	9	149	15	否
5	111.8	15	否	10	155.8	15	否

试验过程如图 4-1-35 所示，从 32.4kg 的重力块开始加起，每个重力块停留 15min，直到重力块质量达到 155.8kg，看看卡爪是否脱落。试验证明重力块质量达到 155.8kg 后，卡爪依旧没有脱落。

在试验达到添加重力块的要求后，为了测试达到多大的质量时卡爪会脱落，继续添加重力块，直到重力块质量达到 178kg 时，样品管被拉断了，卡爪依旧没有脱落。重力块质量达到 178kg 时的试验照片及样品管被拉断后的照片如图 4-1-36 所示。

该次拉管试验成功达到了规定重物的规格，并且在增加了重力块质量以后卡爪依旧没有脱落，而是把样品管拉断了，说明卡爪的抓紧力是可靠的，卡爪设计是可行的。这种结构很好地抓取了样品管并且可以实现转移。

（四）小结

（1）本节对卡爪的总体结构和各个零部件进行了设计分析，给出了零部件设计图和加工尺寸，并分析了每个零部件的作用和总体的运动状态。然后对卡爪作了整体和关键部位的受力分析和强度校核。

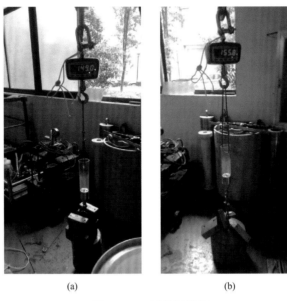

(a)   (b)

图 4-1-35   试验过程图

(a)   (b)

图 4-1-36   重力块质量达到 178kg 及样品管被拉断照片

（2）通过运行 Solidworks 软件中的 Simulation 有限元分析模块，对卡爪中的主要零部件进行了有限元分析。从分析的结果看，零部件受到的最大应力都小于材料的屈服强度，所有设计均符合标准。

（3）拉管试验成功达到了规定重物的规格，并且在增加了质量以后卡爪依旧没有脱落，而是把样品管拉断了，说明卡爪的抓紧力是可靠的，卡爪设计是可行的。这种结构很好地抓取了样品管并且可以实现转移。

三、内切割机构

(一)方案设计

切割装置需要在 20MPa 的原位压力下对样品管进行平稳、无扰动的快速切割，这就对切割装置提出了更高的要求：一是切割装置必须能抗高内压；二是切割装置与转移装置相连的各部分要求有较好的密封性能；三是样品切割装置不能对样品产生二次污染；四是尽可能减少切割过程对样品的扰动；五是可靠地进行快速切割。

因此，在设计切割装置过程中，切割装置应包含 4 个部分：充油直流无刷电机、齿轮变速传组、刀具进给和退刀机构、样品夹紧和松开机构，同时各结构还应合理紧凑。其中，电机通过齿轮的变速传动，带动刀具旋转运动；而刀具的进给和样品的夹紧运动则是由轴向的顶杆通过斜面作用转换成径向的运动来实现的；刀具退刀和样品松开则可通过导向柱上的复位弹簧来实现。

当样品管回拉过程穿过切割装置时，通过位置传感器决定是否停止活塞杆移动，此时通过样品夹紧和松开机构来夹紧样品管，然后刀具进行进给运动，到达指定位置后开启电机带动齿轮进行旋转，齿轮在旋转的过程中通过切割顶杆作用切割卡紧环，刀具继续进给。刀具进给过程中，由于齿轮处于旋转状态，样品管切割完后，沉积物表面将会形成圆形圈，相对于直接用平锯进行切割对样品本身的扰动要低得多。

切割装置的整体方案设计如图 4-1-37 和图 4-1-38 所示，主要由样品夹紧机构和样品切割机构(含齿轮变速传组)两个部分组成，其工作原理如下所述。

1. 样品夹紧机构工作原理

夹紧时，夹紧顶杆向左移动，推动夹紧卡紧环移动，夹紧卡紧环的前后移动和复位弹簧的作用可以驱动夹紧块做径向运动以切割样品管、夹紧样品管。当完成样品管的切割后，反方向旋转夹紧顶杆，在内压作用下，夹紧卡紧环向右移动，同时在复位弹簧的作用下夹紧块复位。样品夹紧机构的具体结构如图 4-1-39 所示。

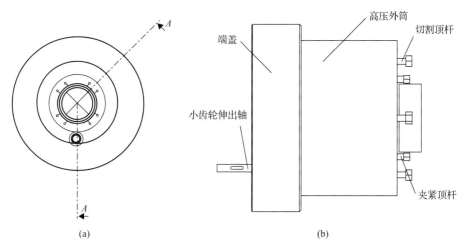

(a)   (b)

图 4-1-37　切割装置的结构

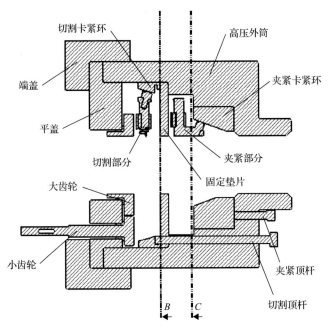

图 4-1-38　剖视图 A-A

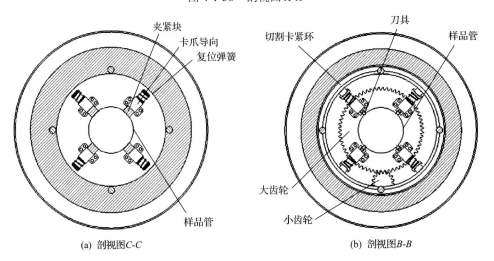

(a) 剖视图 C-C　　　　　　　　　(b) 剖视图 B-B

图 4-1-39　样品夹紧机构的具体结构

2. 样品切割机构工作原理

切割时，切割顶杆向左移动，推动切割卡紧环移动，切割卡紧环的前后移动和复位弹簧的作用可以驱动切割刀片做径向运动以切割样品管，同时通过小齿轮和大齿轮啮合，电机驱动刀片做旋转运动。当切割完毕时，旋转切割顶杆后退，在内压作用下，切割卡紧环向右移动，同时在复位弹簧的作用下切割刀片复位。要完成样品管的切割，需要样品切割机构和样品夹紧机构的配合，切割流程如下：

（1）样品管到达指定位置时，顺时针（右旋）拧入夹紧顶杆，夹紧卡紧环向左慢慢滑动。

（2）夹紧卡紧环向左移动，夹紧块上端的万向球头受力，使 4 个夹紧块径向收缩，与样品管表面接触卡紧。

(3)顺时针(右旋)拧入切割顶杆，切割卡紧环向左慢慢滑动。

(4)切割卡紧环向左移动，切割卡爪上端的万向球头受力，使4个切割卡爪径向收缩，驱动刀具向中心进给运动，以切割样品管。

(5)同时，旋转小齿轮伸出轴，使小齿轮旋转，大齿轮与小齿轮啮合同时旋转，转速比为1∶4，实现刀片的旋转运动，并切割样品管。

(6)切割完毕后，逆时针(左旋)拧出切割顶杆，在内压作用下，切割卡紧环向右移动，同时在复位弹簧的作用下使刀片复位。

(7)逆时针(左旋)拧出夹紧顶杆，在内压作用下，夹紧卡紧环向右移动，同时在复位弹簧的作用下夹紧块复位。

(二)研究过程

1. 各零部件的设计计算

根据整体方案，对切割装置的关键零部件进行设计计算，如高压外筒外径计算、平盖厚度计算、切割卡紧环的斜面斜率计算及复位弹簧的设计等。

1)高压外筒外径计算

保压转移系统要求在保压取样的系统压力(20MPa)下完成样品转移，因此必须对保压转移机构的壁厚有要求，以保证保压转移机构在 20MPa 压力下，能安全可靠地工作。通过查询材料手册，切割机构保压外筒材料选择为0Cr17Ni4Cu4Nb。抗拉强度 $\sigma_b = 930$MPa，屈服强度 $\sigma_s = 725$MPa，筒内径为 200mm：

$$[\sigma_b] = \frac{\sigma_b}{n_s} = \frac{930}{3} = 310 \text{MPa} \tag{4-1-11}$$

$$[\sigma_s] = \frac{\sigma_s}{n_s} = \frac{725}{1.6} = 453 \text{MPa} \tag{4-1-12}$$

式中，n_s 为安全系数；[ ]表示许用值。材料许用应力[σ]取[σ_b]和[σ_s]中的最小值，故[σ]=310MPa。

壁厚计算公式：

$$K = \sqrt{\frac{[\sigma]}{[\sigma] - \sqrt{3}P}} = 1.06 \tag{4-1-13}$$

式中，K 为外径与内径之比；P 为内压，MPa。

$$b_{高} = K \times a_{高} = 212.2 \text{mm} \tag{4-1-14}$$

式中，$b_{高}$ 为高压外筒的外径，mm；$a_{高}$ 为高压外筒的内径，mm。为了便于计算，取 $b_{高}$=220mm。

2)平盖厚度计算

保压转移系统要求在系统压力 20MPa 下完成样品转移，所以对平盖厚度也有要求。

平盖厚度计算公式：

$$S_平 = D_平 \sqrt{\frac{0.31P}{[\sigma]}} = 200 \times \sqrt{\frac{0.31 \times 20}{310}} \approx 28.3\text{mm} \qquad (4\text{-}1\text{-}15)$$

式中，$S_平$ 为平盖厚度，mm；$D_平$ 为平盖的直径，mm。为计算方便，取 $S_平$ =30mm。

3）端盖的强度校核

保压转移系统要求在系统压力 20MPa 下完成样品转移，所以应对端盖的强度进行校核。端盖最薄弱处的横截面积：

$$S_端 = \frac{\pi}{4}(D_端^2 - d_端^2) \qquad (4\text{-}1\text{-}16)$$

式中，$D_端$ 为端盖的外径，$D_端$ =240mm；$d_端$ 为端盖的内径，$d_端$ =220.5mm。则 $\sigma =$
$\dfrac{F}{S_端} = 89.09\text{MPa} \leqslant [\sigma] = 310\text{MPa}$（$F$ 为端盖所受的力），符合要求。

4）切割卡紧环的斜面斜率计算

切割卡紧环通过斜面作用于万向球头，最终促使刀具做径向的进给运动，以达到切割目的。因此，切割卡紧环斜面的主要参数即斜率对切割效果有着直接影响。

设斜面与轴线的夹角为 θ，斜面与万向球头间的作用力为 F_N（方向垂直于斜面），切割顶杆作用于切割卡紧环的力为 F_1（方向与轴线方向相同），通过导向柱作用于刀具上的力为 F_2（垂直于轴线方向），则可知

$$F_1 = F_N \times \sin\theta \qquad (4\text{-}1\text{-}17)$$

$$F_2 = F_N \times \cos\theta \qquad (4\text{-}1\text{-}18)$$

故而

$$\frac{F_1}{F_2} = \tan\theta \qquad (4\text{-}1\text{-}19)$$

$$F_2 = F_1 / \tan\theta \qquad (4\text{-}1\text{-}20)$$

可知，当 F_1 固定不变时，F_2 随着 θ 的减小而增大。因此，为了提高斜面的传递效率，所取的 θ 应尽可能小。同理，夹紧部分斜面处结构与切割机构相同，其斜面角度也取尽可能小的值。

5）夹紧卡紧环及夹紧块行程

在样品夹紧过程中，需要涉及夹紧块的夹紧及松开运动，所以对于夹紧块的行程需要进行详细计算，以保证结构合理紧凑。

夹紧块复位状态圆周直径为 74mm，夹紧块夹紧状态圆周直径为 68mm，夹紧块行程 $a_夹$ =3mm。夹紧卡紧环与夹紧块上球头相切，并呈 20°角，由此可得夹紧卡紧环行程 $b_夹 =$
$3 / \tan 20° \approx 8.24\text{mm}$。

6) 切割卡紧环及刀具行程

同样，在样品切割过程中，需要涉及刀具进给及退刀运动，所以对于刀具行程需要进行详细计算，以保证结构合理紧凑。

刀具复位状态距中心轴距离为36mm，刀具切入状态距中心轴距离为30mm，则刀具行程 $a_{刀}$=6mm。切割卡紧环与导向柱上球头相切，并呈 20°角，由此可得切割卡紧环行程 $b_{刀}=6/\tan20°\approx16.5\text{mm}$。

7) 外压筒螺纹校核

保压转移系统要求在系统压力 20MPa 下完成样品转移，所以对外压筒的螺纹强度也有要求。根据《普通螺纹基本尺寸》(GB/T 196—2003)可知，外压筒直径为 220mm，取螺纹为 M220×3，螺纹长度为 36mm，则实际拧紧长度为 36mm，外压筒直径 $D_{外}$=220mm，螺纹中径 D_2=218.051mm，螺纹内径 D_1=216.752mm。

A. 螺纹牙的抗弯强度校核

校核公式：

$$\sigma=\frac{6F_{外}L_{外}}{\pi D_{外}ub_{外}^2}\leqslant[\sigma] \tag{4-1-21}$$

式中，$F_{外}$ 为轴向载荷，$F_{外}=\frac{\pi a_{外}^2}{4}\times P_{外}=628.3\text{kN}$，其中，$a_{外}$ 为外压筒半径，$P_{外}$ 为螺距；$L_{外}$ 为弯曲力臂，$L_{外}=(D_{外}-D_2)/2=$ 0.9745；u 为结合圈数，取 12，无量纲；$b_{外}$ 为螺纹牙根宽度，$b_{外}=P_{外}$=3mm。所以，计算得 $\sigma=49.2\text{MPa}\leqslant[\sigma]=310\text{MPa}$，强度满足要求。

B. 螺纹牙的抗剪强度校核

校核公式：

$$\tau=\frac{F_{外}}{\pi D_{外}ub_{外}}\leqslant[\tau] \tag{4-1-22}$$

式中，$[\tau]$ 为许用剪切应力，$[\tau]=0.2[\tau_b]\sim0.3[\tau_b]=62\sim93\text{MPa}$。所以，计算得到的 $\tau=25.25\text{MPa}\leqslant[\tau]$，满足强度要求。

C. M220×3 单个螺纹受预紧力校核

材料为 0Cr17Ni4Cu4Nb，抗拉强度为 930MPa，屈服强度为 725MPa。校核公式：

$$\sigma_1=\frac{1.3F_0}{\frac{\pi d_{1螺}^2}{4}}\leqslant[\sigma_{lp}] \tag{4-1-23}$$

式中，F_0 为螺栓所受的最大拉伸力，F_0=2.5$F_{外}$；$[\sigma_{lp}]$ 为螺栓的许用拉应力，$[\sigma_{lp}]$=145MPa；$d_{1螺}$ 为螺纹底径，$d_{1螺}$=216.752mm。所以，计算得到的 $\sigma_1=55.37\text{MPa}\leqslant$ 145MPa，符合要求。

8) 驱动卡紧环螺钉设计

(1) 堵塞直径 $d_堵$ 为 12mm，内部压力 $P_堵$ 为 20MPa，$F_堵 = \dfrac{\pi d_堵^2}{4} \times P_堵 = 22N$，按照螺纹预紧力计算公式，当要求预紧力为 $F_堵$ 时，扭矩 $T \approx 0.2 F_堵 d_堵$，拧螺纹时提供的力矩 $T_拧 = F_拧 L_拧$，$F_拧$ 为拧紧力，$L_拧$ 为拧紧力臂，一般标准扳手长度 $L_扳 = 15 d_堵$。所以 $T_拧 = 15 d_堵 F_拧 = 0.2 F_拧 d_堵$，可得 $F_拧 = 0.29N$，符合设计要求，一个成人的臂力远大于 0.29N。

(2) 螺纹强度计算。螺纹使用 M10×0.75，材料为 A4-80，抗拉强度 σ_b 为 800MPa，屈服强度为 600MPa。参照式 (4-1-11) 和式 (4-1-12) 可得出 $\sigma_1 = 111MPa \leqslant 160MPa$，符合设计要求。

9) 复位弹簧设计计算

卡爪总重 60g，切割导向总重 50g，所以弹簧只需要提供 1N 的复位力就可以使卡爪和切割导向复位。考虑到在实际操作中的不确定因素，弹簧初始安装位置 $F_1 = 4N$，工作位置 $F_2 = 7N$，工作行程 4.5mm。初步设计选用 14×0.8 的压缩弹簧，材料为弹簧用不锈钢丝 B 组 0Cr18Ni10。查询《机械设计手册》，得出表 4-1-5 所示的参数设计及计算。

表 4-1-5 复位弹簧的参数设计及计算

项目	单位	公式及数据
最大工作载荷 P_N	N	$P_N = 10N$
最小工作载荷 P_1	N	$P_1 = 5N$
弹簧中径 $D_中$	mm	$D_中 = 14mm$
工作行程 h	mm	$h = 4.3mm$
复位弹簧		Ⅲ类弹簧，变载荷循环次数 $N < 1000$ 次
材料		1Cr18Ni9
端部结构		两端并紧、磨平，支撑圈数为 1 圈
许用应力 $[\tau_p]$	MPa	$\sigma_b = 1471MPa$ $\tau_p = 0.36\sigma_b = 529.56MPa$
初定系数 C 和 K 值		$\dfrac{8}{\pi} K C^3 = \dfrac{\tau_p D_中^2}{P_N} = 10379.376$，$C = 15.5$，$K = 1.091$
材料直径 $d_弹$	mm	$d_弹 = \dfrac{D_中}{C} = \dfrac{14}{15.5} = 0.903$，取 $d_弹 = 1mm$
确定旋绕比 $C_弹$		$C_弹 = \dfrac{D_中}{d_弹} = 14$
确定曲度系数 K'		$K' = 1.102$
弹簧刚度 P'	N/mm	$P' = \dfrac{P_N - P_1}{h} = 1.16\ N/mm$
最小工作载荷下的变形量 $F_{1弹}$	mm	$F_{1弹} = \dfrac{P_1}{P'} = 4.3mm$
最大工作载荷下的变形量 $F_{N弹}$	mm	$F_{N弹} = \dfrac{P_N}{P'} = 8.6mm$

续表

项目	单位	公式及数据
压并时的变形量 F_b	mm	根据弹簧的工作区应该为全变形量的20%~80%的规定，$F_{N弹} = 0.65F_b$，故 $F_b = 13.23$mm
压并载荷 P_b	N	根据同样的规定 $P_b = 15.38$N
有效圈数 n	圈	$n = \dfrac{Gd_弹^4 F_{N弹}}{8P_N D_中^3} = 2.78$ 圈，G 为材料的切变模量 按标准取 $n = 2.75$ 圈
总圈数 n_1	圈	$n_1 = 2.75 + 2 = 4.75$ 圈
压并高度 H_b	mm	$H_b = (n+1.5)d_弹 = 4.25$mm
自由高度 H_0	mm	$H_0 = H_b + F_b = 4.25 + 13.23 = 17.48$mm
节距 t	mm	$t = \dfrac{H_0 - 1.5d_弹}{n} = \dfrac{17.48 - 1.5}{2.75} = 5.81$mm
螺旋角 $\alpha_弹$	(°)	$\alpha_弹 = \arctan\dfrac{t}{\pi d_弹} = 61.6°$
展开长度 L	mm	$L = \dfrac{\pi D_中 n_1}{\cos\alpha_弹} = 439.25$mm
脉动疲劳极限 τ_0	MPa	$N=1000$ 时，$\tau_0 = 0.45\sigma_b = 661.95$MPa，$\sigma_b$ 为材料的抗拉强度
最小剪切应力 τ_{min}	MPa	$\tau_{min} = \dfrac{8K'D_中 P_1}{\pi d_弹^3} = 196.44$MPa
最大剪切应力 τ_{max}	MPa	$\tau_{max} = \dfrac{8K'D_中 P_N}{\pi d_弹^3} = 392.87$MPa
疲劳安全系数 $S_弹$		$S_弹 = \dfrac{\tau_0 + 0.75\tau_{min}}{\tau_{max}} = 2.06$ $\quad$ $S_弹 \approx S_P = 1.3 \sim 1.7$，$S_P$ 为许用安全系数

10) 齿轮组参数设计

选用一小一大两个齿轮来带动刀具旋转。中心距 $a_齿 = 80$mm，齿轮模数 $m=2$，压力角 $\alpha_齿 = 20°$，小齿轮与大齿轮齿数分别为 $Z_1=16$ 和 $Z_2=64$，传动比为 $i_{12} = 24$，详细参数见表4-1-6。

表 4-1-6　两齿轮的几何参数　　　　　　　　　（单位：mm）

尺寸名称	小齿轮	大齿轮
分度圆直径 d_1	$d_1 = mZ_1 = 2 \times 16 = 32$	$d_2 = mZ_2 = 2 \times 64 = 128$
齿顶圆直径 d_{a1}	$d_{a1} = d_1 + 2h_a^* m = 36$	$d_{a2} = d_2 + 2h_a^* m = 132$
齿根圆直径 d_{f1}	$d_{f1} = d_1 - 2\left(h_a^* m + c^*\right)m = 27$	$d_{f2} = d_2 - 2\left(h_a^* m + c^*\right)m = 123$
基圆直径 d_{b1}	$d_{b1} = d_1 \cos\alpha_齿 = 30.07$	$d_{b2} = d_2 \cos\alpha_齿 = 120.28$
全齿高 $h_齿$	$h = \left(2h_a^* + c^*\right)m = 4.5$	

尺寸名称	小齿轮	大齿轮
齿顶高 h_a、齿根高 h_f	$h_a = h_a^* m = 2$	$h_f = \left(h_a^* + c^*\right)m = 2.5$
齿距 p	$p = \pi m \approx 6.283$	
齿厚 s、齿槽宽 e	$s = \dfrac{1}{2}m\pi \approx 3.14$	$e = \dfrac{1}{2}m\pi \approx 3.14$
齿圆齿距 p_b	$p_b = p\cos\alpha_{齿} = 5.904$	
节圆直径 d_1'	$d_1' = \dfrac{2a}{1+i_{12}} = 32$	$d_2' = \dfrac{2ai_{12}}{1+i_{12}} = 128$
径向间隙 c	$c = c^* m = 0.5$	

注：h_a^* 表示齿顶高系数；c^* 表示顶隙系数；a 为中心距；i_{12} 为传动比。

11）万向球头选型

由前面的设计及计算可知，万向球头处既要承受一定的载荷，又要保证其与切割卡紧环斜面之间的滑动，所以可以选用如图 4-1-40 所示的万向球。

2. 内切割机构的三维建模

内切割装置主要由夹紧部分和切割部分组成，其装配图如图 4-1-41、图 4-1-42 所示。其中夹紧部分主要由卡爪、螺栓、卡爪导向、万向球头、平键、复位弹簧、挡圈、夹紧卡紧环、夹紧顶杆等零部件组成。夹紧顶杆主要作用于夹紧卡紧环，夹紧卡紧环作用于万向球头，而万向球头又作用于卡爪，这样便可以把作用于切割顶杆上的轴向力传导为所需的

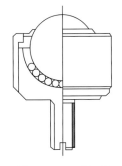

图 4-1-40 万向球

卡爪上的径向力，使其可以进行径向的夹紧运动；而卡爪导向与平键则可以限制卡爪转

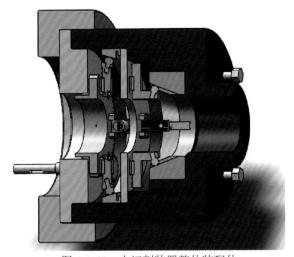

图 4-1-41 内切割装置整体装配体

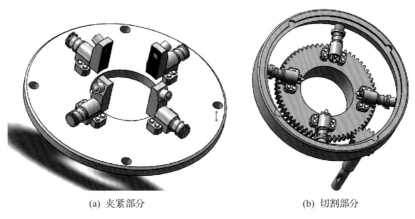

(a) 夹紧部分   (b) 切割部分

图 4-1-42 夹紧部分和切割部分装配体

动，使其只能做径向上的前后运动；挡圈固定于卡爪后端，复位弹簧则分别作用于挡圈和卡爪导向，当松开夹紧顶杆后将卡爪恢复原位。

切割部分主要由刀具、螺栓、卡爪导向、导向柱、万向球头、平键、复位弹簧、切割卡紧环、切割顶杆等零部件组成。切割顶杆主要作用于切割卡紧环，切割卡紧环作用于万向球头，而万向球头又作用于导向柱，刀具固定于导向柱上，这样便可以把作用于切割顶杆上的轴向力传导为所需的导向柱上的径向力，使其可以进行径向的进给运动；而卡爪导向与平键则可以限制导向柱转动，使其只能做径向上的前后运动；复位弹簧则分别作用于导向柱和卡爪导向，当松开切割顶杆后导向柱将恢复原位。

3. 有限元分析

1) 小齿轮的有限元分析结果

以小齿轮的 SolidWorks 实体模型为基础，材料设置为合金钢，为模拟小齿轮的实际工况，载荷采用法向力的形式施加在小齿轮的齿廓曲面上，其中，法向力方向垂直于齿廓曲面，法向力的大小为 100N 的均布载荷。在小齿轮的伸出轴外表面施加轴向约束和径向约束。对小齿轮的实体模型进行有限元网格划分及仿真计算，得到小齿轮位移分布图，如图 4-1-43 所示，小齿轮应力分布图如图 4-1-44 所示。图 4-1-44 中小齿轮的变形结果按比例放大了 16763.7 倍。

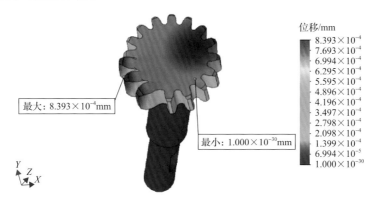

图 4-1-43 小齿轮位移分布图

— 179 —

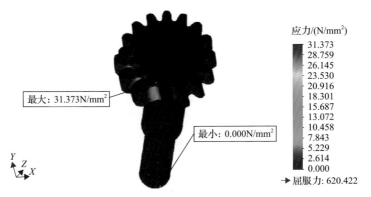

图 4-1-44　小齿轮应力分布图

分析数据可知，小齿轮的最大变形量约为 0.00084mm，最大应力约为 31.4MPa<[σ]，因此小齿轮的分析结果符合预期目标。

2）大齿轮的有限元分析结果

以大齿轮的 SolidWorks 实体模型为基础，材料设置为合金钢，为模拟大齿轮的实际工况。载荷采用法向力的形式施加在大齿轮的齿廓曲面上，其中，法向力方向垂直于齿廓曲面，法向力的大小为 100N 的均布载荷。在大齿轮的伸出轴外表面施加轴向约束和径向约束。对大齿轮的实体模型进行有限元网格划分并仿真计算得到大齿轮位移分布，如图 4-1-45 所示，大齿轮应力分布如图 4-1-46 所示。图 4-1-46 中大齿轮的变形结果按比例放大了 36033 倍。

分析数据可知，大齿轮的最大变形量约为 0.00038mm，最大应力约为 10.97MPa<[σ]，因此大齿轮的分析结果也符合预期目标。

3）夹紧部分的有限元分析结果

对夹紧部分的 SolidWorks 实体模型进行简化分析，保留卡爪和夹紧卡紧环两个零件，并添加高压外筒和样品管的零件图，然后对所涉及零件进行简化并再次建模，得到三维模型。将夹紧分析中的各零部件材料设置为合金钢，依次添加载荷（固定几何体和法向力），对夹紧部分的实体模型进行有限元网格划分并仿真计算得到夹紧分析部分位移分布，如图 4-1-47 所示，应力分布如图 4-1-48 所示。

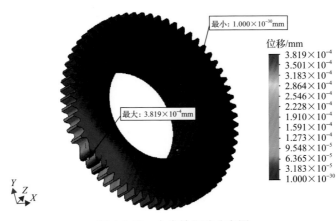

图 4-1-45　大齿轮位移分布图

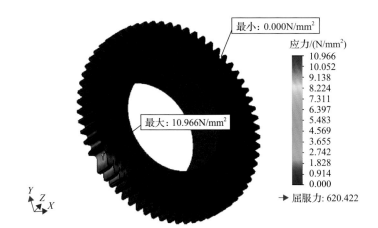

图 4-1-46　大齿轮应力分布图

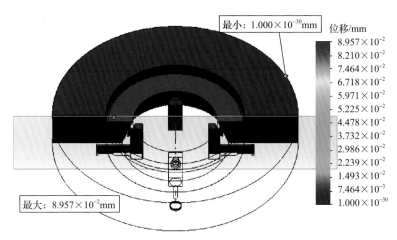

图 4-1-47　夹紧部分位移分布图

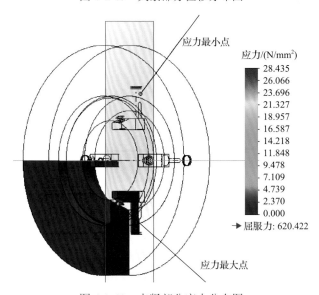

图 4-1-48　夹紧部分应力分布图

分析数据可知，夹紧部分的最大位移为 0.08957mm，万向球头处的最大应力为 28.435MPa<[σ]，符合预期目标。

以上的有限元分析结果为夹紧卡紧环斜面角度 $\theta_{斜}$ 为 20°时的结论。而斜面的传递效率随着 $\theta_{斜}$ 的减小而增大，因此对 $\theta_{斜}$ 的不同取值分别进行了模型修改及有限元分析。得到 $\theta_{斜}$ 与最大应力 $\sigma_{斜}$ 的关系，见表 4-1-7。

表 4-1-7　斜面角度与最大应力的关系

斜面角度/(°)	最大应力/MPa
20	89.846
15	79.255
10	50.512
5	28.435
0	24.221

很明显，随着斜面角度的减小，万向球头处的最大应力随之减小。又知

$$[\sigma_{斜}] = 310\text{MPa} > 89.846\text{MPa} \qquad (4\text{-}1\text{-}24)$$

故而 $\theta_{斜}$ 可取 5°～25°任意值，为计算方便，仍取 $\theta_{斜} = 20°$。同理，切割部分的切割卡紧环的斜面角度也仍取 $\theta_{斜} = 20°$。

（三）小结

(1)天然气水合物保压转移用样品管内切割装置的设计采用了自上而下的设计方法。由于切割装置要求工作压力达到 20MPa，同时还要保证切割过程中的稳定和无干扰，对切割部分的设计要求很高。所以在设计过程中，不仅要做到切割装置合理紧凑，还要对关键部位进行详细的计算及校核。

首先是根据设计要求及实际情况，进行切割装置的整体方案设计，设计出切割装置的初步切割方案，确定其工作原理与工作流程，并画出示意图；其次根据初步方案，确定装置的主要尺寸及具体结构；最后对切割装置的关键零部件进行进一步的计算与校核，如对高压外筒外径计算、平盖厚度计算、切割卡紧环的斜面斜率计算及复位弹簧设计计算等，以得出初步的设计结果。

(2)内切割装置的三维建模主要包含夹紧部分、切割部分以及外部一些其他零件。在建模过程中，考虑到前面的设计方案，首先对夹紧部分及切割部分的各零件进行建模并装配，确定好其相对位置关系；其次对高压外筒进行建模；最后将建立好的模型进行虚拟装配，并进行干涉检查。

(3)对大齿轮、小齿轮和夹紧部分做了有限元分析，其结果证明了设计的大齿轮、小齿轮及夹紧部分的合理性。在对夹紧部分做有限元分析时，将其中的夹紧卡紧环斜面角度作为变量，得出最大应力与斜面角度的关系：在斜面角度小于 25°时，斜面角度越大，最大应力越大。同时还考虑到斜面传递力的效率，斜面角度越小，卡紧或切割效果越好。

所以综合以上两个方面，斜面角度仍选为 20°。

四、球阀密封机构

(一)方案设计

球阀包括了阀体、阀座、阀杆等基本元素，如图 4-1-49 所示。球阀的主要功能是切断或者接通管道中的流体通道，即阻断或者连通球阀两端介质的传输。其作用的原理非常简单，借助手柄或者其他驱动装置在球阀的阀杆上端施加一定的转矩并传递给球体，驱动球体旋转 90°(其他特殊用途的球阀除外)，球体的通孔与阀体通道中心线重合或者垂直，从而实现球阀全开或者全闭动作。

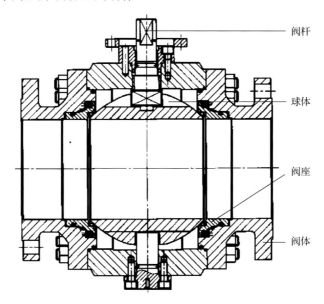

图 4-1-49　球阀密封机构

球阀的密封原理依照其结构，常常可以分为固定球球阀和浮动球球阀两大类。固定球球阀如图 4-1-49 所示，球体具有上下两根转轴，被固定在球体的轴承中。球体在阀体内的位置是固定的，流体压力不能使它产生位移。然而，固定球球阀的阀座是浮动的，阀座借助弹簧或者流体的推力而压紧球体，建立密封比压。浮动球球阀的球体自由支撑在阀座之上，在介质流体的作用下，球体在介质流动的方向上产生位移，使球体与球阀后面的阀座的密封面产生紧密接触，从而使这一侧的密封面上的密封比压增大，形成单面密封。

(二)研究过程

1. 球阀构件的设计计算

1)阀体的壁厚分析计算

保真取样器的研究选用的球阀阀体是圆形的，根据《阀门设计计算手册(第二版)》

一书中关于钢、合金钢及不锈钢圆形阀体的壁厚计算式可知，阀体壁厚 t_B 应该满足下列条件：

$$t_B \geqslant \frac{p_设 D_N}{2.3[\sigma_L] - p_设} + c_附 \tag{4-1-25}$$

式中，$p_设$ 为设计的公称压力，取 40MPa；D_N 为阀体的内径，取 130mm；$[\sigma_L]$ 为阀体材料的许用拉应力；$c_附$ 为附加裕量，取 1mm；t_B 为阀体壁厚，取 35mm。计算得到阀体材料的许用拉应力 $[\sigma_L] \geqslant 83.9MPa$。考虑到耐腐蚀性，可以选择 301 不锈钢或者 201 不锈钢。

2) 阀杆与球体连接处挤压强度计算分析

球芯的旋转动作都是绕着阀杆轴线的，所以插入球芯的阀杆一端需要进行计算分析，保证阀杆正常工作，计算公式为

$$\sigma_{ZY} = \frac{M_m}{0.12a_杆^2 h_0}[\sigma_{ZY}] \tag{4-1-26}$$

式中，$a_杆$ 为受力边长；h_0 为阀杆头部插入球体的深度；$[\sigma_{ZY}]$ 为许用挤压应力；σ_{ZY} 为抗挤压应力；M_m 为阀杆力矩。

3) 阀杆强度计算分析

阀杆在球阀中的主要作用是传递驱动机构的扭矩到球芯，带动球阀旋转，实现阀门的打开与闭合动作。阀杆主要承受扭转力矩，因此需要对其各个截面进行扭矩的计算分析(图 4-1-50)，分析公式如下所述。

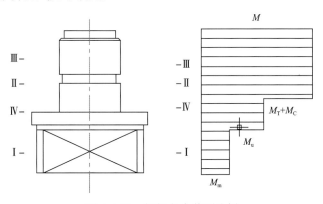

图 4-1-50 阀杆各个截面分析

I - I 断面处扭应力：

$$\tau_N = \frac{M_m}{W_I} = \frac{M_m}{0.9ab_1b_0^2} \leqslant [\tau_N]$$

II - II 断面处扭应力：

$$\tau_N = \frac{M_m}{W_{II}} = \frac{M_m + M_u}{\pi d_F^3 / 16} \leqslant \left[\tau_N\right]$$

Ⅲ-Ⅲ断面处扭应力：

$$\tau_N = \frac{M_m}{W_{III}} = \frac{M}{\pi d_T^3 / 16} \leqslant \left[\tau_N\right]$$

Ⅳ-Ⅳ断面处扭应力：

$$\tau_N = \frac{M_m}{W_{III}} = \frac{(D_T + d_T)^2}{16 d_T H} p_设 \leqslant \left[\tau_N\right]$$

式中，W_I、W_{II}、W_{III} 为Ⅰ-Ⅰ、Ⅱ-Ⅱ、Ⅲ-Ⅲ断面抗扭断面系数；D_T 为阀杆头部直径；d_T 为阀杆与填料接触部分直径；d_F 为轴颈直径；H 为阀杆头部台肩高度；$\left[\tau_N\right]$ 为材料的许用扭应力；a 为受力边长。

4）连杆强度分析计算

根据新型球阀的运动原理，连杆及球芯在运动中的关系可以抽象为图 4-1-51(b)中的运动模型。由于保真取样管只有轴向运动，取样管与连杆之间的连接副等效于套筒-滑杆连接；球芯与连杆之间的连接副可以等效为定长杆的转动；各连接处都是平面铰链连接。

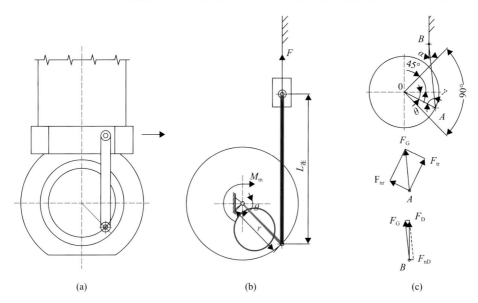

图 4-1-51 连杆运动受力分析图

连杆运动到图 4-1-51 中的任意位置时，假设球芯转动受到的摩擦总力矩（此处包括阀杆与填料函之间的摩擦力矩）为 M_m，要转动球芯所需要的来自取样管的拉力为 F_D，列出受力方程式为

$$F_G \sin\gamma = F_{tr} \tag{4-1-27}$$

$$F_D \cos \alpha = F_G \qquad (4\text{-}1\text{-}28)$$

$$M_m = F_{tr} r \qquad (4\text{-}1\text{-}29)$$

同时，根据集合关系，可知：

$$\theta + \alpha + \gamma = 90° \qquad (4\text{-}1\text{-}30)$$

综合各式，可求得：$F_G = \dfrac{M_m}{r \sin\gamma}$；$F_D = \dfrac{M_m}{r \sin\gamma \cos\alpha}$。在初始位置时 $\theta = \gamma = 45°$ 和 $\alpha = 0°$，初始时的 F_D 取得最大值，为 $\dfrac{\sqrt{2}M_m}{r}$，初始时的拉力 F_D 需要大于 $\dfrac{\sqrt{2}M_m}{r}$。从几何上分析，显然，r 越大，球芯转动对连杆所需的拉力 F_G 越小，连杆的长度 $L_{连}$ 越长，α 相对越小，从而对取样管的拉力需求也越小。当 $\gamma = 90°$ 时，F_G 取得最小值，为 $\dfrac{M_m}{r}$，F_D 需要提供的拉力为 $\dfrac{M_m}{r \cos\alpha}$；实际中，连杆的长度 $L_{连}$ 比 r 大，所以此时的 $\alpha < 45°$，这表明 $\dfrac{M_m}{r \cos^2\alpha} < \dfrac{M_m}{r}$。当 $\theta = 0°$ 时，$\sin\gamma = \cos\alpha$，那么取样器对连杆的拉力为 $F_D = \dfrac{M_m}{r \cos^2\alpha} = \dfrac{M_m}{r}\left(1 - \dfrac{3 - 2\sqrt{2}}{2} \dfrac{r^2}{L_{连}^2}\right) < \dfrac{M_m}{r}$。综合上述分析，连杆承受的最大拉力和取样管需要提供的最大拉力都出现在球芯旋转关闭启动的初始位置。因此，为了实现球芯的关闭动作，连杆需要满足的拉力为 $\dfrac{\sqrt{2}M_m}{r}$；取样管需要提供的最小拉力为 $\dfrac{\sqrt{2}M_m}{r}$。

2. 球阀的密封性能分析

1) 密封比压的理论探讨

球阀密封的作用就是阻止介质渗漏。当球阀处于关闭位置时，应达到规定的渗漏量要求，主要有两个渗漏点：一个是从阀杆处可能发生的介质泄漏，称为外泄漏；另一个是从阀座处可能发生的介质泄漏，称为内泄露。造成球阀渗漏的因素很多，但主要有两个：密封副间存在间隙和密封面间存在着压力差。其中，密封副间存在间隙是影响密封性能的最主要因素。因此，密封的基本原理就是通过不同的途径阻止介质从阀杆和阀座处发生渗漏。

(1) 密封性能的影响因素。

影响球阀性能的因素可以用毛细孔原理来做出解答。研究结果表明，密封副的周边长度上的介质渗漏量与毛细孔直径的四次方、流体的密度、密封副两侧的压力差的乘积成正比，而与密封面的宽度成反比。除此之外，介质渗漏量的大小还与流体性质有一定的关系。虽然影响球阀密封性的因素有很多，也相对较复杂，但总结起来主要有如下 4 个方面。

第一，密封副的质量。球阀密封副的质量取决于球体和阀座的加工质量，如球体不圆度会影响球体与阀座的配合度。此外，加工表面的粗糙度对密封性有不小的影响。当密封比压较小时，较大的粗糙度将增大介质渗漏量。

第二，介质的物理性质。这些影响密封性的物理性质主要是介质的黏度、温度、亲水性等。介质的黏度越大，介质流体之间的黏性阻力也越大，介质分子发生分离渗漏的难度增加。温度除了会影响介质流体的黏度之外，还会影响球阀构件尺寸的热胀冷缩变化，所以不可忽视温度的影响。表面亲水性是由毛细渗漏的特性引起的。当表面有一层很薄的油膜时，破坏了接触面间的亲水性，并且堵塞了流体通道，这样就需要较大的压力差才能使介质流体通过毛细孔。

第三，密封比压。密封比压就是作用于密封面单位面积上的压力。密封比压是由阀前与阀后的压力差及外加密封力所引起的。密封比压的大小直接影响球阀的密封性、可靠性及使用寿命。

第四，密封副的结构和尺寸。密封副并非绝对刚性的，在密封力和其他因素作用下会改变密封副之间的相互作用，最后导致密封副的密封性降低。很多球阀设计中加入了弹性元件来补偿这些变化，以期改善密封副的密封性能。密封面的宽度决定着毛细孔的长度。当宽度加大时，流体沿毛细孔运动的路程呈比例地增加，而介质的渗漏量则随之呈比例地下降。

(2)密封比压计算。

从前面的分析阐述中，我们知道密封副的质量和介质的物理性质这两个因素在设计研究阶段是很难改变的。这里我们讨论研究密封比压及密封副的结构和尺寸因素。选择合适的密封比压，既可以增加密封的可靠性、使用寿命，也可以使球阀的结构更加紧凑。较大的密封比压可以获得更好的密封效果，但同时会增加球阀的摩擦力。这意味着会增大球阀的摩擦力矩和降低球阀的使用寿命。从摩擦磨损机理中的"分子-机械"理论的角度分析，单位压力下的密封副局部会产生较高的接触应力。随着单位压力的升高，接触表面处于弹塑性变形的状态，同时表面还处于啮合接触，此时的相对滑动比较容易造成擦伤。因此，在一定的密缝宽度范围内，尽量降低密封比压是有利于延长球阀的使用寿命的。根据密封比压的定义，可知密封比压的表达式为

$$q = \frac{F_N}{S_{阀}} \tag{4-1-31}$$

式中，F_N 为球体对阀座密封面的法向力；$S_{阀}$ 为阀座与球体接触面面积(图4-1-52)。

阀座与球体的接触面为球状环形，其计算可通过积分求解。当球状环带的宽度(图4-1-52中 L 方向)为微元 dl 时，球状环带可近似看作是锥形环带，锥形环带的面积可以通过大锥的锥面面积减去小锥的锥面面积求得

$$S_{阀} = \int_{l_2}^{l_1} 2\pi R \, dl = 2\pi R(l_1 - l_2) \tag{4-1-32}$$

式中，R 为球体的半径，mm；l_1、l_2 分别为密封副两端面在球阀流道方向上与阀杆轴线

的距离，mm。

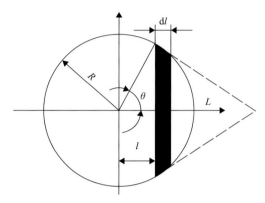

图 4-1-52　接触面积计算

当球阀处于静态的关闭状体时，阀座与球体之间可视为不存在摩擦力，那么有

$$N = \frac{Q}{\cos\phi} \tag{4-1-33}$$

式中，N 为阀座在流道方向上的受力；ϕ 为密封副接触面中性法向与球阀流道的夹角；Q 为作用在密封副接触面上沿流体方向的合力，称作密封力。Q 包含流体压力在阀座上产生的作用力、阀座的预紧力及阀座滑动时的摩擦力。从而，密封比压的计算式可转化为

$$q = \frac{Q}{2\pi R(l_1 - l_2)\cos\phi} \tag{4-1-34}$$

$\cos\phi = \dfrac{l_1 + l_2}{2R}$，$l_1 = \sqrt{\dfrac{4R^2 - D_i^2}{4}}$，$l_2 = \sqrt{\dfrac{4R^2 - D_o^2}{4}}$，令 $D_m = \dfrac{D_i + D_o}{2}$，$D_i$、$D_o$ 分别为阀座接触面的内、外径。将它们代入式(4-1-34)得到

$$q = \frac{4Q}{\pi\left(D_o^2 - D_i^2\right)} \tag{4-1-35}$$

对推导出来的密封副的密封比压的表达式进行分析可知，当密封力 Q 保持不变时，因为有 $D_o^2 - D_i^2 = 4D_m t'$（t' 为阀座密封面的径向宽度），D_m 和 t' 的值越小，密封比压 q 的值就越大。然而，减小 t' 会引起介质的毛细渗漏路径减少，这样反而会增加介质渗漏的可能性。因此，在保证阀座密封面的径向宽度 t' 不变的情况下，尽量减小 D_m 的取值将是增加密封副的密封比压最有效的方式。

（3）密封力的计算。

密封力是作用在阀座上的介质流体压力、阀座的预紧力和阀座滑动摩擦力的合力，如图 4-1-53 所示。这种新型球阀设计，粗看是固定球阀的造型，实际上是浮动球阀的密

封原理。使用两根阀杆固定是为了使球阀在旋转动作时受力均衡，而根据其工作用途选用了浮动球阀的密封方式。考虑到 40MPa 的高压环境，普通的软密封材料强度略低而不适用，因此密封副采用的是金属硬密封的形式，同时阀座后设有弹簧提供预紧力。基于球阀的结构与密封原理，阀座受到的密封力为

$$Q = Q_0 + Q_Y + Q_N \tag{4-1-36}$$

式中，Q 为阀座密封力；Q_0 为作用在阀座上的介质流体压力；Q_Y 为阀座的预紧力；Q_N 为阀座滑动摩擦力。

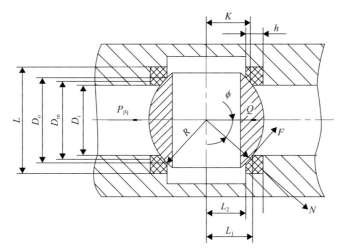

图 4-1-53　密封力计算图

介质流体压力作用在阀座上的力为

$$Q_0 = \frac{\pi}{4} D_{JW}^2 P_o - \frac{\pi}{4} \left(D_{JW}^2 - D_o^2 \right) P_i \tag{4-1-37}$$

式中，D_{JW} 为阀座的外径；P_i 为阀体密封空间的内压力；P_o 为阀体之外的空间压力。阀座的预紧力按照以下公式计算：

$$Q_Y = \frac{\pi}{4} q_{min} \left(D_o^2 - D_i^2 \right) \tag{4-1-38}$$

式中，q_{min} 为预警所需要的最小比压，$q_{min} = 0.1 P_i$（P_i 为密封内压），并应该保证其不小于 2MPa。阀体对阀座的作用力包含了摩擦力和支撑力，当球体两侧压力差较小时，主要表现为阀座密封圈与阀体之间的滑动摩擦力；当球体两侧压力差较大时，主要表现为阀体对阀座的支撑力。

　　当球体两侧压差较小时，阀座密封圈与阀体之间的滑动摩擦力分为两部分：一部分是 O 形圈自身弹性形变产生的摩擦力，另一部分是 O 形圈在介质流体压力作用下产生的摩擦力。参考《球阀设计与选用》，其计算公式为

$$Q_N = \pi D_{JW}\left(0.33 + 0.92\mu_0 d_0 P_i\right) \tag{4-1-39}$$

式中，μ_0 为 O 形圈与阀体的摩擦系数，橡胶与金属之间的摩擦系数为 0.3～0.4；d_0 为 O 形圈的截面直径。

球体两侧压差较小时的密封力为

$$\begin{aligned}
Q &= \frac{\pi}{4}D_{JW}^2 P_o - \frac{\pi}{4}\left(D_{JW}^2 - D_o^2\right)P_i + \frac{\pi}{4}q_{min}\left(D_o^2 - D_i^2\right) + \pi D_{JW}\left(0.33 + 0.92\mu_0 d_0 P_i\right) \\
&= \frac{\pi}{4}D_{JW}^2 P_o - \pi P_i\left[\left(0.92\mu_0 d_0 - 0.25 D_{JW}\right)D_{JW} + 0.275 D_o^2 - 0.025 D_i^2\right] + 0.33\pi D_{JW}
\end{aligned} \tag{4-1-40}$$

取样器在采样完成回收时，$P_i = P_o$，则有

$$Q = \pi P_i\left(0.92\mu_0 d_0 D_{JW} + 0.275 D_o^2 - 0.025 D_i^2\right) + 0.33\pi D_{JW} \tag{4-1-41}$$

$$q = \frac{4Q}{\pi\left(D_o^2 - D_i^2\right)} = \frac{4\left[P_i\left(0.92\mu_0 d_0 D_{JW} + 0.275 D_o^2 - 0.025 D_i^2\right) + 0.33 D_{JW}\right]}{D_o^2 - D_i^2} \tag{4-1-42}$$

当取样器随着绞车被拉回到海面上时，$P_o=0$，此时球体两侧的压力差最大，阀体对阀座的作用表现为支撑力。此时球体对阀体的作用力等于阀座对球体的作用力，密封力为

$$Q = \frac{\pi}{4}D_o^2 P_i \tag{4-1-43}$$

此时的密封比压为

$$q = \frac{4Q}{\pi\left(D_o^2 - D_i^2\right)} = \frac{D_o^2}{D_o^2 - D_i^2}P_i \tag{4-1-44}$$

2) 密封比压的有限元分析

密封比压的有限元仿真主要研究球芯与阀座之间的比压分布情况，所以仿真模型无需将整个球阀结构都包含进去。因此，在进行仿真分析的时候，只考虑球芯与阀座之间的关系。考虑到球阀的使用环境，我们采用的是金属材料对金属材料的硬密封(图 4-1-54)。同时，阀座与阀芯都选用 304 不锈钢材料，为了增加密封副之间的耐磨性，可以在密封副表面喷涂碳化钨。304 不锈钢材料的弹性模量和泊松比分别为 193GPa 和 0.247，屈服强度在 205MPa 以上。

球芯与阀座之间采用接触面分析，定义摩擦系数为 0.3；阀座接触面的内径 $D_i=50$mm，外径 $D_o=70$mm，阀座的外径 $D_{JW}=80$mm；球芯的直径(简称球径) $D_{芯}$ 分别取 95mm、98mm、100mm、102mm 和 105mm，保持通径 $D_{通}=50$mm。在球阀关闭状态下，对阀座上表面(包括上表面)以上的结构表面全部添加 40MPa 的压力载荷，其余部分都不添加载荷。同时，因为关闭后的球阀阀座运动受到限制，需要对阀座的下表面和侧面添加固定约束。

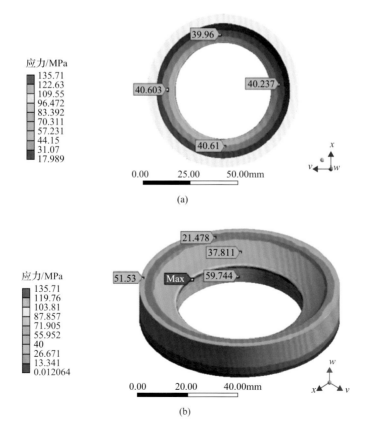

(a) 关闭状态   (b) 打开状态

图 4-1-54 划分网格后的模型图

　　根据上述条件设置，选择输出整个阀座的应力状态、应变状态及密封副面的应力分布云图。在相同的边界条件下，我们得到了 5 组不同球径的、相同走势的结果云图。图 4-1-55 为 $D_{芯}$=100mm 的结果分析，从图中可以看出：应力的分布环是发散式的，同一环面上的应力大小基本一致；环形越往内收缩，对应阀座密封面处的应力越大，即密封比压越大；密封比压为 40MPa 的分界基本处于密封面径向方向的中线上，向内密封比压大于 40MPa，向外密封比压小于 40MPa。

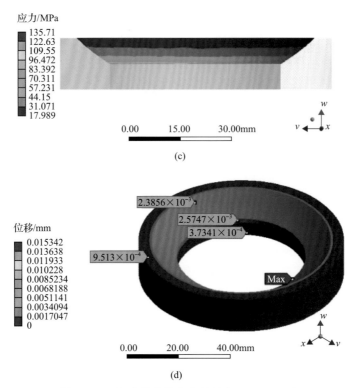

(c)

(d)

图 4-1-55 闭合状态的仿真结果（$D_{芯}$ =100mm）

为了进一步更加直观地理解密封面上的应力分布，可以将计算节点的应力数据同节点的坐标位置导出。通过对导出的应力数据进行提取和处理，建立新的坐标，可以得到密封面上的应力在阀座轴向方向上的应力分布曲线。参考坐标系的建立如图 4-1-56 所示，数据的提取与处理流程图如图 4-1-57 所示。

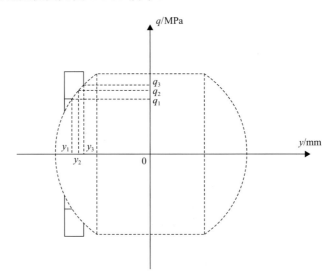

图 4-1-56 数据处理的参考坐标系

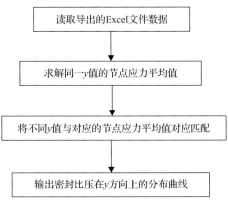

图 4-1-57 数据处理流程图

从仿真软件 ANSYS 中导出的节点坐标是软件的默认坐标，坐标原点位于球体的球中心位置。根据结果云图和球芯与阀座的对称性，可以认为阀座密封比压在垂直于 y 轴的平面上是相等的。

利用 MATLAB 对导出数据按照图 4-1-57 所述流程进行处理后，得到图 4-1-58 所示的不同球径在 y 方向上的密封比压分布图。

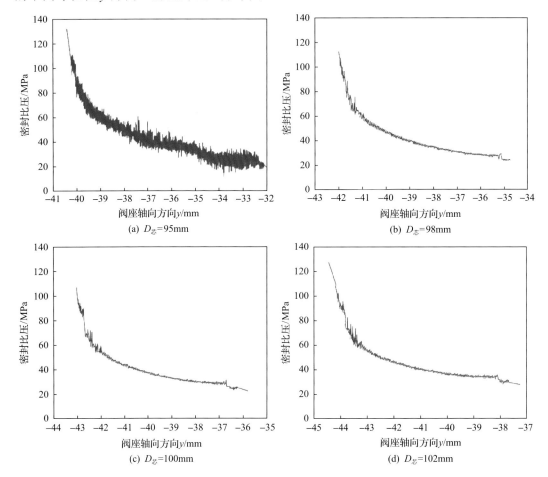

(a) $D_{芯}=95$mm

(b) $D_{芯}=98$mm

(c) $D_{芯}=100$mm

(d) $D_{芯}=102$mm

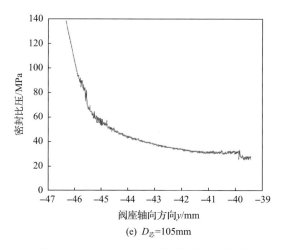

(e) $D_{芯}$=105mm

图 4-1-58 y 方向上的密封比压分布曲线

　　根据图 4-1-58 所示的结果可知，虽然不同球径密封比压大小有一定差异，但是 5 条曲线的变化趋势是一致的。密封比压分布在 y 轴方向随着 y 值的增大而逐步减小；密封比压分布在垂直于 y 轴的方向，即径向方向上，其分布随着直径的增大而逐渐减小，如图 4-1-59 所示。经过比较不同球径的密封比压分布发现，密封比压在 40MPa 以上的区域是径向半径为 25~30mm；而半径大于 30mm 的密封比压要小于 40MPa，这部分区域没有密封效果。不必要的密封接触，某种程度是可以减小球阀启闭时的旋转阻力力矩的，还能更有效地增大密封比压，提高密封效果。因此，密封面的径向宽度取值为 5mm 相对更加有利。

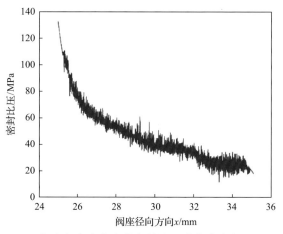

图 4-1-59 阀座径向方向上的密封比压分布曲线（$D_{芯}$=95mm）

3. 球阀的转矩分析

　　球阀的转矩非常重要，决定了驱动装置的功率、结构及球阀主要零部件强度的选择。球阀的转矩取决于几个方面，分别是球芯与阀座之间的摩擦转矩、阀杆与填料函之间的摩擦转矩、阀杆与止推垫之间的摩擦转矩以及介质流体流动造成的动力矩。一般地，球阀的转矩随着打开或者关闭程度而变化，通常其最大转矩产生在球体开启至 5°~7° 和关闭前的瞬间。鉴于新型球阀的特殊用途，我们主要关注球阀关闭过程的转矩，而其多在关闭开始和结束的时刻达到最大。

1）球阀的转矩的理论计算

依照浮动球阀的转矩公式计算，总转矩 M 包括了球芯与阀座之间的摩擦转矩 M_m、阀杆与填料函之间的摩擦转矩 M_t 以及阀杆与止推垫之间的摩擦转矩 M_u。首先是计算球芯与阀座之间的摩擦力矩 M_m。摩擦力 F 作用在相对于阀杆轴线而变化的转动半径 r 上，r 从最小的 $R\cos\varphi$ 连续变化到最大的 R。为了简化计算，采用转动半径的平均值 $r_{平均} = \dfrac{R(1+\cos\varphi)}{2}$（$R$ 为球芯半径，φ 为密封面对中心的斜角）。从而有

$$M_m = FR = \mu_T NR = \frac{QR(1+\cos\varphi)}{2\cos\varphi}\mu_T \tag{4-1-45}$$

式中，Q 为密封力；N 为球体作用在密封圈上的力；μ_T 为球体与密封圈之间的摩擦系数。其次是计算阀杆与填料函之间的摩擦转矩 M_t，采用 O 形圈密封的阀杆，摩擦力 $F_T = \pi d_T(0.33 + 0.92\mu_0 d_0 P)$，摩擦力矩为

$$M_t = \frac{1}{2}\pi d_T^2(0.33 + 0.92\mu_0 d_0 P) \tag{4-1-46}$$

式中，d_T 为阀杆的直径；P 为球阀工作压力。再次计算阀杆与止推垫之间的摩擦转矩 M_u，其计算式为

$$M_u = \frac{\pi}{64}\mu_T(D_T - d_T)^3 P \tag{4-1-47}$$

式中，D_T 为台肩的外径或者止推垫的外径，取两者之中的较小者。

最后，综合以上 3 个计算式，可知球阀旋转的总转矩为

$$M = \frac{QR(1+\cos\varphi)}{2\cos\varphi}\mu_T + \frac{1}{2}\pi d_T^2(0.33 + 0.92\mu_0 d_0 P) + \frac{\pi}{64}\mu_T(D_T - d_T)^3 P \tag{4-1-48}$$

2）球体与阀座之间的 M_m 有限元分析

上述理论计算通过取平均简略计算得到，这样的计算误差与实际情况相差太大。为了获得更加接近球芯与阀座之间的摩擦力矩值，可以利用仿真软件 ANSYS 获得的接触应力进一步处理得到相对更加准确的结果。假设坐标系原点位于球芯的中心，密封面上的任意一点 A 在球阀旋转时的受力状态如图 4-1-60 所示。

在坐标系 $Oxyz$ 中，设 A 点的坐标为 (x, y, z)，球阀的阀杆轴心为 x 轴所在位置。那么，任意 A 点到旋转轴线 x 的距离为

$$r_A = \sqrt{y^2 + z^2} \tag{4-1-49}$$

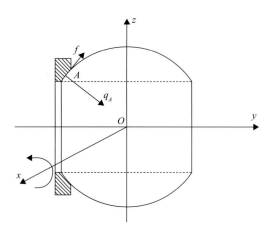

图 4-1-60　密封面任意 A 点的受力状态

在任意 A 点的应力由仿真数据导出，假设为 q_A，阀座与阀芯之间的摩擦系数为 μ，可取 0.3。那么任意 A 点处的摩擦应力力矩大小为

$$f = \mu q_A r_A = \mu q_A \sqrt{y^2 + z^2} \tag{4-1-50}$$

因为从 ANSYS 中导出的应力数据是仿真计算的节点处的应力，所以 f 是离散的。为了得到整个阀芯与阀座之间的摩擦力矩，可以通过将导出的离散点处的 f 进行均值处理，得到 $\bar{f}$ 为

$$\bar{f} = \frac{\sum\limits_{l}^{n} f_i}{n} \tag{4-1-51}$$

式中，$\sum\limits_{l}^{n} f_i$ 为仿真计算的所有节点处的应力之和。

最后，利用上述计算得到的均值 $\bar{f}$ 与密封面面积 $S_{\text{密}}$ 相乘得到球芯与阀座之间的摩擦力矩为

$$M_{\text{m}} = \bar{f} g 2\pi R (L_1 - L_2) \tag{4-1-52}$$

式中，R 为球芯半径；L_1、L_2 分别为密封面内、外端面与球芯中心平面的距离。

球芯处于打开状态时的环境条件与处于关闭状态时的环境条件有所区别。球芯打开时，阀座与球芯与介质接触的表面所受的压力都应该是 40MPa，所以增加压力载荷需要将阀座下表面和内表面都覆盖。同时，由于球芯此时处于零压差状态，弹簧作用于阀座的预紧力对阀座与球芯的密封接触发挥主要作用，需要在阀座底部表面添加预紧力载荷 F_Y。上述对球阀的密封性仿真分析已将密封面的径向宽度调整为 5mm。图 4-1-61 是球芯在开启状态下的仿真结果。

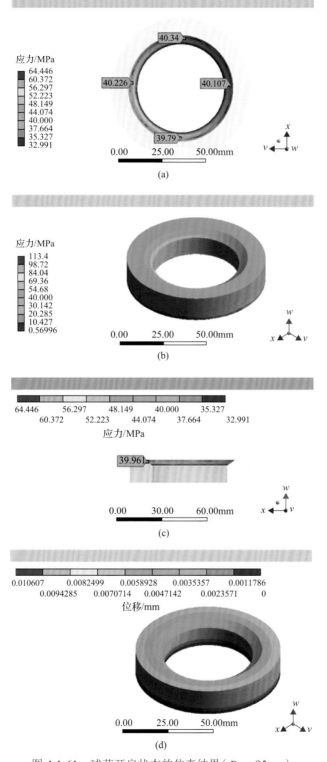

图 4-1-61　球芯开启状态的仿真结果（$D_芯$ =95mm）

从上述 ANSYS 仿真结果中导出密封面计算节点的坐标值与应力值，经过数据处理得到不同球径下的摩擦应力力矩 $\bar{f}$ 的大小和摩擦力矩的大小 M_m，见表 4-1-8。

表 4-1-8 不同球径 $D_芯$ 下的 $\bar{f}$ 和 M_m

参数	$D_芯$				
	95mm	98mm	100mm	102mm	105mm
$\bar{f}/(MPa \cdot mm)$	631.25	655.21	682.71	681.05	724.12
$M_m/(N \cdot m)$	671.07	664.86	672.60	652.26	665.85

从表 4-1-8 中可以看出，随着球径的增大，平均摩擦应力力矩 $\bar{f}$ 呈现缓慢上升的趋势；而摩擦力矩 M_m 暂时呈现明显的下降趋势。

（三）小结

(1) 围绕取样器的关键零部件球阀进行了计算分析，为后续设计提供了理论基础。

(2) 通过对球芯与阀座之间的接触面密封的仿真分析，可以更加清楚地认识到金属硬密封的比压分布情况。在球阀关闭后，密封面上的应力分布无论在阀座的轴向方向还是径向方向，都表现出一致的分布态势。在越靠近阀座内壁的位置，密封比压越大；离阀座内壁越远的位置，密封比压越小。这不同于金属与橡胶密封圈之间的比压分布状况。软密封材料的密封面上，比压在轴向和径向的分布规律也呈现一致的变化趋势，但是在两侧密封比压相对很大，而在中间密封比压相对较小，整体呈现的是马鞍形分布。它们之间的分布情况不同主要因为以下两个方面。

一方面是密封环境的不同。本小节的仿真环境设定是取样器回收上岸后的比压状况，取样器回收上岸后的外压为常压。相对于取样器内部的高压，外部常压可视为零。另一方面是密封材料与结构的不同。橡胶的弹性变形大，在其两侧受到压力压迫时，橡胶很自然往里收缩。就像两端施力压迫长杆，中间会形成凹陷的趋势，从而使得橡胶密封面中间的比压较小。而金属硬密封的方式是通过球芯与阀座之间的轴向挤压来实现的，所以处于挤压状态时越靠前位置处的比压越大，而不会呈现像软密封那种马鞍形的比压分布。

在 40MPa 的压力作用下，整个密封面并非都能起到密封的作用。根据密封面上的比压分布情况，真正起密封作用的是靠近阀座内壁的密封面区域。为了减小球芯与阀座运动时的摩擦力，将未能实现密封作用的密封面去除，即缩短密封面的径向宽度。这样既可以提升密封面的比压，也能减小球阀关闭的摩擦力矩。根据球阀的摩擦力矩仿真分析，球径增大不仅使得平均摩擦应力力矩变大，同时也会增加结构的体积而不利于取样器贯入沉积物取样。因此，密封面的径向宽度宜小不宜大，球径也需尽量取小值。

五、二次取样装置

（一）方案设计

二次取样装置要在最高 20MPa 的原位压力下进行平稳、无扰动的二次取样，这就要求装置有耐受内高压的能力，各个关键连接部分要求有较高的密封性能，对装置整体尺寸和质量都有一定要求，同时对装置工作状态的稳定性也有一定要求。二次取样装置的整体方案如图 4-1-62、图 4-1-63 所示，主要由液压缸、连接法兰、二次取样保压筒、球阀、球阀连接法兰等组成。

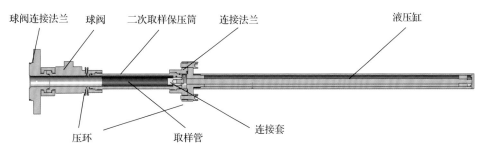

图 4-1-62　天然气水合物保压转移二次取样装置

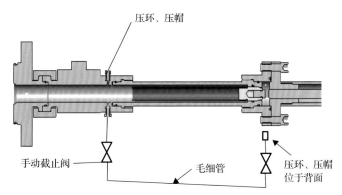

图 4-1-63　二次取样装置压环、压帽、毛细管

二次取样装置主要包括以下几个部分：①液压缸，用于提供取样推动力；②二次取样保压筒，用于装取下来的样本，并维持样本压力；③取样管，在筒体内，进给时切割样本，样本保持在取样管内部，材料为 PC；④连接套，用于连接液压缸杆和取样管；⑤连接法兰，用于连接液压缸和二次取样保压筒；⑥球阀，用于连接和保持压力；⑦球阀连接法兰，用于和子转移筒、球阀连接，并在使用时用于对二次取样装置加压；⑧压环、压帽配合使用，连接毛细管和手动截止阀，起到加压时排气的作用，以及压力连通、压力释放、稳定压力变化的作用；⑨两个球阀环扣与螺钉，实现球阀和连接法兰的快速拆开，以便将球阀、二次保压筒单独拆分出来，形成带压样品部分；⑩液压系统，分为两部分，一部分用于液压缸的推动，另一部分用于给二次取样装置预加压，液压系统利用蓄能器使压力变化相对稳定。除特殊说明外，均使用 05Cr17Ni4Cu4Nb 沉淀硬化马氏体不锈钢。

二次取样装置的操作步骤如下所述。

(1)排气。将球阀 2、球阀 7 打开，将连接法兰与球阀用压环、压帽、毛细管及手动截止阀连接，然后打开海水泵，向二次取样装置中注水，使其中的空气从球阀 7 上压环处排除。球阀的编号如图 4-1-64 所示。

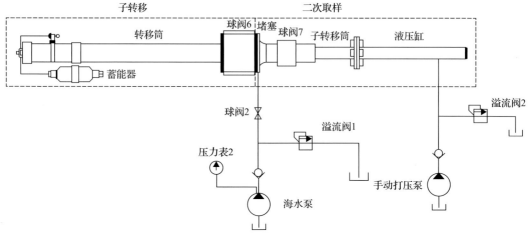

图 4-1-64　球阀编号图示

(2)加压。待排气口出水后(代表空气已排尽,腔内已充满水),继续注水加压,直到保压转移系统压力达到 20MPa,且溢流阀 1 持续出水(取样装置内部已加压至 20MPa),保持液压泵一直工作。

(3)取样。打开球阀 6,待转移装置与二次取样装置内部压力基本稳定,且压力保持在 20MPa 后,用手动打压泵加压,驱动液压缸活塞向左运动,从而推动小取样管向前运动,进行取样。这时手动截止阀保持打开,与毛细管起到稳定主体部分与空腔的压力的作用。

(4)取样返回。当手动打压结束(会听到活塞行至终点撞击液压缸的声音),调节溢流阀 2 的溢流压力进行卸荷,停止加压;此时,在压差作用下,液压缸活塞向右运动,带动已取好样品的小取样管返回到初始位置。这时手动截止阀保持打开,与毛细管起到稳定主体部分与空腔的压力的作用。

(5)卸荷。关闭球阀 6、球阀 7,关掉海水泵,调节溢流阀 1 的压力进行卸荷。然后关闭球阀处的手动截止阀,并给空腔卸荷。

(6)取出样品。拆除液压缸、连接法兰、法兰环扣,取下法兰。二次取样保压筒和球阀组成存储单元。

(二)研究过程

1. 液压系统保压方式选择

利用液压泵的保压回路,在系统保压过程中液压泵仍会以比较高的压力继续运转,这样就不可避免地造成一定的功率损失。采用变量泵,虽然泵继续运转保持了较高的压力,但是泵的输出流量很小,因此系统的功率损失就会很小。这种保压回路的优势是,当泄漏量发生了变化,可以自动调整输出流量,从而实现保压卸荷,效率非常高,因此得到了广泛应用。

利用蓄能器的保压回路是指由蓄能器来补偿系统泄漏，从而保持系统压力回路稳定。蓄能器适用于保压时间长、压力稳定性要求高的场合。

结合两种保压方式的特点，采用变量液压泵与蓄能器共同保压的方案，原理图如图 4-1-65 所示。其中，蓄能器可以提高压力波动时候的响应速度，变量液压泵可以提高保压回路补偿泄漏的能力。工作时，变量液压泵一直工作，补偿工作内腔泄漏以及维持内压，蓄能器用于维持内压，溢流阀使内压不至于过高，应处于一直流通状态。加压时，蓄能器储存能量，当内压下降时，蓄能器立即释放能量，补偿压降，变量液压泵补偿泄漏和维持内压。压力过高时，液体通过溢流阀流回油箱。

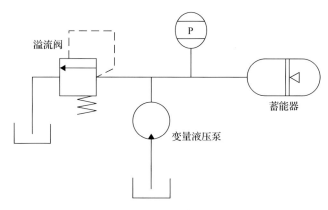

图 4-1-65　二次取样保压装置

2. 二次取样装置的三维建模

二次取样装置主要包括：二次取样保压筒、液压缸、取样管、球阀、球阀连接法兰等几个部分（图 4-1-66～图 4-1-69）。

3. 球阀连接法兰的有限元分析

球阀连接法兰内部受压面受工作内压 20MPa；4 个螺纹孔受力大小等于液压缸和取样管有效受压面积(向右，直径 42mm)乘以工作内压除以 4，即 6927N；保压筒一侧，螺

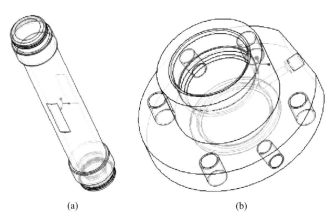

(a)　　　　　　　　　(b)

图 4-1-66　二次取样保压筒和球阀连接法兰

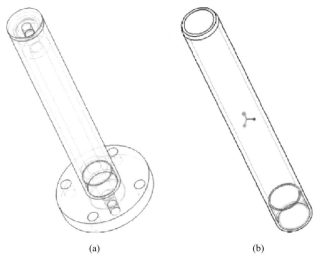

(a)   (b)

图 4-1-67　液压缸和取样管

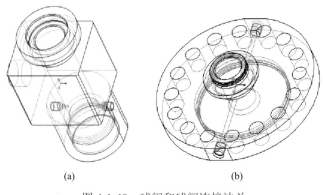

(a)   (b)

图 4-1-68　球阀和球阀连接法兰

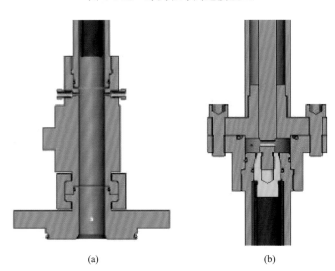

(a)   (b)

图 4-1-69　二次取样装置的装配

纹可看作固定约束；对称界面需施加放置约束，约束法向自由度。载荷加载时间选择默认的 1s，相对实际更加苛刻，求解结果如图 4-1-70 所示，球阀连接法兰周向应力曲线如图 4-1-71 所示，连接法兰径向应力曲线如图 4-1-72 所示。

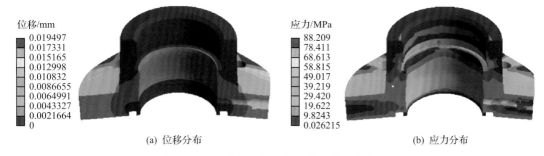

(a) 位移分布   (b) 应力分布

图 4-1-70 球阀连接法兰位移、应力分布图

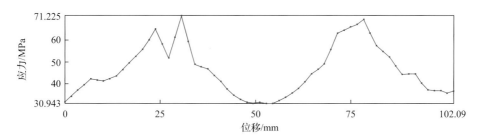

图 4-1-71 球阀连接法兰周向应力曲线图

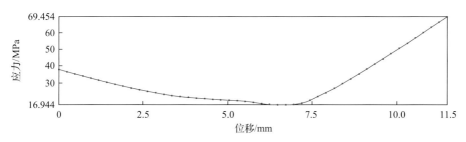

图 4-1-72 球阀连接法兰径向应力曲线图

由图 4-1-70 可以看出，最大位移为 0.019mm 左右，不影响密封和使用；最大应力为 88.2MPa 左右，小于许用应力 725MPa/3≈241.7MPa。

4. 二次取样保压筒的有限元分析

二次取样保压筒有两个垂直对称面，可截取 1/4 进行分析。两个外螺纹有效旋合段不是螺纹总长，所以用和球阀连接法兰相同的方法先获取两个力作用面。边界条件：与球阀连接部分(左)可看成固定约束。内部受压 20MPa。对称截面放置约束，约束法向自由度。轴向载荷和连接法兰相同，取 1/4，所以除以 4。分析结果如图 4-1-73 所示，二次取样保压筒径向(距离右侧顶端 80mm 处)应力曲线如图 4-1-74 所示。

由图 4-1-73 可以看出，最大位移为 0.03mm 左右，不影响密封和使用；最大应力为 103.57MPa，小于许用应力 460MPa/3≈153.3MPa。

(a) 位移分布   (b) 应力分布

图 4-1-73　二次取样保压筒位移、应力分布图

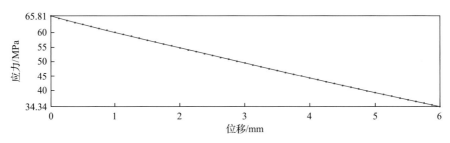

图 4-1-74　二次取样保压筒径向应力曲线图

5. 法兰缸盖的有限元分析

　　法兰缸盖两个对称面垂直，截取 1/4 分析。边界条件：法兰缸盖左与球阀连接法兰连接，螺钉孔看作固定约束，与液压缸缸筒螺纹连接部分受载荷，大小为活塞杆受力，为 9867N，取 1/4，所以为 2466.8N。对称截面施加放置约束固定法向自由度，分析结果如图 4-1-75 所示。可以看出，最大位移为 0.017mm 左右，不影响密封和使用；最大应力为 167.93MPa，小于许用应力 725MPa/3≈241.7MPa。

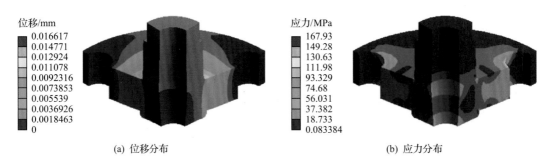

(a) 位移分布   (b) 应力分布

图 4-1-75　法兰缸盖位移、应力分布图

6. 球阀、球阀连接法兰、球阀环扣的有限元分析

首先，球阀只针对两端连接部分进行有限元分析，球阀连接法兰单独分析；其次，进行球阀、球阀连接法兰、球阀环扣组装体的分析。

1) 球阀两端的分析

对于球阀右端，两对称轴垂直，取 1/4 分析。边界条件：两端轴向力计算方法相同，为右边部分整体有效受压面积(向右)乘以工作内压除以 4，得 6927N；内部受压面受压 20MPa；与球阀连接部分约束一个法向自由度；对称面添加放置约束，限制法向自由度，分析结果如图 4-1-76 所示。

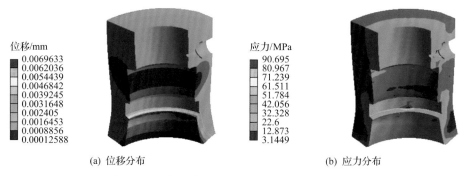

位移/mm
0.0069633
0.0062036
0.0054439
0.0046842
0.0039245
0.0031648
0.002405
0.0016453
0.0008856
0.00012588

应力/MPa
90.695
80.967
71.239
61.511
51.784
42.056
32.328
22.6
12.873
3.1449

(a) 位移分布　　　　　　(b) 应力分布

图 4-1-76　球阀(保压筒侧部分)位移、应力分布图

由图 4-1-76 可以看出，最大位移为 0.007mm 左右，不影响密封和使用；最大应力约为 89.7MPa，小于许用应力 177MPa/1.5=118MPa，该处安全因数取 1.5，故改用 S51740 沉淀硬化马氏体不锈钢 05Cr17Ni4Cu4Nb，屈服极限为 725MPa，重新进行仿真模拟得到最大位移为 0.00696mm 左右，最大应力为 90.695MPa，在较大的安全因数下可满足要求。

对于球阀左端，取 1/4。设置材料 022Cr17Ni12Mo2 的弹性模量和泊松比。边界条件：假设外端受环扣载荷 19MPa，内端受球阀连接法兰向外载荷 16MPa。轴向载荷除以 4 为 3798N，与球阀连接面法向约束，内压 20MPa，对称面法向自由度约束，分析结果如图 4-1-77 所示。可以看出，最大位移为 0.01mm 左右，不影响密封和使用；最大应力为 79.3MPa 左右，小于许用应力 725MPa/3≈241.7MPa。

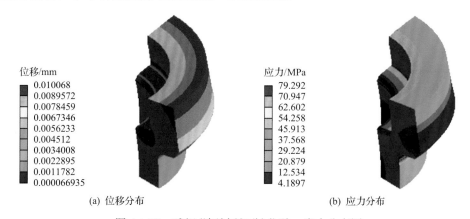

位移/mm
0.010068
0.0089572
0.0078459
0.0067346
0.0056233
0.004512
0.0034008
0.0022895
0.0011782
0.000066935

应力/MPa
79.292
70.947
62.602
54.258
45.913
37.568
29.224
20.879
12.534
4.1897

(a) 位移分布　　　　　　(b) 应力分布

图 4-1-77　球阀(法兰侧部分)位移、应力分布图

2）球阀连接法兰的分析

设置材料 05Cr17Ni4Cu4Nb 的弹性模量和泊松比。先进行网格划分，选用六边形产生应力奇异点，后选择 Tetrahedrons 四面体划分方法、Patch Independent 算法，忽略细节，得到较为平均、正常的结果（无奇异点）。边界条件：假设球阀给法兰外侧的压载荷大小为 19MPa；与子转移连接螺纹孔看作固定约束，内压 20MPa，轴向载荷除以 4 为 3798N，分析结果如图 4-1-78 所示。可以看出，最大位移为 0.036mm 左右，不影响密封和使用；最大应力为 197.41MPa，小于许用应力 725MPa/3≈241.7MPa。

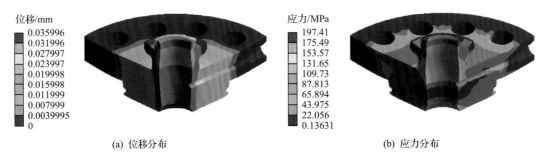

(a) 位移分布　　　　　　　　　　　　　　(b) 应力分布

图 4-1-78　球阀连接法兰位移、应力分布图

3）球阀、球阀环扣、球阀连接法兰组装体的分析

组装体有一个对称面，故取 1/2 进行分析，并设置各部分材料。网格划分选用 Tetrahedrons 四面体划分法，Patch Conforming 算法，必须考虑细节，若不考虑细节将产生奇异解。节点数为 18612，单元数为 10142。网格划分如图 4-1-79 所示。

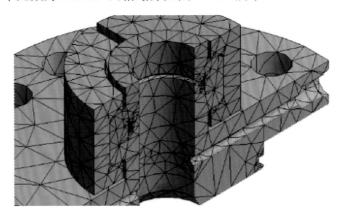

图 4-1-79　组装体 Patch Conforming 网格划分

边界条件：载荷受力同样为轴向力、内压、固定约束、连接面对称面法向自由度放置约束。组装体要设置接触关系，球阀环扣、球阀、连接法兰三者之间设置摩擦接触，摩擦因数取 0.15，两个球阀环扣之间的螺钉连接部分，即螺纹面和螺钉挤压面之间，设置 Bonded 约束，不能分离，分析结果如图 4-1-80 所示。可以看出，最大位移为 0.049mm 左右，不影响密封和使用。

由图 4-1-81 可以看出，球阀连接法兰最大位移约为 0.037mm，最大应力约为 199.14MPa，与单独分析(最大位移 0.036mm，最大应力 197.41MPa)非常接近。

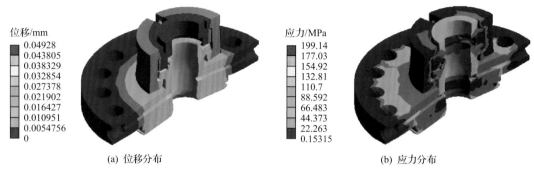

(a) 位移分布 　　　　　　　　　　　　　 (b) 应力分布

图 4-1-80 　组装体位移、应力分布图

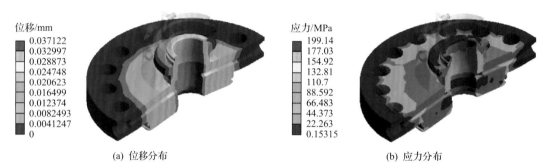

(a) 位移分布 　　　　　　　　　　　　　 (b) 应力分布

图 4-1-81 　球阀连接法兰应力分布图

由图 4-1-82 可以看出，两球阀环扣最大应力约为 115.29MPa，小于许用应力 725MPa/3≈241.7MPa。球阀部分最大应力约为 90.4MPa，与单独分析时的 79.3MPa 较接近，小于许用应力 725MPa/3≈241.7MPa。位移由于坐标系的不同略有差异，尽管如此，球阀位移为 0.049mm，球阀环扣位移为 0.048mm，均不影响密封和使用。

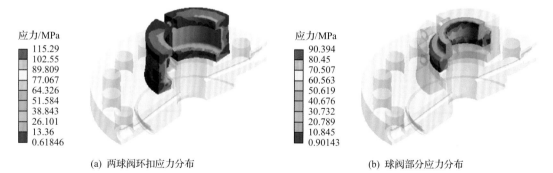

(a) 两球阀环扣应力分布 　　　　　　　　　 (b) 球阀部分应力分布

图 4-1-82 　组装体各部分应力分布图

球阀、球阀环扣、球阀连接法兰组装体的单独分析与组合分析结果非常接近，说明原分析假设，即法兰球阀之间压力为 16MPa，法兰球阀外侧、球阀环扣内侧压力为 19MPa 是合理的。

(三)小结

(1)对天然气水合物保压转移二次取样装置进行设计计算。设计对耐受 20MPa 的内压、装置整体长度与质量、取样过程中的压力变化稳定性都有一定的要求。首先根据设计要求和实际情况，进行二次取样装置的整体方案设计，设计出了初步设计方案，确定工作原理与工作流程；其次确定装置关键部分的尺寸和具体结构；最后对关键部分进行校验，得出初步的设计结果。

(2)对天然气水合物保压转移二次取样装置进行三维建模以及装配。在建模过程中，将三维模型与之前的方案设计结合起来，并在此基础上进行优化。

(3)利用 ANSYS Workbench 进行二次取样装置各部分的仿真分析。在仿真过程中，对网格的划分根据不同的几何体使用不同的划分方法，消除了奇异解。受力复杂部分采用组装体的分析，分析结果均符合设计要求，验证了原设计方案的合理性。

六、压力维持系统

(一)方案设计

压力维持系统需保证在工作过程中，天然气水合物转移装置各腔体的压力维持稳定 (20MPa)，压力波动小于 20%。参考液压系统中的保压回路，结合天然气水合物保压转移装置的操作需求，完成压力维持系统的设计。

结合蓄能器及液压泵保压方式的特点，天然气水合物转移装置的压力维持系统采用液压泵与蓄能器共同保压的方式，原理如图 4-1-83 所示。其中，蓄能器可以提高压力波动时的响应速度，变量液压泵可以提高保压回路补偿泄漏的能力。

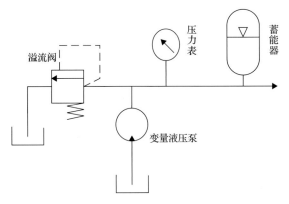

图 4-1-83　变量液压泵蓄能器联合保压原理图

天然气水合物转移装置的操作过程需球阀 5、球阀 6 关闭后分离，接入子样品转移筒，并将子样品转移筒加压至 20MPa 后，再将样品推送至子样品转移筒中。结合保压转移装置的操作需求，设计的压力维持系统如图 4-1-84 所示。

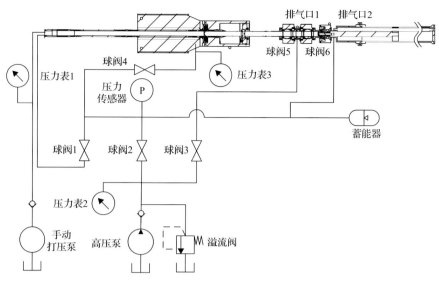

图 4-1-84 压力维持系统原理图

图 4-1-84 中，手动打压泵用于给天然气水合物保压取样器顶端加压，利用压差推动内部的样品管移动并脱扣，以便样品管被抓取和拖动。排气口 1、排气口 2 用于排出天然气水合物转移装置内部的空气，将转移装置内部充满海水并防止空气造成压力波动。球阀 1 用于将保压取样器的顶端与腔体相连通，防止样品管在被抓取并移动时，与注射器的针筒移动一样造成局部真空，导致样品管中的样品被挤压出样品管。球阀 2 用于控制高压泵与天然气水合物转移装置间管路的通断，球阀 2 开启时，可以向天然气水合物转移装置内注水、加压；球阀 2 关闭时，可以保证压力维持系统的其他管路的压力波动不会影响到天然气水合物转移装置内的压力，维持压力稳定。球阀 3 用于控制与球阀 5、球阀 6 间连通器结构相连的管路的通断，球阀 3 开启时，可以向子样品转移筒中注水、加压；球阀 3 关闭时，可以保证取样器与子样品转移筒分离时，两者间连通器结构泄压不会导致天然气水合物转移装置其他腔体的压力降低，维持压力稳定。球阀 4 关闭时，可以维持天然气水合物保压取样器内的压力；球阀 4 开启时，可将取样器的腔体与压力维持系统的其他管路相连通，维持压力稳定。球阀 5、球阀 6 用于控制取样器与天然气水合物转移装置间的通断，同时，也可控制取样器与子样品转移筒之间的通断。高压泵是压力维持系统的动力源，向天然气水合物转移装置注水、加压，且高压泵出口并联有溢流阀，当压力维持系统的管路内压力超过溢流压力时，溢流阀将打开以降低压力；当压力维持系统的管路内压力降低至溢流压力以下时，溢流阀将关闭，维持管路内压力稳定。气囊式蓄能器用于补充天然气水合物转移装置的泄漏并吸收压力冲击和脉动。压力表用于实时显示天然气水合物转移装置内的压力。压力传感器用于监测并记录转移装置内的压力波动曲线。

压力维持系统的工作过程如下：

(1)向天然气水合物转移装置注水。球阀 2、球阀 3、球阀 5、球阀 6 打开，高压泵打开，快速向保压转移装置内注水，同时，管路内的空气由排气口1、排气口2排出。

(2)加压。待排气口1、排气口2均出水后(代表空气已排尽，腔内已充满水)，将排气口堵塞拧紧密封。加压直到保压转移系统压力与取样器压力表显示压力相同，且溢流阀持续出水(腔内已加压至20MPa)，保持高压泵一直工作。

(3)打开球阀1，平衡取样器腔体和保压转移装置内的压力。

(4)打开球阀4，使取样器顶端和保压转移装置压力平衡。

(5)进行保压下的样品切割。

(6)关闭球阀3、球阀5、球阀6，打开排气口1卸压，卸压后拆开两球阀间的连通器结构。

(7)装上子样品转移筒并注水。装上子样品转移筒后，关闭球阀2，打开球阀3，向转移筒腔内注水并通过排气口1排出腔内空气，待排气口1出水后，拧紧排气口1堵塞，此时子样品转移筒已注满水。

(8)向子样品转移筒加压。注水阶段，待排气口1出水后，拧紧排气口1堵塞，此时子样品转移筒已注满水。高压泵持续通过球阀3向样品腔内加压，待溢流阀1出水后(样品腔已加压至20MPa)，打开球阀2，高压泵与蓄能器共同保压。

(9)转移样品。打开球阀6，卡爪将子样品推入样品转移腔，关闭球阀6。

(10)拆卸子样品转移筒。关闭球阀3，打开排气口2，卸压并拆除子样品转移筒。

以上步骤完成后，样品的一次切割、转移工作完成，工作过程中各阀门的开闭状态见表4-1-9。为了再次切割并转移，需要重新安装好球阀5、球阀6之间的连通器结构并加压。加压至20MPa后，打开球阀5、球阀6，再从步骤(3)开始重复操作。

表 4-1-9　压力维持系统阀门开闭示意图

步骤	球阀1	球阀2	球阀3	球阀4	球阀5	球阀6	排气口1	排气口2
(1)		●	●		●	●	●	●
(2)		●	●		●	●		
(3)		●	●	●	●	●		
(4)	●	●	●	●	●	●		
(5)	●	●	●	●	●	●		
(6)							●	
(7)			●				●	
(8)	●		●					
(9)	●			●	●	●		
(10)	●	●		●			●	

注：圆点表示打开，空白表示关闭。

(二)研究过程

1. 保压转移装置的压力维持系统设计

1)螺杆驱动控制保压转移过程

系统保压转移工作由螺杆装置来驱动控制。简单来说就是磁致伸缩位移传感器感应装置内部样品的位移,反馈信号输入自动电压调节控制器(AVR),AVR 直流电机驱动器驱动直流无刷电机工作。此类的控制驱动位置控制精度能达到 20～30mm。流程图如图 4-1-85 所示,驱动电路板要求见表 4-1-10。

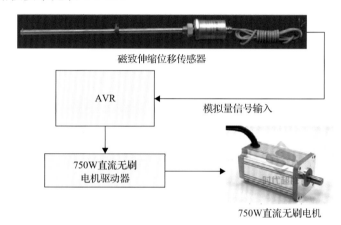

图 4-1-85 位置控制流程图

表 4-1-10 螺杆驱动电路板要求

接口	具体参数	描述	要求
电机驱动接口 1		驱动 2kW 伸缩装置直流无刷电机	控制直流无刷电机的速度
电机驱动接口 2		驱动 750W 切割装置直流无刷电机	控制直流无刷电机的速度,或者仅仅控制直流无刷电机的启停
压力传感器接口 1	A/D 转换	采集传感器输出的 4～20mA 模拟量检测管路压力	
压力传感器接口 2	A/D 转换	采集传感器输出的 4～20mA 模拟量检测管路压力	
位移传感器	A/D 转换	采集传感器输出的 4～20mA 模拟量绝对值编码器检测丝杆位移	
串口		与上位机通信,传输传感器数据及电机开关指令	
485 通信口		与绝对值编码器通信	

2)保压回路的选择

保压回路是指系统在液压缸不动或者仅有工件形变所产生的微小位移的情况下,能够稳定地维持压力不变的回路。其分类主要有 3 种:辅助泵保压回路、液控单向阀保压回路、蓄能器保压回路。

(1)辅助泵保压就是利用两个不同流量的油泵,当压力达到设定压力时,大流量泵关闭,由小流量泵来做泄漏补偿。

在大多数保压回路的保压过程中，液压泵仍会以比较高的压力继续运转，不可避免地造成一定的功率损失。在此种回路中，如果采用定量泵，泵的输出流量仍然很大，因而压力油几乎全部经过溢流阀流回油箱，系统的功率损失非常大，也很容易有发热现象，因此这种回路只适用于系统功率较小且要求保压时间不长的情况。

若用变量泵，虽然泵继续运转保持了较高的压力，但是泵的输出流量很小，系统的功率损失小。这种回路的优势是，当泄漏量发生变化时，可以自动调整输出流量，从而实现保压卸荷，效率也很高，得到了广泛应用。

(2)液控单向阀保压是当压力达到设定值时，油泵停止工作，此时利用单向阀密封功能对液压缸进行保压。

液控单向阀具有良好的反向密封性能，保压效果较好，但由于结构上的原因，随着锥阀磨损或油的污染，液压油的泄露会增加，保压性能将降低。

(3)蓄能器保压是当压力达到一定值时，油泵停止工作，由蓄能器来补充泄漏，保压时间的长短取决于蓄能器容积大小与泄漏程度。蓄能器结构紧凑、附属设备少、质量轻、密封性好、反应灵敏，适合用作消除脉动。

许多工程机械的使用情况表明，液控单向阀虽然保压效果比较好，但由于其结构上的原因，锥阀容易磨损，且单向阀也容易受到油的污染，这样一来液压油的泄漏会增加，保压性能也会降低。而蓄能器保压，在某些工程如液压式轮胎定型硫化机上，当其上下模合后，保压回路能在整个硫化期间保持压力基本不降；用在挖掘机上，即使出现发动机熄火的极限工作情况，仍可放下工作装置，确保安全。而且有试验表明，液控单向阀的保压回路，虽然10min内压力降没有超过0.1MPa，但比起蓄能器24h内压力降没有超过0.1MPa，液控单向阀的保压性能就逊色了许多。

综上所述，结合保压转移装置保压时间长、稳定性要求高，以及保压回路尽量简单、元件及回路数量尽量少的要求，保压回路采用变量液压泵和蓄能器一起工作进行保压。

3)保压转移压力维持系统的设计计算

转移筒内的卡爪在运动过程中可能会造成前后有较大的压差，所以需要计算其压差大小是否会对系统压力波动产生较大的影响(图4-1-86)。

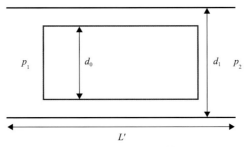

图 4-1-86　卡爪运动简图

p_1为入口压力，Pa；p_2为出口压力，Pa；d_0为卡爪直径

应用经典环形缝隙流公式，转移筒内介质流量：

$$Q = \frac{\pi d_1 \delta^3}{12\mu L'}\Delta p \qquad (4\text{-}1\text{-}53)$$

卡爪杆推进时：

$$Q = \frac{\pi d_0^2 v}{4}$$

$$= \frac{3.14 \times (73 \times 10^{-3})^2 \times 5.3 \times 10^{-3}}{4} \approx 2.22 \times 10^{-5} \, \text{m}^3\!/\text{s}$$

(4-1-54)

式(4-1-53)和式(4-1-54)中，$d_0 = 73\text{mm}$；d_1 为孔直径，$d_1 = 75\text{mm}$；L' 为卡爪长度，$L' = 1730\text{mm}$；μ 为介质的动力黏度，$\mu = 999 \times 10^{-6} \text{Pa} \cdot \text{s}$；$v$ 为卡爪杆推进的速度，$v = 5.3\text{mm/s}$；δ 为缝隙宽度，$\delta = \frac{d_1 - d_0}{2} = 10^{-3}\text{m}$。

当卡爪杆前进时，综合环形缝隙流公式和介质流量，可以算出

$$\Delta p = \frac{12 \times 999 \times 10^{-6} \times 1.73 \times 2.22 \times 10^{-5}}{3.14 \times 75 \times 10^{-3} \times 10^{-9}} \approx 1.96\text{kPa} = 0.196\text{bar}$$

(4-1-55)

而当丝杆螺母推进时，其介质流量仍是

$$Q = \frac{\pi d_螺^2 v}{4}$$

$$= \frac{3.14 \times (215 \times 10^{-3})^2 \times 5.3 \times 10^{-3}}{4} \approx 1.9 \times 10^{-4} \, \text{m}^3\!/\text{s}$$

(4-1-56)

式中，$d_螺$ 为丝杆螺母直径，$d_螺 = 215\text{mm}$。

根据环形缝隙流公式：

$$Q = \frac{\pi d_1 \delta^3}{12 \mu L_螺} \Delta P$$

(4-1-57)

式中，d_1 为孔直径，$d_1 = 220\text{mm}$；$L_螺$ 为丝杆螺母长度，$L_螺 = 90\text{mm}$；μ 为介质的动力黏度，$\mu = 999 \times 10^{-6} \text{Pa} \cdot \text{s}$。

卡爪杆前进时，丝杆螺母前后压差：

$$\Delta p = \frac{12 \times 999 \times 10^{-6} \times 0.09 \times 1.9 \times 10^{-4}}{3.14 \times 220 \times 10^{-3} \times (2.5 \times 10^{-3})^3} = 19.0\text{Pa}$$

(4-1-58)

由以上计算结果可知：卡爪推进产生的前后压差比丝杆螺母推进产生的前后压差大，但相比起系统需要维持的 20MPa 的压力而言，该压差几乎可以忽略。

2. 关键液压元件的选用研究

1) 蓄能器数学模型的建立

如图 4-1-87 所示，在建立蓄能器数学模型时，可将蓄能器简化为气腔、液腔和连接管路三部分，首先单独分析各部分受力情况，建立数学模型，其次将这些模型联系起来，

得到蓄能器整体模型。为便于量纲分析，本节单位选用国际单位制。

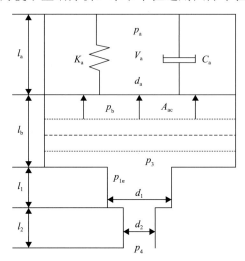

图 4-1-87　蓄能器整体结构图

（1）蓄能器气腔模型。

气体的压力、体积和温度是理想气体的重要参数，这三个参数可以完整地描述气体的状态。一般情况下空气可以视为理想气体，此处为简化计算，将蓄能器中的氮气也视为理想气体，理想气体的状态方程如下：

$$\frac{pV^k}{T} = R \tag{4-1-59}$$

式中，p 为气体绝对压力，Pa；V 为气体体积，m^3；k 为绝热指数，取 1.4；T 为气体的热力学温度，K；R 为气体常数。

对于蓄能器中的氮气，其受到来自液腔液体的压力，可认为主要做轴向运动，将其简化为如图 4-1-88 所示的弹簧阻尼系统。

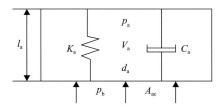

图 4-1-88　气腔弹簧阻尼模型

A_{ac} 为气腔截面积

分析气腔受力，可得受力方程为

$$\left(p_b - p_a\right)A_{ac} = k_a \frac{V_a}{A_{ac}} + C_a \frac{1}{A_{ac}} \frac{dV_a}{dt} \tag{4-1-60}$$

式中，p_b 为蓄能器液腔油液压力，Pa；p_a 为皮囊中气腔压力，Pa；k_a 为皮囊的气体刚度系数，N/m；C_a 为皮囊的气体阻尼系数，$N \cdot s/m$；V_a 为皮囊中任意时刻气体体积，m^3。

气体阻尼系数的计算公式：

$$C_a = 8\pi\mu_a l_a \tag{4-1-61}$$

式中，μ_a 为气体黏度系数，$Pa \cdot s$；l_a 为气腔长度，m。

根据理想气体的状态方程(4-1-59)有

$$p_{a0}V_{a0}^k = p_a V_a^k \tag{4-1-62}$$

式中，p_{a0} 为蓄能器初始时刻压力，Pa；V_{a0} 为蓄能器初始气腔体积，m^3。

可得

$$k_a = -\frac{\Delta F}{\Delta x} = \frac{\Delta p}{\Delta F} = -A_{ac}^2 \frac{\mathrm{d}p}{\mathrm{d}V} = A_{ac}^2 \frac{kp_{a0}V_{a0}^k}{V_a^{k+1}} \tag{4-1-63}$$

式中，$\Delta F / \Delta x$ 为作用在气腔上的力与相应位移的比值。

对式(4-1-63)右端在 (p_{a0}, V_{a0}) 处求全微分得

$$\begin{cases} \dfrac{\mathrm{d}p_a}{\mathrm{d}t}V_{a0}^k + \dfrac{\mathrm{d}V_a}{\mathrm{d}t}kp_{a0}V_{a0}^{k-1} = 0 \\ \dfrac{\mathrm{d}p_a}{\mathrm{d}t} = -\dfrac{kp_{a0}}{V_{a0}}\dfrac{\mathrm{d}V_a}{\mathrm{d}t} \end{cases} \tag{4-1-64}$$

设蓄能器进油口流量为 q，不考虑油液的可压缩性时，油液流量 q_a 与气腔体积变化量 $\dfrac{\Delta V_a}{\Delta t}$ 之间有 $q_a = -\Delta V_a / \Delta t$，负号表示气腔体积变化量和油液流量变化相反：

$$q_a = -\mathrm{d}V_a / \mathrm{d}t \tag{4-1-65}$$

将式(4-1-65)代入式(4-1-64)并作拉普拉斯变换，可得

$$p_a(s) = \frac{kp_{a0}}{V_{a0}}V_a(s) \tag{4-1-66}$$

将式(4-1-65)代入式(4-1-62)并作拉普拉斯变换，可得

$$[p_b(s) - p_a(s)]A_{ac} = -\left(\frac{k_a}{A_{ac}s} + \frac{C_a}{A_{ac}}\right)Q_a(s) \tag{4-1-67}$$

式中，$Q_a(s)$ 为系统流量。式(4-1-67)反映了蓄能器气腔压力、气腔容积和系统流量之间的关系。

(2)蓄能器液腔模型。

液体的可压缩性远小于气体，因此在蓄能器模型中可忽略液体的可压缩性，视其为不可压缩液体，液腔受力模型如图4-1-89所示。以下公式推导不考虑蓄能器管壁的弹性

及流体的周向运动。

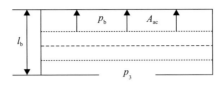

图 4-1-89 液腔受力模型

液腔的受力方程如下：

$$\left(p_3 - p_b\right) A_{ac} = m_b \frac{\mathrm{d}^2 V_a}{\mathrm{d}t^2 A_{ac}} + B_b \frac{\mathrm{d}V_a}{\mathrm{d}t A_{ac}} \tag{4-1-68}$$

式中，p_3 为蓄能器进口压力，Pa；m_b 为液腔流体质量，kg

$$m_b = \rho V_a \tag{4-1-69}$$

其中，ρ 为液体密度，kg/m^3。

$$B_b = 8\pi\mu_b l_b \tag{4-1-70}$$

式中，B_b 为液腔油液黏性阻尼，$N \cdot s/m$；μ_b 为油液动力黏度系数，$Pa \cdot s$；l_b 为油液长度，m。

(3) 蓄能器连接管路模型。

对蓄能器入口管路的分析可以参照蓄能器液腔的受力分析。

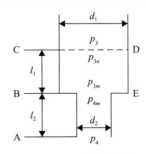

图 4-1-90 管路模型

对 L_1 段管路(图 4-1-90 中 BC 段)进行分析，可得 L_1 段管路的力平衡方程为

$$p_{3m} - p_{3n} = L_1 \frac{\mathrm{d}Q_a}{\mathrm{d}t} + R_1 Q_a \tag{4-1-71}$$

式中，L_1 为 L_1 段管路的液感：

$$L_1 = \frac{m_1}{A_1^2} = \frac{\rho l_1}{A_1} \tag{4-1-72}$$

式中，R_1 为 L_1 段管路的液阻：

$$R_1 = \frac{128\mu l_1}{\pi d_{L1}^4} \tag{4-1-73}$$

式中，l_1 为 L_1 段管路的长度，m；d_{L1} 为 L_1 段管路的内径，m。

同理，对于 L_2 段管路(图 4-1-90 中 AB 段)，可得

$$p_4 - p_{4m} = L_2 \frac{dQ_a}{dt} + R_2 Q_a \tag{4-1-74}$$

式中，L_2、R_2 分别为 L_2 段管路的液感和液阻。计算公式可以参照式(4-1-72)和式(4-1-73)。

对于 $l_n - l$ 管路断面扩大处，有

$$p_{3n} - p_3 = \xi_n \rho v_1^2 / 2 \tag{4-1-75}$$

式中，ξ_n 为管路断面扩大处的局部阻力系数；v_1 为 L_1 段管路油液的流速，m/s。

同理，对于 $2m - 1m$ 管路断面扩大处，有

$$p_{4m} - p_{3m} = \xi_m \rho v_2^2 / 2 \tag{4-1-76}$$

式中，ξ_m 为管路断面扩大处的局部阻力系数；v_2 为 L_2 段管路油液的流速，m/s。

联立式(4-1-60)、式(4-1-68)、式(4-1-71)、式(4-1-74)、式(4-1-75)、式(4-1-76)可得

$$\begin{aligned} p_4 - p_a &= L_2 \frac{dQ_a}{dt} + R_2 Q_a + L_1 \frac{dQ_a}{dt} + R_1 Q_a + L_b \frac{dQ_a}{dt} \\ &\quad + R_b Q_a + k_a \frac{V_a}{A_{ac}^2} + R_a Q_a + \xi_m \rho v_2^2 / 2 + \xi_n \rho v_1^2 / 2 \end{aligned} \tag{4-1-77}$$

式中，R_b 为 L_b 段管路的液阻。

2) 带蓄能器回路响应分析

吸收压力波动的普通蓄能器回路如图 4-1-91 所示。图中将蓄能器模型的图标予以简化，同时，为了方便建立系统的数学模型，对系统增加如下假设：①忽略系统的泄漏及管路中液体的可压缩性；②压力波动过程中，蓄能器中气体的状态变化规律按绝热过程考虑，即绝热指数 k 取 1.4。

节流阀的流量方程为

$$q_a = q - q_R \tag{4-1-78}$$

$$q_R = K_R \sqrt{p_4 - p_s} \tag{4-1-79}$$

式中，q_a 为流入蓄能器的流量，m³/s；q_R 为通过节流阀的流量，m³/s；K_R 为节流阀的流量系数；p_4 为蓄能器入口处压力，即系统压力，Pa；p_s 为节流阀出口压力，Pa。

参照上述对蓄能器基于力学分析的数学建模，即为式(4-1-77)。

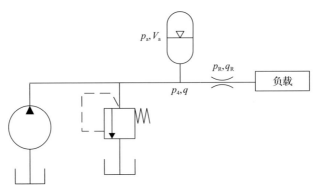

图 4-1-91　吸收压力波动的普通蓄能器回路简图

当系统处于稳态状态时，管路内无流量脉动和压力脉动，可得

$$p_{40} = p_{a0} \tag{4-1-80}$$

$$q_0 = q_{R0} \tag{4-1-81}$$

式中，p_{40} 为蓄能器入口处稳态压力，即系统稳态压力，Pa；p_{a0} 为蓄能器气囊稳态压力，Pa；q_0 为系统稳态流量，m^3/s；q_{R0} 为通过节流阀的稳态流量，m^3/s。

将式(4-1-79)在 (p_{40}, q_{R0}) 处求导，可得

$$\left.\begin{aligned}\frac{dq_R}{dt} &= \frac{K_R}{2(p_{40}-p_s)^{\frac{1}{2}}}\frac{dp_{40}}{dt}\\ \frac{dq_R}{dt} &= \frac{q_0}{2(p_{40}-p_s)}\frac{dp_{40}}{dt}\end{aligned}\right\} \tag{4-1-82}$$

将式(4-1-77)、式(4-1-65)进行拉普拉斯变换并整理可得传递函数公式：

$$G_3(s) = \frac{p_4(s)}{Q(s)} = \frac{2(p_{40}-p_s)}{q_0}\frac{s^2 + 2\zeta_2\omega_{n2}s + \omega_n^2}{s^2 + \left(2\zeta_2\omega_n + K\frac{\omega_n^2}{\omega_e}\right)s + \omega_n^2} \tag{4-1-83}$$

式中，ω_e、K 为中间系数，$K = \dfrac{A_{ac}^2}{k_a + \dfrac{kp_{a0}A_{ac}^2}{V_{a0}}}$，$\omega_e = \dfrac{q_0\left(k_a + \dfrac{kp_{a0}A_{ac}^2}{V_{a0}}\right)}{2(p_{40}-p_s)A_{ac}^2}$。将 $s = j\omega$ 代入

（ω 为系统流量脉动频率），由式(4-1-83)可得系统的频率特性为

$$G_3(j\omega) = \frac{p_4(j\omega)}{Q(j\omega)} = \frac{2(p_{40}-p_s)}{q_0}\frac{-\omega^2 + 2\zeta_2\omega_n(j\omega) + \omega_n^2}{-\omega^2 + \left(2\zeta_2\omega_n + K\frac{\omega_n^2}{\omega_e}\right)(j\omega) + \omega_n^2} \tag{4-1-84}$$

频率特性的模为

$$\left|G_3(\mathrm{j}\omega)\right| = \frac{2(p_{40}-p_s)}{q_0}\left[\frac{\left(\omega_n^2-\omega^2\right)^2+\left(2\zeta_2\omega_n\omega\right)^2}{\left(\omega_n^2-\omega^2\right)^2+\left(2\zeta_2\omega_n+K\dfrac{\omega_n^2}{\omega_e}\right)^2\omega^2}\right]^{\frac{1}{2}} \qquad (4\text{-}1\text{-}85)$$

式中，$\left|G_3(\mathrm{j}\omega)\right|$ 为压力脉动幅值与流量脉动之比，如图 4-1-92 所示，蓄能器固有频率 ω_n 与 ω 相等，且其他参数为定值时，$\left|G_3(\mathrm{j}\omega)\right|$ 有极小值，此时蓄能器对压力脉动的吸收效果最好。因此，为压力维持系统选择蓄能器参数时，应使蓄能器固有频率与压力维持系统的流量脉动频率相等，以达到最好的吸收效果。

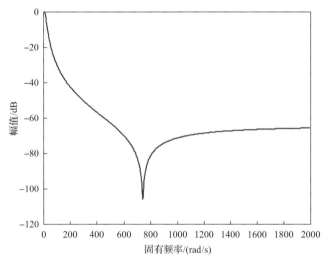

图 4-1-92 压力波动下降幅值与蓄能器固有频率关系

针对天然气水合物转移装置用的压力源，电机的额定转速为 1200r/min，柱塞泵的柱塞数为 3。柱塞泵的几何流量脉动频率 $f_{柱}=\dfrac{nz}{30}$（n 为柱塞泵刚体转速；z 为柱塞泵的柱塞数），可知压力维持系统的流量脉动角频率为 753.6rad/s。

用于吸收流量脉动的蓄能器初步选定为 NXQ 蓄能器，从文献中可以查得各型号气囊式蓄能器的参数，见表 4-1-11。

表 4-1-11 部分蓄能器型号及参数

参数	NXQ-L 0.6	NXQ-L 1.0	NXQ-L 1.6	NXQ-L 2.5	NXQ-L 4.0	NXQ-L 6.3
横截面积/m²	0.0037	0.0037	0.0137	0.0137	0.0137	0.0137
容积/m³	0.0006	0.001	0.0016	0.0025	0.004	0.0063

以选取 1.6L 的蓄能器为例，设预充气体压力为 100bar[①]，系统稳定工作压力为 200bar，蓄能器固有频率 $\omega_n=253\mathrm{rad/s}$。

---

① 1bar=10^5Pa。

可以看出，由于蓄能器的结构特点，蓄能器固有频率远小于柱塞泵的脉动频率及其高次谐波分量，高频脉动的吸收效果不佳。这也为压力维持系统设计蓄能器参数，以改善回路内的压力吸收效果提供了思路。

根据之前的推导，蓄能器固有频率表达式如下：

$$\omega_n = \sqrt{k_e/m_e} = \sqrt{\dfrac{k_a + Kp_{a0}\,A_{ac}^2/V_{a0}}{m_b + m_1\left(\dfrac{A_{ac}}{A_1}\right)^2 + m_2\left(\dfrac{A_{ac}}{A_2}\right)^2}} = \sqrt{\dfrac{KA_{ac}^2\,p_a V_0^{-1}(p_a/p_0)^{\frac{1}{K}} + Kp_{a0}\,A_{ac}^2/V_{a0}}{\rho\left[1 - \left(\dfrac{p_0}{p_{a0}}\right)^{\frac{1}{K}}\right]V_0 + \rho l_1 \dfrac{d_{ac}^4}{d_1^2} + \rho l_2 \dfrac{d_{ac}^4}{d_2^2}}}$$

$$(4\text{-}1\text{-}86)$$

式中，p_0 为蓄能器预充压力；ω_n 为蓄能器固有频率；V_0 为蓄能器容积；l_1、l_2 分别为蓄能器颈部及连接管路长度；d_1、d_2 分别为蓄能器颈部及连接管路直径。

图 4-1-93 为蓄能器预充压力与固有频率间的关系，分析曲线可知，蓄能器预充压力与固有频率间为线性关系，当蓄能器预充压力上升时，固有频率直线上升。蓄能器预充压力分别为 100bar、130bar、160bar 时，蓄能器吸收不同频率的流量波动时幅值下降曲线如图 4-1-94 所示。可以看出，随着蓄能器预充压力的增大，蓄能器固有频率升高，蓄能器有效吸收流量脉动的频段升高。说明增加蓄能器预充压力，可增强吸收高频流量脉动的能力。

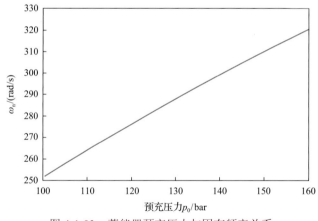

图 4-1-93　蓄能器预充压力与固有频率关系

图 4-1-95 为蓄能器容积与固有频率的关系，分析曲线可知，随着蓄能器容积的增加，蓄能器固有频率快速降低，且下降速度先快后慢。当蓄能器容积分别为 2L、6L、10L 时，蓄能器吸收流量波动时的幅值如图 4-1-96 所示。由于蓄能器容积增加使固有频率降低，蓄能器有效吸收流量波动频段降低，反而不利于吸收较高频率的波动。

图 4-1-97 为蓄能器连接管路长度与蓄能器固有频率的关系，分析曲线可知，随着连接管路长度的增加，蓄能器固有频率降低。当蓄能器连接管路长度分别为 0mm、15mm、30mm 时，蓄能器吸收流量波动时的幅值如图 4-1-98 所示。蓄能器连接管路长度增加，固有频率降低，因此为有效吸收压力波动，应减小蓄能器连接管路长度。

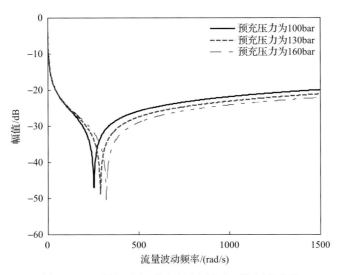

图 4-1-94 预充压力不同时压力波动下降幅值曲线

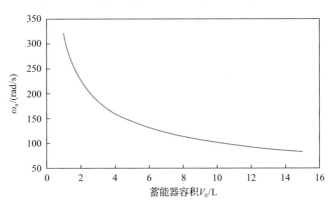

图 4-1-95 蓄能器容积与固有频率关系

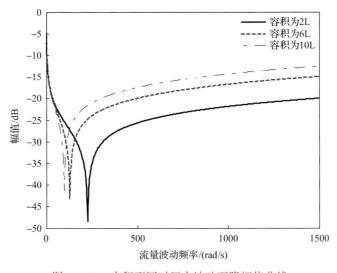

图 4-1-96 容积不同时压力波动下降幅值曲线

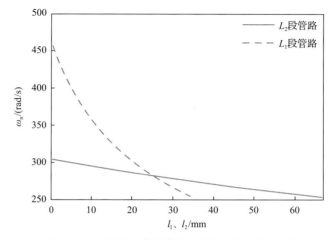

图 4-1-97　蓄能器连接管路长度与固有频率关系

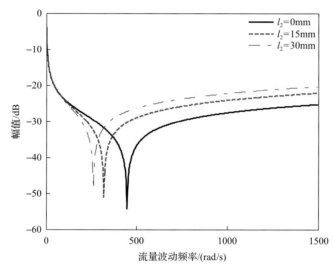

图 4-1-98　连接管路长度不同时压力波动下降幅值曲线

　　图 4-1-99 为蓄能器连接管路直径与蓄能器固有频率的关系，分析曲线可知，随着连接管路直径增加，蓄能器固有频率升高。当蓄能器连接管路直径分别为 20mm、60mm、100mm 时，蓄能器吸收流量波动时的幅值如图 4-1-100 所示。说明增大蓄能器连接管路直径可增强吸收压力波动能力，但当蓄能器连接管路直径增加到一定程度后，继续增加蓄能器连接管路直径对蓄能器吸收压力波动影响不大。

　　总结以上曲线，可作出如下推论：

　　(1)通过提高蓄能器固有频率，可以使转移装置内的压力脉动吸收效果更好。

　　(2)由于 L_1 段管路的内径和粗细受蓄能器自身结构限制，一般不做改动；L_2 段管路为压力维持系统连接蓄能器的管路。其他参数不变时，减小 L_2 段管路的长度，增大 L_2 段管路的内径，可增大蓄能器固有频率，从而使系统内压力脉动被更好地消减，即增大蓄能器与压力维持系统之间管路的内径，减小管路的长度，有利于消减压力脉动。

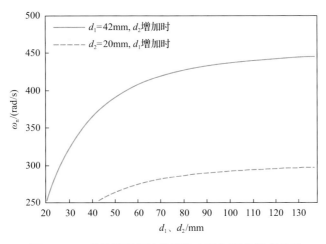

图 4-1-99　蓄能器颈部连接管路直径与固有频率关系

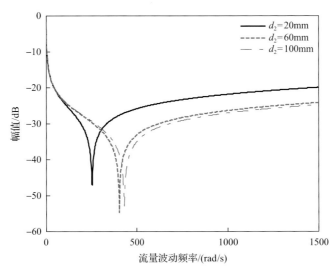

图 4-1-100　连接管路直径不同时，压力波动下降幅值曲线

（3）其他参数不变时，增大蓄能器容积 V_0，蓄能器固有频率反而会降低，导致吸收脉动能力减弱。因此蓄能器容积的选型，并不是越大越好。

（4）其他参数不变时，增加蓄能器预充压力 p_0，蓄能器固有频率升高，可增强吸收回路压力脉动的能力。因此设计压力维持系统时，蓄能器预充压力可以适当增大，以加强吸收压力波动的能力。

3. 基于 AMESim 的压力维持系统特性研究

1）压力维持系统模型搭建

建模方案如图 4-1-101 所示，仿真模型中用连接有弹簧、质量块、活塞及液压容腔的结构表示取样器及天然气水合物转移装置。按照压力维持系统的管路设计连接各液压元件，并通过变量限流器及分段线性信号源元件来控制管路的开闭动作。例如，仿真模型中球阀 3、球阀 4 用于控制左端天然气水合物保压取样器与右端天然气水合物转移装置之间的通断；球阀 5、球阀 6 分别控制取样器与转移装置之间的排气孔，以及转移装置的排气孔开闭；球阀 1、球阀 2 分别用于控制压力维持系统的高压流量向取样器、天然气水合物转移装置的通断。溢流阀用于设定压力维持系统回路内的工作压力。本小节为便于对实际参数进行分析，选用工程单位制。

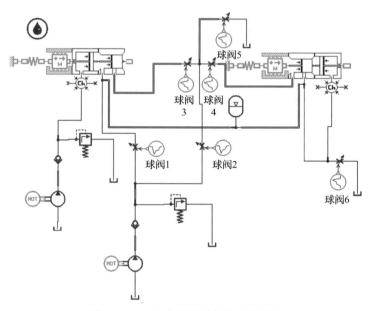

图 4-1-101　压力维持系统的仿真模型

2）蓄能器对压力维持的影响分析

蓄能器在液压系统中的作用主要是储存能量、吸收压力冲击或压力脉动，目前主要使用的是气囊式蓄能器，其壳体中有橡胶制成的气囊，气囊固定在壳体上部，使用前先向气囊中预充一定压力的惰性气体，如氮气，液压介质则从蓄能器下端菌形阀进入壳体，当外部压力超过蓄能器内气囊压力时，气囊被压缩，液压能转化为气体内能；当外部压力低于蓄能器内气囊压力时，气囊膨胀，壳体内液压介质被挤出蓄能器。因此，蓄能器可以储存能量，减弱压力冲击和脉动。

（1）蓄能器预充压力对压力维持的影响。

图 4-1-102、图 4-1-103 为容腔 2 即天然气水合物转移装置分别在有、无蓄能器时的压力曲线，此时蓄能器设置预充压力为 160bar，容积为 6.3L。可以观察到，在 0～10s 的注水阶段，两者压力曲线完全一致，说明蓄能器对天然气水合物转移的注水阶段没有影响。继续观察，发现 10s 后，在容腔 2 的加压阶段，当容腔 2 压力小于 160bar 时，两者压力几乎一致，而大于 160bar 后，有蓄能器的回路压力增长曲线明显放缓，无蓄能器的回路压力增长曲线则维持不变。这是由于容腔 2 压力超过 160bar 时，连接蓄能器的回路压力也超过了 160bar，蓄能器开启，一部分流量流入蓄能器中，从而导致容腔 2 的压力上升速度变慢。说明当压力维持系统加入蓄能器后，天然气水合物转移装置的加压过程变长。

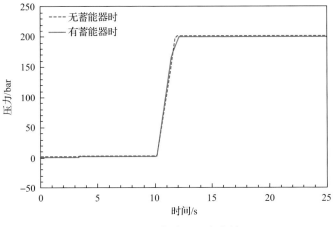

图 4-1-102 容腔 2 压力曲线

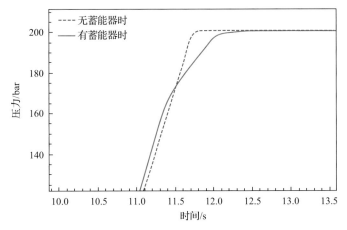

图 4-1-103 图 4-1-102 中压力曲线放大图

为进一步探讨加入蓄能器对天然气水合物转移装置加压速度的影响，在 AMESim 软件中运用批处理功能，将蓄能器预充压力设置为批处理参数，以 160bar 为基数，以 20bar 为间隔，向上设置 2 个递增压力，向下设置 5 个递减压力，则预充压力从 60bar 变化到 200bar。

批处理运行结果如图 4-1-104、图 4-1-105 所示，分别用不同线型的曲线代表不同预充压力情况下容腔 2 的压力变化曲线。可以看出，随着蓄能器预充压力不断加大，容腔 2 充压至 200bar 的时间越来越短。这是由于蓄能器预充压力越低，液体介质与气体之间达到压力平衡所需的液体体积越大，将气体压缩至与液体压力相同，则耗时越长。

当预充压力增加到 200bar 时，容腔 2 的压力变化曲线与不加蓄能器没有区别，这是由于蓄能器压力已与回路内的最高压力相等，蓄能器在整个充压过程中没有开启，没有发挥作用。本例仿真说明提高蓄能器预充压力有利于提升压力维持系统的响应速度，加快天然气水合物转移装置的充压过程。

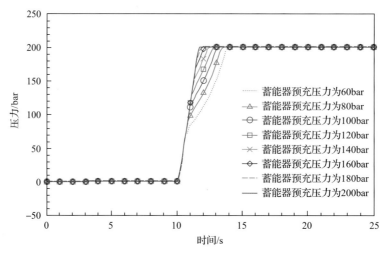

图 4-1-104 不同蓄能器预充压力下容腔 2 压力变化曲线

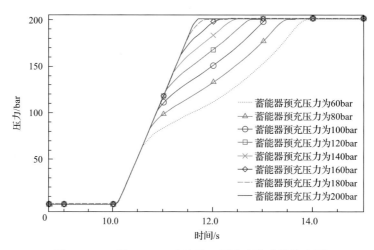

图 4-1-105 图 4-1-104 中容腔 2 压力变化曲线放大图

在 AMESim 软件中，设置蓄能器预充压力为 80~240bar，容积为 6.3L，仿真结果如图 4-1-106 所示。计算可以得出以下结论：

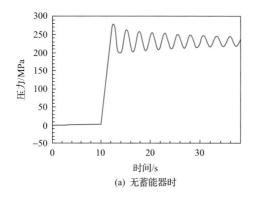

(a) 无蓄能器时

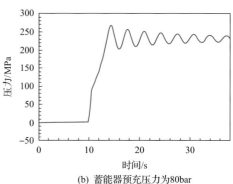

(b) 蓄能器预充压力为80bar

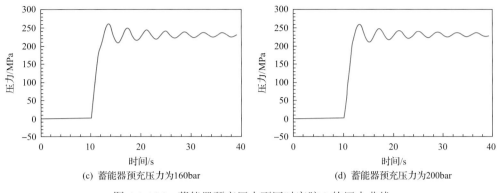

图 4-1-106 蓄能器预充压力不同时容腔 2 的压力曲线

蓄能器可以有效减小压力冲击下的系统峰值压力。预充压力为 80bar 时减小峰值压力增加值的 12.8%；预充压力为 120bar 时减小峰值压力增加值的 16.7%；预充压力为 160bar 时减小峰值压力增加值的 20.5%；预充压力为 200bar 时减小峰值压力增加值的 23.1%；预充压力为 240bar 时，减小峰值压力增加值的 19.2%。

当蓄能器预充压力小于系统稳定工作压力 200bar 时，随着蓄能器预充压力的提高，消减压力波动幅值的能力增强，蓄能器响应速度变快。以系统峰值压力减小到 250bar 为例，无蓄能器时需要 28.2s，预充压力为 80bar 时需要 22.1s，预充压力为 160bar 时需要 17.5s，预充压力为 200bar 时需要 17.1s。

当蓄能器预充压力大于系统稳定工作压力 200bar 时，蓄能器消减压力波动幅值的能力变弱，这是因为蓄能器仅吸收了压力波动的峰值部分。此时压力波动的频率与未加蓄能器的频率更接近。因此，蓄能器最佳预充压力为系统工作压力的 0.8～0.9 倍。

(2) 蓄能器容积对压力维持的影响。

从图 4-1-107 可以看出，随着蓄能器容积变小，容腔 2 内的充压曲线变得陡峭，充压所需时间变短，说明蓄能器的响应速度变快。蓄能器容积为 1.6L、3.2L 时，充压所需时间比 6.3L 时分别少 37.5%、21.9%。这是由于当同等流量流入蓄能器时，体积较小的

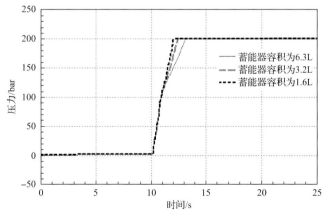

图 4-1-107 蓄能器容积不同时容腔 2 的压力变化曲线

蓄能器压力变化较大，压力上升速度更快。此例说明在压力维持系统中，为了提高蓄能器的响应速度，应在满足需求的情况下，尽量选择容积小一些的蓄能器。

考虑蓄能器容积对吸收压力维持系统内的压力波动效果的影响时，根据前面对带蓄能器回路响应分析的结论——增大蓄能器容积，蓄能器固有频率反而会降低，导致吸收脉动能力减弱，可知蓄能器的选型并不是越大越好。下面在 AMESim 软件中分别设置蓄能器容积为 2.5L、6.3L、10L、16L，运行仿真结果如图 4-1-108 所示。

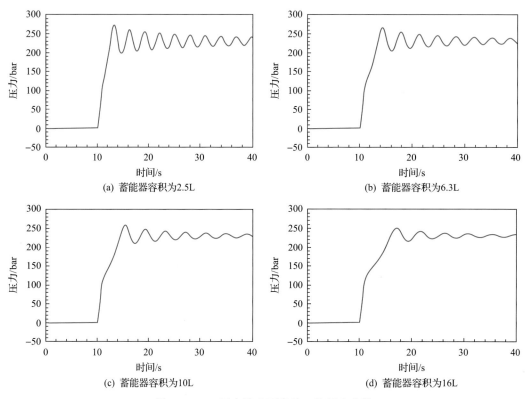

(a) 蓄能器容积为2.5L   (b) 蓄能器容积为6.3L

(c) 蓄能器容积为10L   (d) 蓄能器容积为16L

图 4-1-108   压力波动下容腔 2 的压力曲线

观察图 4-1-108 可知，在相同压力波动源及相同蓄能器预充压力下，随着蓄能器容积的增加，系统中压力峰值逐渐降低。无蓄能器时，峰值压力增加值为 78bar；蓄能器容积为 2.5L 时，峰值压力增加值减小 5.1%；蓄能器容积为 6.3L 时，峰值压力增加值减小 19.2%；蓄能器容积 10L 时，峰值压力增加值减小 21.8%；蓄能器容积为 16L 时，峰值压力增加值减小 35.9%。值得注意的是，针对本算例，当蓄能器容积达到 6.3L 与 10L、16L 时，在 10s 后，容腔 2 的压力响应曲线的峰值压力便几乎一致。

因此，虽然总体上蓄能器容积越大，对峰值压力吸收的百分比越高，但当容积增大到 6.3L 后，继续增大容积，对回路压力消减并无明显影响。而且蓄能器容积越大，回路响应速度越慢，因此蓄能器体积并非越大越好，足够补偿回路流量的波动即可。

(3) 蓄能器入口直径对压力维持的影响。

蓄能器入口直径可视为一个限流孔，入口直径的大小将影响蓄能器对压力波动的吸收效果，从而影响回路压力，具体影响曲线如图 4-1-109 所示。

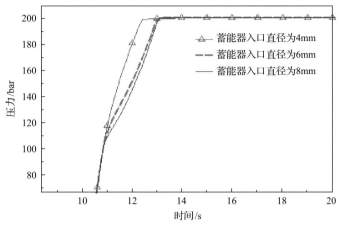

图 4-1-109　充压阶段容腔 2 的压力变化曲线

可以看出，蓄能器入口直径不同，对天然气水合物转移装置在注水阶段没有影响，压力都是 0bar，但是在充压阶段可以看出蓄能器入口直径越小，转移装置内的充压速度越快。蓄能器入口直径为 6mm、8mm 时，分别比蓄能器入口直径为 4mm 时的充压时间增加 26.1%，30.4%。当蓄能器入口直径增加到 6mm 时，继续增加并不会进一步导致天然气水合物转移装置充压速度明显降低。这是因为当蓄能器入口面积增加到一定程度后，入口面积的变化不会导致进入蓄能器的流量有较大变化，则不会导致流入天然气水合物转移装置的流量有较大变化。

但蓄能器入口直径越小，并不一定对天然气水合物转移装置整体的压力维持效果越有利。因为蓄能器入口直径小导致进入蓄能器的流量较少，从而导致充压阶段流入转移装置的流量较多，充压速度快。进一步探究入口直径对蓄能器的影响可知，在天然气水合物装置充压阶段，蓄能器内气体压力略微滞后于蓄能器入口压力，并且蓄能器入口直径越小，滞后效应越明显。这是由于蓄能器入口直径可以看作限流的液阻，因此蓄能器入口直径越小，液阻越大，导致滞后效应越明显。因此，实际选用时，蓄能器入口直径大于 8mm 即可。

3）管路对压力维持的影响分析

（1）管路内径对压力维持的影响。

在 AMESim 软件中设置蓄能器入口管路内径，初步设置为 5～25mm，此时管路长度为 1m，蓄能器容积为 6.3L，预充压力为 160bar，蓄能器入口直径为 6mm，压力冲击源的设置与上一小节相同，运行仿真的结果如图 4-1-110(a)所示，所有曲线完全重合，不符合本书之前理论计算的管路越细，压力消减效果越差的结论。经过初步判断，由于蓄能器入口内径为 6mm，认为管路内径大于 6mm 时，流量主要受限于蓄能器入口内径大小，管路内径改变未能影响系统内的压力波动。再次进行仿真时，将管路内径按 1～5mm 设置，发现仿真出的压力曲线依然不受管路内径影响。

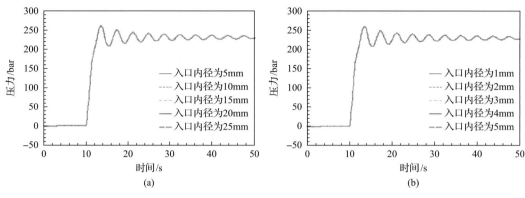

图 4-1-110　管路内径变化时容腔 2 的压力曲线

当选择不同内径的蓄能器入口管路时，容腔 2 内的压力曲线如图 4-1-111、图 4-1-112 所示，可以看出，当蓄能器入口管路越粗时，压力消减效果越好。蓄能器管路内径为 6mm、4mm 时，分别比管路内径为 2mm 时峰值压力增加值下降 32.1%、20.5%。蓄能器管路内径为 6mm、4mm 时，压力波能在 25s 内降到 233bar 以下，而管路内径为 2mm 时，降到此值需要 63s。当蓄能器入口管路过细时，压力消减效果不明显；当管路内径为 2mm 时，压力曲线与无蓄能器时的压力曲线基本一致，说明此时蓄能器无法发挥作用。

设置蓄能器管路内径分别为 6mm、8mm、10mm，再次进行仿真，仿真结果如图 4-1-113

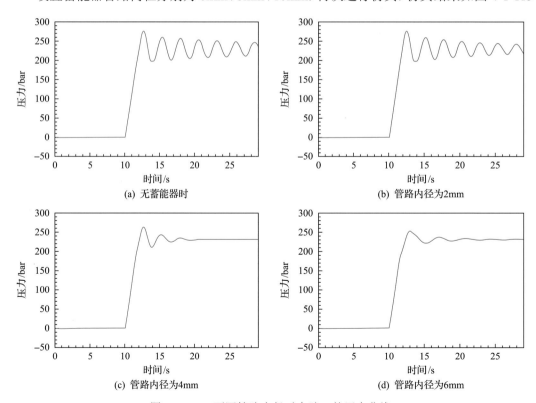

图 4-1-111　不同管路内径时容腔 2 的压力曲线

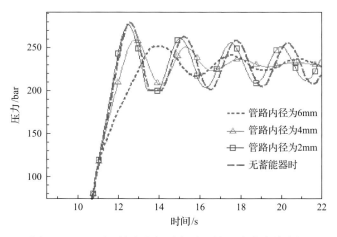

图 4-1-112 不同管路内径时容腔 2 的压力曲线放大图

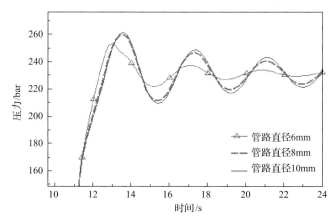

图 4-1-113 不同管路内径时，容腔 2 的压力曲线

所示。可以看出，当管路内径增大到一定程度，如 8mm、10mm 时，压力波动曲线几乎一致，说明蓄能器入口管路增加到一定程度后，对回路内的压力即影响不大。观察到蓄能器管路内径为 8mm、10mm 时，系统峰值压力增加值比管路内径为 6mm 时分别增加 28%、30%，说明蓄能器入口管路的最佳内径为蓄能器的入口直径。

(2)管路长度对压力维持的影响。

当蓄能器入口的管路长度变化时，容腔 2 内的压力曲线如图 4-1-114 所示，观察曲线可以看出，当管路长度为 3m、5m 时，容腔 2 内的压力变化曲线几乎一致，说明管路长度对压力波动的影响不大，仔细观察可发现，管路越长，则容腔 2 内的压力峰值略有增加，管路长度为 3m、5m 时，相比管路长度为 1m 时的峰值压力增加了 7.7%、9.6%，相比管路长度增加比例几乎可以忽略不计。观察管路长度为 1m 时的压力变化曲线，可以发现虽然压力峰值比其他管路长度的略低，符合之前观测的管路长度越长、峰值压力越高的结论，但压力降低到 233bar 以下所需时间反而比管路长度为 3m、5m 时长。管路长度越短，压力消减速度越慢，这与理论推导时管路长度越短、压力消减效果越好的结论有所矛盾。这是因为此例中仿真模型的构建较为简单，其他管路均采用直接连接这类不考虑管路压缩性的数学模型，所以增加蓄能器入口管路长度可以增加系统对液体介质的摩擦力，从而可能导致管路长度较长时，压力消减效果反而变好。

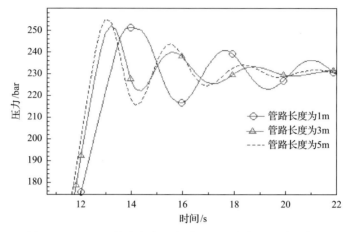

图 4-1-114　不同管路长度时容腔 2 的压力变化曲线放大图

通过仿真可以看出，蓄能器入口管路长度对压力消减作用不大，但是仍然有管路越长、压力峰值越高的规律。为了更好地维持天然气水合物转移装置内的压力稳定，在实际设计时，应尽量缩短蓄能器的入口管路长度。

4) 腔体容积变化对压力维持的影响

天然气水合物转移装置的腔体容积为天然水合物取样后切割、推送的空间环境，该容积的大小也可能影响压力维持系统的保压效果，因此本书通过修改容腔 2 的静容积来表示天然气水合物装置的不同容积，然后进行仿真模拟，查看系统的压力变化曲线。如图 4-1-115 所示，可以看出，在注水阶段，天然气水合物转移装置的压力相同，都为 0，注水阶段没有差别。不过这是由于泵流量较大，在 10s 时转移装置已注满水，仿真

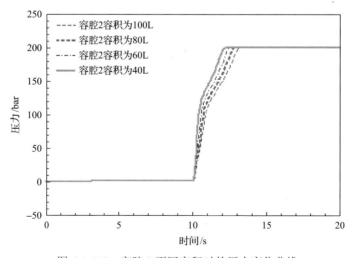

图 4-1-115　容腔 2 不同容积时的压力变化曲线

图像上没有体现出差别，实际情况下，容腔 2 的容积越小，意味着注水阶段所需时间越少。

在为转移装置充压阶段，可以看出，随着转移装置容积变小，充压所需时间变短，这是因为根据液体体积模量公式，压力变化量与体积模量之比为体积变化量与原有体积之比，所以容积小则充压至 200bar 所需液体体积变小，充压时间变短。不同容积时容腔 2 的压力变化曲线之间非常相似，最终的稳定压力也都在 200bar，说明转移装置容腔的容积变化不会导致最终稳定压力的变化，也不会导致其他变化，仅影响充压时间，因此实际设计时，可根据转移结构需要设置容积，不必担心对压力维持的影响。

4. 样机集成与实验研究

完成了压力维持系统的原理设计、数学模型分析及仿真后，为了验证压力维持系统的有效性，集成了原理样机，并分步骤进行了实验研究。

1) 天然气水合物转移装置样机集成

图 4-1-116、图 4-1-117 分别为天然气水合物保压取样器、天然气水合物转移装置。由于取样器及转移装置都为长柱状结构，取样器全长 5.7m，转移装置全长 3.5m，从两端分别进行拍摄以显示工作时两者的连接关系。当天然气水合物转移装置工作时，首先与取样器进行对接，对接结构如图 4-1-118 所示，通过两球阀间连通器进行连接，且连通器上有注水孔及排气孔。待压力维持系统加压，取样器及转移装置两者压力一致后，将取样器内含有天然气水合物沉积物的样品管抓取移动至转移装置一侧，并在压力环境下进行切割动作。切割出子样品管后，将剩余样品管推回取样器中，子样品管则留在转移装置内。两者间球阀关闭、球阀间结构卸压后，两者分离。

图 4-1-116　天然气水合物保压取样器　　　　图 4-1-117　天然气水合物转移装置

切割动作完成后，含有天然气水合物沉积物的子样品管需要转移至子转移筒中。如图 4-1-119 所示，为转移装置与子转移筒对接，此时的操作与取样器对接时类似，将子转移筒加压至 200bar，与转移装置内压力相等后，打开两者间的连接球阀，将子样品管推送至子转移筒后，关闭球阀，待球阀间结构卸压后，将两者分离，则转移过程完成。

2) 压力维持系统样机集成

如图 4-1-120 所示，压力维持系统样机主要包括一个工作台架以安装、支撑各液压元件,一台手动打压泵以根据天然气水合物保压取样器、天然气水合物转移装置的需要,手动、缓慢地制造高压并驱动样品管移动;一台带手动溢流阀的三柱塞泵,用于快速制造高压环境,并通过溢流阀维持天然气水合物转移装置内的高压;一个蓄能器用于维持天然气水合物转移装置内的高压环境并减弱装置内压力波动;两只压力表用于实时显示转移装置内的压力,监控压力变化,防止打压过度;三只耐腐蚀球阀用于控制管路开闭,从而配合天然气水合物转移装置操作的需求。

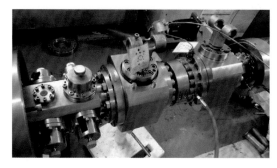 

图 4-1-118 取样器与转移装置间的球阀连接　　　图 4-1-119　转移装置与子样品转移筒对接

图 4-1-120　压力维持系统外形照片

3)压力维持系统打压能力试验

压力维持系统的首要功能是为天然气水合物转移装置制造出稳定的高压环境,因此在样机集成后,首先对样机的打压能力进行试验,测试柱塞泵能否打压到 200bar 的高压以及手动溢流阀能否通过调节弹簧的松紧有效控制回路内的压力。单独测试压力维持系统时,试验照片如图 4-1-121 所示。

试验时,当水箱与海水泵处于同一高度时,因为进水口密封不良可能吸入空气,所以压力表示数有较大跳动,将水箱抬高后,压力跳动消失,说明柱塞泵的入口特性在很大程度上会影响压力维持系统的稳压效果,应给予柱塞泵足够的水流量,并防止空气进入柱塞泵。当柱塞泵入口管路混入空气的问题解决后,再次试验,所采集的回路压力数据如图 4-1-122 所示。

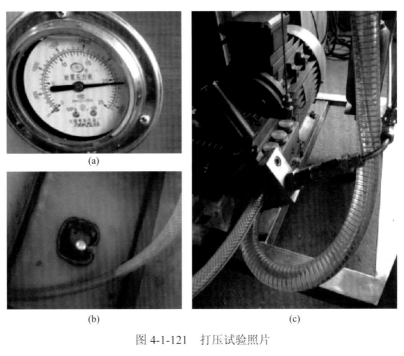

图 4-1-121　打压试验照片

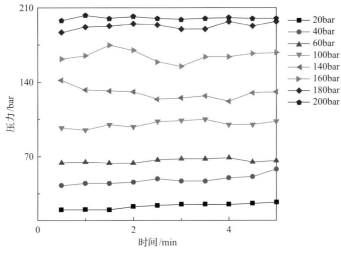

图 4-1-122　压力维持系统打压能力测试曲线

　　分析试验数据可得出以下结论：压力维持系统可打压至 200bar，并将系统压力稳定在设定压力，且实际运行过程中噪声及震动都较小，符合设计需求。

　　将压力维持系统与天然气水合物转移装置连接起来，通过压力维持系统为后者打压时，可较快地将转移装置内的空腔内注满水，并迅速加压至 200bar。如图 4-1-123（b）所示，当装置内快注满水时，排气孔内不断有气泡冒出，待气泡消失，排气口涌出水后，证明腔体内已充满水。此时关闭排气口，柱塞泵继续工作，会迅速将装置内的液体加压至高压，压力示数通过转移装置上连接的压力表可便捷查看。试验验证了当压力维持系统应用于天然气水合物转移装置时，可迅速将目标腔体加压至 200bar 的高压环境。

(a)

(b)　　　　　　　　　　　　　　(c)

图 4-1-123　天然气水合物转移装置静压测试

4) 消减压力变化的试验研究

(1) 卡爪运动造成的压力变化。

本书针对天然气水合物转移装置可能造成压力变化的因素进行了研究，并对压力的变化量进行了计算，计算结果显示，当未连接压力维持系统时，抓取机构在天然气水合物转移装置的腔体内前后运动，造成的压力波动相对 200bar 的压力可以忽略不计，而泄漏则会迅速使装置内腔体的压力降低。

抓取机构如图 4-1-124 所示，抓取机构所在的筒体结构如图 4-1-125 所示。前进、后退运动如图 4-1-126 所示，对压力波动的影响如图 4-1-127 所示。

图 4-1-124　抓取机构实物照片

图 4-1-125　天然气水合物转移装置筒体

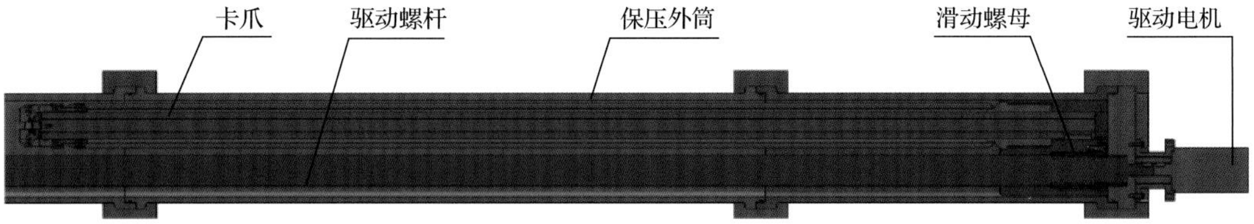

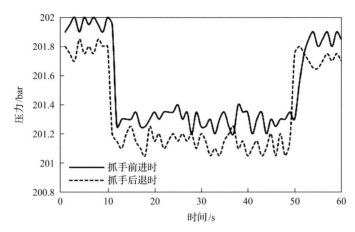

图 4-1-126　抓取机构在筒体内运动图解

图 4-1-127　抓取机构运动时装置内压力变化

　　对抓取机构运动造成的压力变化进行计算可知，抓取机构在天然气水合物保压转移装置筒体内运动时，与筒体之间留有 1mm 宽的缝隙，足够使液体从缝隙中流过，抓取机构运动造成的压力变化相对 200bar 的压力可以忽略不计。

　　从试验测得的压力曲线分析可以看出当卡爪运动时，天然气水合物保压转移装置腔体内的压力几乎不变，维持在 201.2bar 左右。由于实际选用压力传感器量程为 0～250bar，0.1bar 的压力变化已小于传感器测量精度，可忽略不计。同时，可以发现，抓取机构开始运动时，会造成 1bar 左右的压力降低，当抓取机构停止运动时，压力又会升高 1bar，恢复至原有压力。推测是因为装置内液体介质的流动对压力传感器的读数造成了细微的影响。

　　(2)装置泄漏造成的压力变化。

　　天然气水合物转移装置内部为 200bar 高压，主要由 O 形圈、组合垫等元件达到密封效果。理论上是可以做到完全无泄漏的，但为了防止实际情况中可能出现的由某个元件密封不良导致的压力降低，压力维持系统也要对泄漏情况加以考虑。

　　基于液体体积模量及液体通过缝隙的泄漏流量，推导了装置内的压力下降曲线，实际试验中，在等待操作的间隙，正好有一元件密封处发生了泄漏，压力传感器由泄漏导致的压力下降记录如图 4-1-128 所示。

　　试验数据表明，当未接压力维持系统时，若在天然气水合物转移装置内某个元件密封不良，并导致泄漏的情况下，装置内压力在 1.5min 内下降了 10bar，且能看出，随着装置内压力的降低，泄漏有先快后慢的趋势。

　　为采取有效的压力维持方式，防止装置的密封问题对装置内的天然气水合物造成影响，本书研究了蓄能器、高压泵对泄漏时压力维持的效果，如图 4-1-129 所示。

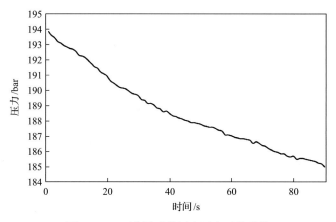

图 4-1-128　泄漏时装置内压力下降曲线

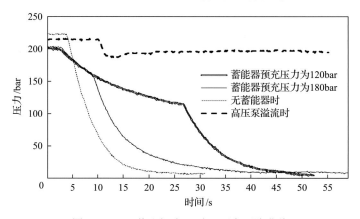

图 4-1-129　截止阀半开时，压力下降曲线

　　试验时，首先将子转移筒加压至 210bar（通过与子转移筒相连的压力表显示筒内压力），随后将子转移筒相连的截止阀旋开一固定角度，通过压力传感器测量筒内的压力下降情况并进行曲线分析可知：当子转移筒存在泄漏时，压力下降呈先快后慢趋势，筒内压力下降至设计压力下限 160bar 仅需 2.5s；增加蓄能器后，可补充筒体内泄漏减少的液体介质，减缓筒体内压力下降速度，当蓄能器缓解压力下降的作用结束时，压力曲线出现拐点，随后压力下降的速度与无蓄能器时一致。当蓄能器预充压力为 180bar 时，压力下降至 100bar 需要 12s，当蓄能器预充压力为 120bar 时，压力下降至 100bar 需 27s，说明补偿泄漏时，蓄能器预充压力并不是越大越好，预充压力为工作压力的 50%左右较为合适。

　　同时可以发现，即使增加了蓄能器并选取了合适的预充压力，由于泄漏一直存在，压力将不断降低直至降为 0bar。根据前面论述，所设计的压力维持系统在高压泵溢流时可有效补偿泄漏。实际情况如图 4-1-129 所示，当将压力维持系统与子转移筒连接，并且高压泵一直溢流时，截止阀突然半开导致压力下降值为 10%，随后压力维持稳定，满足设计目标 20%的压力波动，达到压力维持的目的。

(3)球阀开闭造成的压力变化。

在天然气水合物转移的过程中，球阀开闭过程导致容积变化，会影响转移装置内的压力变化，从而影响天然气水合物的稳定性。本小节针对样品转移至子样品筒中这一过程中的球阀开闭，研究了蓄能器在不同预充压力下对压力冲击的消减情况。试验所用设备如图 4-1-130 所示。

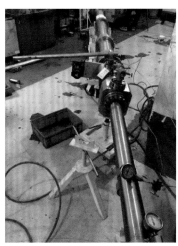

(a) 不同预充压力蓄能器及子转移筒　　　　　　　　　(b) 保压转移装置

图 4-1-130　不同预充压力蓄能器及子转移筒与保压转移装置连接

子转移过程中蓄能器为子转移筒自带，容积为 0.63L，预充压力分别为 60bar、120bar、180bar。转移装置与子转移筒通过球阀相连，并将切割后的小段样品推送至子转移筒中，随后子转移筒球阀关闭，与保压转移装置脱离。在球阀开闭的过程中造成的压力变化如图 4-1-131 所示。

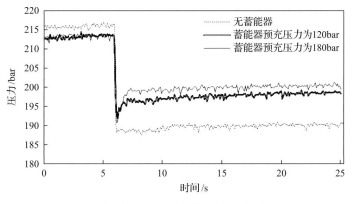

图 4-1-131　球阀开闭时的压力曲线

当球阀处于打开状态时，由于球体与阀座之间存在一定空隙，且此空间内为空气，球阀关闭时，球体与阀座间的空隙被筒体内的液体充满，导致液体体积膨胀，压力降低。当无蓄能器时，压力从 215bar 降低至 190bar。当有蓄能器时，可发现压力先快速降低后迅速上升,并迅速达到稳定状态。当蓄能器预充压力为 120bar 时,筒体内压力在 1s 内由 191.9bar 上升至 196.7bar,并在 15s 内压力上升并稳定于 198.5bar;当蓄能器预充压力为 180bar 时,筒体内压力在 1s 内由 190.7bar 上升至 199.7bar,并在 10s 内压力上升并稳定于 200.1bar。

试验中,预充压力为 180bar 的蓄能器相比预充压力为 120bar 的蓄能器,能更快地补偿球阀开闭造成的压力冲击,并且稳定时的压力值更接近原有压力。验证了仿真模拟中的结论——蓄能器预充压力越高,吸收压力冲击的响应越快,吸收效果越好。

为验证关于蓄能器入口管路的仿真结论,在蓄能器预充压力为 6MPa 时,分别通过长度为 0.5m、5m 的管路与转移装置连接,进行球阀开闭试验,测量转移装置中的压力数据,如图 4-1-132 所示。

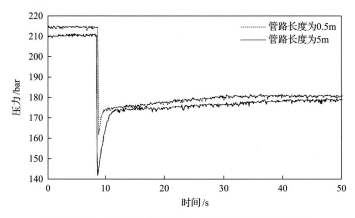

图 4-1-132　管路长度不同时,球阀开闭的压力曲线

分析压力曲线可知,当蓄能器入口管路长度由 0.5m 增加至 5m 时,球阀关闭导致子转移筒内最低压力由 162bar 变为 143bar,压力下降幅度超过 10%;管路增长的同时导致压力恢复变慢,当管路长度为 0.5m、1m 时,压力恢复至 175bar 分别需 2.5s、5s。最终子转移筒内压力趋于一致,说明入口管路长度不影响最终转移装置内的压力。通过试验说明蓄能器入口管路越短,响应压力波动的速度越快,吸收压力冲击效果越好,与仿真结果相符。

5) 样品转移全过程的压力曲线

通过前面的论述可以证明本书所设计的压力维持系统可有效补偿泄漏,并且通过选用合适容积和预充压力的蓄能器可有效消减装置内的压力波动,将压力维持在 200bar 附近。

取样器顶端如图 4-1-133(a)所示,毛细管用于向顶端注水加压,排气口用于排出顶端空气,待注满水后关闭排气口。加压过程中压力表显示当前压力,防止压力过高。根据取样器的机械设计,取样器顶端与取样器之间是隔离的,因此向取样器顶端加压,可利用两端压差推动样品管与取样器分离。卡爪在转移装置内的位置如图 4-1-133(b)所示,卡爪顶端有可开合的顶针用于抓牢样品管,卡爪与转移装置的筒体留有 1mm 间隙,根据理论计算,当此间隙没有被堵塞时,卡爪前后运动不会出现较大压力变化。

(a) 取样器顶端　　　　　　　　　　　　(b) 卡爪在转移装置内位置

图 4-1-133　取样器顶端及卡爪在转移装置内的位置

　　下面将压力维持系统与转移装置对接，进行样品转移并记录压力数据。根据上面的仿真结论，压力维持系统选用的蓄能器容积为 6.3L，预充压力为 160bar。如前所述，天然气水合物转移时，首先将转移装置内腔体充压至 200bar，其次卡爪前进至样品管所在位置，再次将取样器顶端加压至 230bar 左右，通过压差使取样管与取样器脱开连接，从而使样品管可在转移装置内移动。

　　此过程的压力波动曲线如图 4-1-134 所示。0～70s 为转移装置内加压过程，70～2000s 为取样器顶端加压至 230bar 并通过压差将取样管与取样器脱离阶段，2000～2500s 为卡爪在转移装置内前进过程。可发现加压过程由于高压泵的开闭，装置内压力存在一定波动；当取样器顶端加压时，样品管向转移装置方向移动，挤压转移装置内的液体导致压力由 204bar 升高至 212bar。卡爪的启停会造成装置内压力变化，卡爪运动也会导致压力传感器示数出现跳动。

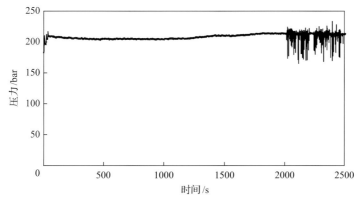

图 4-1-134　卡爪前进及取样管脱离时的压力曲线

将转移装置加压阶段的压力曲线截取放大，如图 4-1-135 所示。转移装置首先被加压至 183bar，与设计目标 200bar 有所差距，因此通过短时间打开高压泵为转移装置内继续加压。图 4-1-135 中曲线的 3 段上升波段即是高压泵工作时段。当关闭高压泵时，转移装置内出现压力回落，是因为泵出口的单向阀关闭时，少量转移装置内液体回流至高压泵。此段曲线证明压力维持系统可快速将转移装置内加压至 200bar。

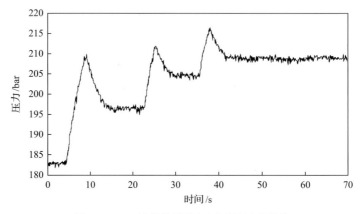

图 4-1-135 转移装置内加压时的压力曲线

对取样器顶端加压时，因为取样器顶端容腔较小，高压泵流量较大，用高压泵打压可能导致安全隐患，因此取样器顶端的加压通过压力维持系统中的手动打压泵来完成。先将取样器顶端注满水，排出空气后，关闭排气口，再通过手摇式的手动打压泵加压。由于取样管的移动造成取样器顶端容腔变大，压力上升较为缓慢，当取样器顶端的压力表示数快速上升时，说明取样管已移动到位，与取样器之间的固定块已脱落。

此过程中，转移装置内的压力曲线截取放大如图 4-1-136 所示。在 500～1200s 时，压力基本维持在 205bar，此阶段取样器顶端通过手摇式手动打压泵注水，因此注水速度较慢，取样管向前没有挤压转移装置内的液体，因此压力基本稳定不变。1200～1400s 时，取样器顶端已注满水，手动打压泵工作，取样器顶端压力增大，驱动样品管挤压转移装置内的液体，因此压力上升。1400～1600s 时，压力基本稳定在 210bar，是因为手动

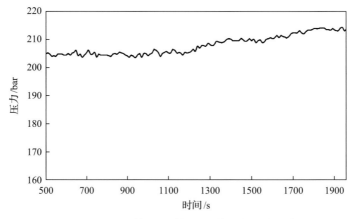

图 4-1-136 取样器顶端加压时转移装置内压力

打压泵内的水全部打入取样器顶端后，需要关闭与取样器顶端连接的截止阀，反转吸水，为下次打压准备。1600～1800s 时，手动打压泵再次工作，推动样品管脱离取样器，此后手动打压泵停止工作，转移装置内的压力稳定在 213bar。

取样管脱扣后，卡爪需前进至取样管所在位置，此过程中转移装置内的压力曲线如图 4-1-137 所示。可以发现，此时压力基本稳定在 213bar，但是压力传感器读数有跳动，跳动范围为 165～220bar。对照卡爪前进过程中转移装置上压力表的读数，发现压力表读数一直稳定在 210bar(压力表读数与压力传感器读数始终存在一定差别)，没有发生压力跳动。因此认为压力传感器读数的变化是因为卡爪运动造成转移装置内液体流动，从而导致压力读数不准，实际卡爪运动过程中，转移装置内压力维持稳定。

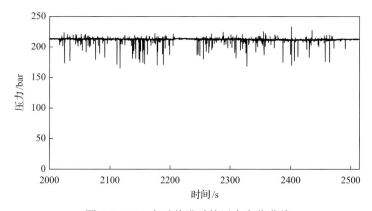

图 4-1-137 卡爪前进时的压力变化曲线

当卡爪移动到样品管所在位置后，需要伸出顶针，卡住样品管，并将样品管回拉至切割机构所在位置，随后切割样品管，将切割后剩余的样品管推回取样器腔体后，卡爪后退至转移装置筒体中，最后关闭取样器与转移装置间的球阀，两者分离。此过程中压力变化曲线如图 4-1-138 所示。

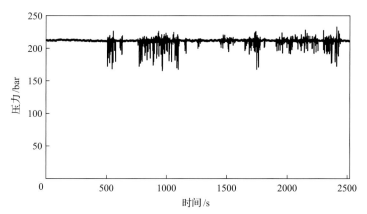

图 4-1-138 抓取、切割及移动样品管时的压力曲线

卡爪缓慢伸出其顶针，抓牢样品管过程中，保压转移装置内的压力曲线截取放大后如图 4-1-139 所示。此过程中，压力维持稳定，最高压力为 213.6bar，最低压力为 210.9bar，

压力波动小于 2%。卡爪顶针伸出抓牢样品管，如图 4-1-140 所示。

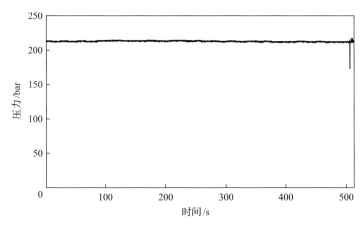

图 4-1-139　卡爪抓牢样品管时压力变化

(a) 卡爪顶针抓牢样品管　　　　　　　(b) 取样器与转移装置间的观察孔

图 4-1-140　卡爪顶针抓牢样品管及取样器与转移装置间的观察孔

500～1100s 为卡爪抓牢样品管后，移动样品管至切割机构所在位置的过程。此过程与前面所述卡爪运动过程一样，压力表示数显示压力稳定，但压力传感器示数发生跳动。600～800s 内压力无跳动，是因为观察样品管所在位置时停止了驱动卡爪的电机。

1400～1800s 为切割机构切断样品管的过程，此过程中压力曲线截取放大后如图 4-1-141 所示。与卡爪前后运动类似，切割过程中压力传感器读数也存在一定跳动，跳动范围为 168～237bar，此时转移装置上的压力表示数稳定在 213bar。由于切割机构工作时，旋转刀头造成转移装置内液体流动，而压力传感器通过毛细管与切割机构壳体相连通，切割机构转动造成的液体流动导致压力传感器读数发生跳动。忽略此压力跳动后，可知在切割样品管过程中，压力变化小于 2%，压力维持效果良好。

1800～2500s 为卡爪将切割后剩余的样品管回推至取样器后，将切割后的样品管移动至转移装置内，并关闭取样器与转移装置间球阀的过程，与前面所述类似，卡爪运动时压力传感器示数存在跳动，但实际压力值变化小于 2%，远小于设计目标 20%。

当转移装置与取样器分离后，需与子样品转移筒对接，将切割后的样品管推送至子样品转移筒中，卡爪脱离样品管，随后将卡爪回拉至转移装置中，此过程的压力曲线如图 4-1-142 所示。

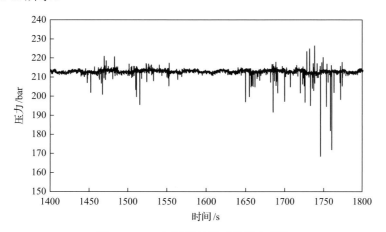

图 4-1-141　切割样品管时的压力变化

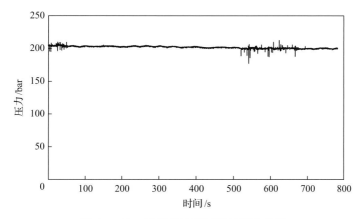

图 4-1-142　子样品转移过程的压力曲线

0～100s 为卡爪推动切割后的样品管进入子样品转移筒的过程，由于试验时所切割的样品管长度较短，卡爪移动距离较短，时间较短。此过程与前面所述类似，压力传感器示数存在一定跳动，压力表显示数不变，压力稳定在 204bar。

100～500s 为卡爪与样品管脱离过程，与前面所述卡爪抓牢样品管的过程正相反，卡爪前端的顶针缩回，从而与样品管脱离。此过程与卡爪抓牢样品管过程的相似之处在于，都不会造成转移装置内的压力波动，压力稳定在 204bar。

500～750s 为卡爪回拉至转移装置过程，与子样品转移筒连接的球阀关闭后，卡爪回拉。此过程与前面所述类似，卡爪运动造成压力传感器读数波动，但压力表示数不变，压力稳定在 202bar，压力数据略有波动，可能是因为关闭球阀使转移装置内压力有所变化。

图 4-1-143 为转移装置将切割后的样品管推送至子样品转移筒后，打开子样品转移筒球阀，验证样品管位置时所拍的照片，样品管上黑色标记为切割前所做的位置标记。

图 4-1-143 切割后的样品管被转移至子样品转移筒中

七、取样器机构改进

（一）方案设计

保压取样是从海底中采取沉积物样品，保压转移是将取到的样品进行切割转移。为了使原有的 15m 取样器既能够适应保压取样要求又能够满足保压转移需求，需要对原有结构进行修改。在原有的 15m 取样器的基础上主要修改了取样器采样筒和下端盖体两部分。保压取样过程的工作原理、相关结构及设计计算见 15m 取样器的设计说明书，本书不再一一说明。主要对修改后的结构及如何实现样品管的释放转移做出说明。图 4-1-144、图 4-1-145 是保压取样器修改后的结构。

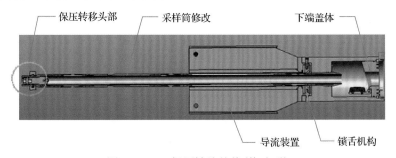

图 4-1-144 保压转移整体（修改后）

在保压取样时，取样器上端的双向密封件通过扣件与采样筒相固定，样品管与双向密封件通过固定块固定，从而保证取样过程中样品管不会脱落。在保压转移时，必须使样品管从采样筒脱离，以便卡爪后面抓取拉拔。所以在转移时首先取下压环和扣件，将销轴 1 替换为销轴 2，并将高压舱与采样筒通过环扣 1、2 连接。此时向高压舱内打入高压海水，水压作用在活塞及双向密封件上，双向密封件与高压筒不再相对固定。在压差作用下，活塞与双向密封件均向下移动，当双向密封件到达动环端面，动环顶住而停止运动，销轴 2 被双向密封件顶住而停止运动，从而使活塞也停止运动（也可能是活塞先移动，销轴 2 带动双向密封件轴向移动，当双向密封件移动至动环端面被阻止而整体停止运动)。当运动停止时，固定块到达筒体的较大内径处，固定块被样品管挤出至高压筒中（若无法完全脱离，在卡爪抓取样品管时固定块一定会脱离样品管），此时样品管与双向密封件不再相对固定，可在取样器中自由运动，如图 4-1-146 所示。

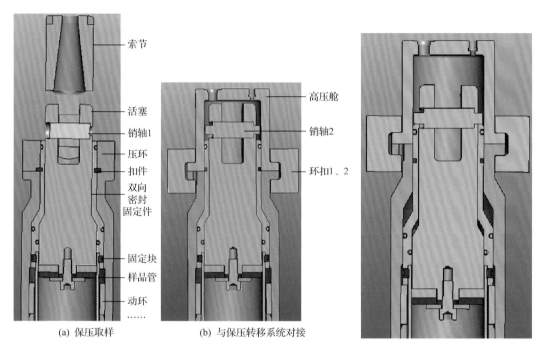

图 4-1-145　修改后保压取样与保压转移时结构对比　　图 4-1-146　双向密封件运动至末端

（二）研究过程

1. 采样筒修改

采样筒修改后的结构图如图 4-1-147 所示。原来在采样筒内的样品管必须在泄压后的情况下才能取出，而保压转移要求在保压情况下实现样品管的脱离拉拔，这里就需要对采样筒结构进行修改，增加一些零件以适应这种变化。用一双向密封结构保证在保压

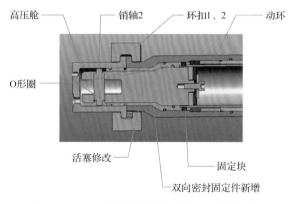

图 4-1-147　保压转移头部局部结果(修改后)

取样时样品管与取样器相对固定,而在保压转移时经过一些简单操作即可实现样品管在采样器内自由运动。而双向密封件的使用使一些零件尺寸发生了变化,需要对这些受变化影响的零件进行修改。

2. 下端盖修改

下端盖体在保压转移时是关闭的,靠密封作用保证采样筒内压力不丢失,而在保压转移时,需要打开下端盖体便于卡爪顺利进出取样器进行抓取作业。对原来的下端盖体进行修改,修改后的结构如图 4-1-148 所示。

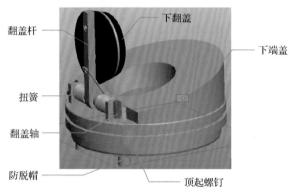

图 4-1-148 下端盖体(修改后)

这里采用两个螺钉交互顶起翻盖轴(一个顶起 30°,另一个顶起 45°),翻盖轴与翻盖杆之间通过键连接,从而带动下翻盖转动而打开。为防止螺钉退出过多造成密封失效情况,在两个螺钉末端固定两个防脱帽,防止脱出。

3. 下压盖修改

由于下翻盖中防脱帽的存在会干扰下压盖,下压盖中下压盖体上需要开两个通孔为防脱帽让出空间(图 4-1-149)。

图 4-1-149 下压盖体(修改后)

八、实验室试验

整个试验分为零部件功能试验和整体联调试验两部分。为了便于集中说明问题,将部分出现在整体联调试验中的问题记录于零部件功能试验中,现就两部分分别进行说明。

（一）零部件功能试验

零部件功能试验主要进行了取样器修改部分中的下翻盖顶开试验和取样器卡管、脱管试验，保压本体中的切割卡紧试验，卡爪机构和伸缩机构试验及压力试验。

1. 试验一：取样器中下翻盖顶开试验

验证方法：手动拧动顶起螺钉使翻盖翻开至全开，使样品管可顺利进出。下翻盖顶开试验如图 4-1-150 所示。

图 4-1-150　下翻盖顶开试验

2. 试验二：取样器卡管试验

验证方法：将采样筒分别按入水和取样两种状态组装试验（图 4-1-151），样品管按要求加工，前端开环形槽，末端开一通孔。

(a) 入水状态　　　　　　　　　　　(b) 取样后状态

图 4-1-151　采样筒入水状态和取样后状态

采样筒上端通过绳索固定在行吊之上，样品管末端的通孔连接一根绳索悬挂试验重力块，使重力块离地 50mm，不断添加重块，静置 10min 观察样品管是否脱落，直至样品管脱落，测出样品管最大承受拉力。

3. 试验三：取样器脱管试验

验证方法：去除压盖、活塞销、两个半环扣，装上转移销轴、孔用弹性挡圈、端面密封 O 形圈 71×2.65、高压舱和两个环扣，然后连接手动打压泵，打压至比本体内压力高 3～5MPa，防止真空回抽。脱管试验如图 4-1-152 所示。

图 4-1-152　脱管试验

4. 试验四：本体切割卡紧试验

验证方法：将样品管插进卡爪后，进给卡紧螺钉至卡紧，顺时针转动同步轮约 25 圈(第 16 圈左右出现力增大现象说明已抓住管)，退后卡紧螺钉至原位，开切割电机，进给切割螺钉至到位，然后回退一小段，再进给到位，切割螺钉后退回初始位置，关闭切割电机。切割卡紧试验如图 4-1-153 所示。

图 4-1-153　切割卡紧试验

5. 试验五：卡爪和伸缩机构试验

验证方法：推动卡爪测试其在伸缩筒体内的通过特性，以及高压情况下卡爪在电机带动下的通过特性。卡爪和伸缩机构试验如图 4-1-154 所示。

图 4-1-154　卡爪和伸缩机构试验

6. 试验六：压力试验

试验方法：通过打压泵分别向保压转移本体、声波检测装置、取样器等承受 20MPa 压力的部件进行打压 25MPa，保压 8h，满足压降小于 10%。压力试验如图 4-1-155 所示。

图 4-1-155　压力试验

(二)整体联调试验

联调试验分以下 4 种情况：

(1)无泥无压下的功能性试验。试验目的是检验设备机械功能实现程度，并为后面可能出现的结构故障提供对比。试验操作步骤参照《保压转移无泥无压联调试验操作规程》。

(2)无泥带压下的联调试验。试验目的是在确保无压功能正常情况下，试验设备在有压下工作是否正常，前后对比便于查找出现问题的原因。试验操作步骤参照《保压转移无泥带压联调试验操作规程》。

(3)带泥带压下的联调试验。试验目的是检验在满载工况下设备是否能达到保压转移的技术指标。试验操作步骤参照《保压转移带泥带压联调试验操作规程》。

(4)带泥带压下的多段切割试验。试验目的是检验在设备筒体缩短引起的样品管缩短不能满足之前设定的试验条件下，添加卡管装置后能否达到转移两段样品管的目的。试验操作步骤参照《保压转移带泥带压多段切割试验操作规程》。

（三）试验结果分析

整个保压转移装置在缺少参考资料的情况下进行研制，且工作环境是海水、泥沙、高压等，遇到的问题和困难是相当多的。为了试验的严谨性和完整性，保压转移装置先后进行了数十次零部件功能试验和整体联调试验，试验种类比较丰富全面，遵循循序渐进原则，试验结果可相互对比，将尽可能多的问题暴露于实验室中，并将其解决。

共进行整体联调试验 20 次，一般随着试验难度等级的提升，每种试验第一次会出现一些未曾遇到过的问题，这些问题解决后，试验相对比较稳定，成功率在 80% 以上，比较适合进行海上试验。

第二节　天然气水合物岩心在线声波检测装置与技术研究

一、天然气水合物岩心在线声波检测装置

（一）海上天然气水合物岩心在线检测试验平台设计

海上天然气水合物岩心在线探测要求快速判断天然气水合物岩心内天然气水合物的存在，根据要求设计试验系统如图 4-2-1 所示。

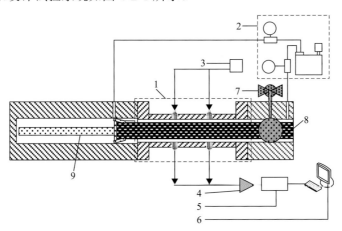

图 4-2-1　试验系统示意图

1-声波检测主装置；2-介质压力平衡系统；3-声波发生器；4-A/D 转换器；
5-示波器；6-计算机；7-球阀；8-保真天然气水合物岩心；9-机械手

一种保真天然气水合物岩心快速检测装置包括声波检测主装置、介质压力平衡系统、声波发生器、A/D 转换器、示波器、计算机、球阀、机械手。声波检测主装置包括金属压帽、声波换能器的发射端、保护套、固定螺栓、过渡法兰和声波换能器的接收端。声波检测主装置外壁由钛合金制成，横截面为正方形，边长为 130mm，以保证系统 20MPa

的耐压性，内径为 80mm，以保证天然气水合物岩心(外径 73mm)通过声波检测主装置。

声波检测主装置如图 4-2-2 所示。天然气水合物岩心与声波检测主装置间形成 3.5mm 的中空夹层，其中充满海水，以去除夹层内的空气，保证声波穿透天然气水合物岩心到达声波换能器接收端。声波检测主装置的侧壁开有 3 对通孔，每对通孔中心轴同轴，用于嵌入由聚砜材料制成的保护套。保护套为无盖空心圆柱形，底层厚 10mm，能够保证良好的声波穿透性，并防止声波换能器发射面被压坏。保护套与金属压力容器之间采用 O 形密封圈密封，以保证整个检测装置的气密性。声波换能器置于保护套中，在声波换能器与保护套间加入声波耦合剂，用于去除保护套与声波换能器间的空气。金属压帽用于固定声波换能器，并由紧固螺栓固定在声波检测主装置上，使声波换能器拥有良好的耦合效果。

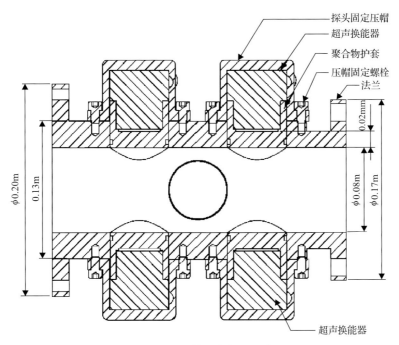

图 4-2-2　声波检测主装置示意图

本装置设置了 3 对声波换能器：声波检测主装置的上下布置两对声波换能器，左右布置一对声波换能器。天然气水合物在沉积物内的分布规律具有多样性，可能分布于沉积物的裂缝中。当裂缝方向与声波传播方向垂直时，会引起声波速度变化不明显，因此本装置设置的 3 对声波换能器能够防止声波检测过程中的检测遗漏。

为了实现保压条件下的在线快速检测，声波检测主装置右侧的过渡法兰用于与保真取样器连接，球阀位于声波检测主装置的右侧，用于控制天然气水合物岩心的进出。介质压力平衡系统连接球阀两侧，用于平衡球阀两端压力。机械手由电机驱动，用于拖动天然气水合物岩心在装置内移动。声波发生器用于发射声波脉冲，声波换能器的发射端将电信号转换成机械信号，声波换能器的接收端将接收到的机械信号转换成电信号，经 A/D 转换器在示波器上显示声波信号，并传输给计算机进行储存。

本设计能在不破坏天然气水合物岩心的基础上判断其中是否存在天然气水合物，为天然气水合物岩心后续转移分析提供判断依据。采用可拆卸式的声波换能器安装方式，便于针对不同沉积物情况在线更换适用技术参数的声波换能器。在两个不同方向上的声波检测，提高了检测结果的可靠性。

(二)海上天然气水合物岩心在线声波检测方法

在海上天然气水合物岩心在线检测平台上，天然气水合物岩心外套有机玻璃套筒，检测过程中由机械手抓着从右向左做间断性平动，在停顿时对岩心进行声波检测，长度步长可根据岩心整体长度而定。整个装置最外层由不锈钢制成，以保证系统 20MPa 的耐压性。岩心管外层充满海水，海水层使有机玻璃套筒在平动过程中与金属壁间不存在接触摩擦。声波换能器(探头)的紧固及安装方式是该装置的关键。该装置采用聚合物(聚砜材料)保护套套在普通的声波换能器端面上，在声波换能器与聚合物保护套间涂上声波耦合剂，再用金属压帽固定住声波换能器(金属压帽由一圈螺母固定在整个声波检测主装置上)，使声波换能器能拥有良好的耦合效果。聚合物保护套的外侧面设计了两道用于密封圈密封的凹槽，以保证整个装置的密封性。

天然气水合物岩心在线声波检测采用透射法超声波检测方法，通过测量穿透反应釜的声速和脉冲信号振幅变化来判断天然气水合物的存在，具体技术实施方案如下：

第一步，安装声波换能器。将聚合物保护套套上 O 形密封圈后，在换能器工作端面涂上声波耦合剂，插入聚合物保护套中。将两者整体嵌入声波检测主装置金属外套筒的小角度梯形通孔中(上下各一个，中心轴同轴)，再用金属压帽固定住声波换能器。

第二步，声波信号采集。当机械手抓着天然气水合物岩心经过声波探测装置时，同时给 3 组声波换能器施加脉冲信号，声波换能器发射端发出信号，垂直穿透天然气水合物岩心，由接收端接收信号，信号经过放大电路进一步放大，在示波器上成像，并传输给计算机。3 组声波换能器同时工作能增加检测结果的可靠性，并有效预防突发情况。

第三步，分析波形信息。当岩心处于行进中的停顿时间时，在计算机上进行声波信号波形信息读取和岩心位置记录。最终，可根据岩心不同位置声波信号的参数变化判断天然气水合物存在与否及其在岩心中的位置。

二、天然气水合物沉积物声波信号响应规律试验研究

(一)实验室天然气水合物岩心在线声波检测试验系统

在将声波检测试验系统应用到南海试验之前，需要实验室研究结果的支持。实验室天然气水合物岩心声波检测试验系统图如图 4-2-3 所示，整个试验系统包括反应气路、高压容器、空气浴、声波检测系统和数据采集系统等。整个试验系统最高能够耐压 20MPa，通过空气浴调节环境温度，在高压容器内人工合成天然气水合物沉积物。该装置采用穿透法测量声波速度，声波发生器发射超声波信号后，被声波换能器接收，在超声波穿透天然气水合物岩心过程中，实现将电信号转换为机械信号，再将机械信号转换为电信号

的过程，最终声波信号的变化由示波器呈现，经计算机分析数据得到天然气水合物岩心内水合物饱和度。

(a)   (b)

图 4-2-3   天然气水合物岩心声波检测试验系统

表 4-2-1 为主要试验设备清单，脉冲收发器用于发射脉冲及 A/D 转换，采用日本 Olympus 生产的 5077PR 型号。声波探头采用日本 Olympus 生产的低频窄带探头，具有良好的穿透能力，有 50kHz、100kHz 和 180kHz 3 种规格。示波器采用了美国 Tektronix 生产的 DPO4034B，具有 4 模拟通道、350MHz 的带宽，能满足声波信号不失真。空气浴用于调节环境温度，采用了无锡市精创机电设备有限公司(简称无锡精创公司)的 GDW-010L 型低温制冷柜，具有 ±0.2℃ 的控温精度。声波检测装置及旁路系统全部自主设计，并由山东中石大石仪科技有限公司(简称中石仪公司)加工完成。

表 4-2-1   试验设备表

设备	型号	厂家	主要参数	单价	数量
脉冲收发器	5077PR	Olympus		$3525	2
声波探头	低频窄带	Olympus	50kHz	$1200	4
			100kHz	$835	
			180kHz	$900	
示波器	DPO4034B	Tektronix	350MHz	￥63800	1
空气浴	GDW-010L	无锡精创公司	±0.2℃	￥45000	1
主机装置	SBCD-1	中石仪公司	20MPa	￥87000	1

该试验系统中，根据海上天然气水合物岩心的快速在线探测要求，对反应釜进行了特殊的设计，声波检测装置图如图 4-2-4 所示。

反应釜设计长度为 250mm，含内径 68mm、外径 73mm 的有机玻璃管，有机玻璃管外用钛合金包裹，金属壁内径为 80mm，外径为 120mm。塑料管和金属壁间存在 3.5mm 的夹层，用海水充满，模拟海上勘探的实际情况。反应釜的探头安装采用固定安装方式：反应釜纵向安装 3 对声波探头(2 对布置在岩心管上下位置，1 对布置在岩心管左右位置)，在反应釜上开有直径为 44mm 的圆形通孔，2 对探头布置于中心线处。反应釜上端盖布置 2 个温度传感器和 1 个通气水孔；下端盖布置 1 个通气水孔和 1 个热敏电阻，用于注排气、水及测量反应釜内的温度、电阻率变化。两端的通气水孔分别布置冰晶石，防止南海砂堵塞管路。

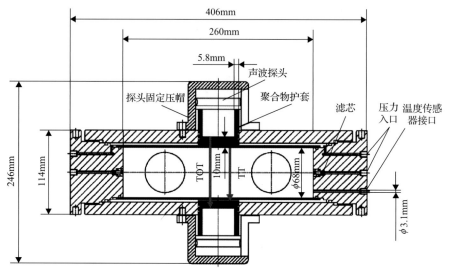

图 4-2-4 天然气水合物岩心声波检测装置图

TOT-声波耦合情况延时；TT-声波穿过聚合物保护套的延时

（二）声波检测试验步骤

1. 首波信号判断

首先，在示波器上用通道 CH1 连接声波信号的接收信号，用通道 CH2 连接声波信号的发射信号，比较接收信号的首波位置和发射信号的上升沿位置，两者的时间差就是声波信号穿透样品用的总时间。通过示波器上的波形显示，读取首波到达位置，就可计算得到波速值。首波到达位置的判断是透射法声波检测技术的关键，接收信号的振幅大小决定了声波检测的测量精度。岩土作为一种多孔介质，声阻抗较大，声波不容易穿透，因此接收信号往往较弱，首波到达位置模糊，难以精确判别。降低发射信号频率、增大脉冲电压有助于声波穿透岩土，但是声波频率越低，越容易受到外界噪声干扰，检测精度也受影响，因此通过试验研究确定合理的声波信号频率是很有意义的。

2. 系统零点校正

超声检测之间需要对超声检测系统进行系统延时 POT 的测量。系统延时的主要原因有脉冲发射延时、声波耦合情况延时和声波穿过聚合物保护套的延时，即 POT=TOT−TT，如图 4-2-5 所示。为了确定系统延时 POT，需要在试验前进行系统零点校正。采用纯水作为标准物质，根据已有经验公式理论计算纯水中的声波速度，反推得到 POT。

对 7 组不同温度下的纯水样品进行了声波检测，根据声速与温度的拟合经验公式计算得到不同温度下声波在纯水样品中的波速 V_p，如图 4-2-6 所示：

$$V_p = 1492.9 + 3(T-10) - 0.006(T-10)^2 - 0.04(T-8)^2 + 1.2(S-35) - 0.01(T-18)(S-35)$$

$$(4-2-1)$$

式中，T 为温度；S 为盐度。

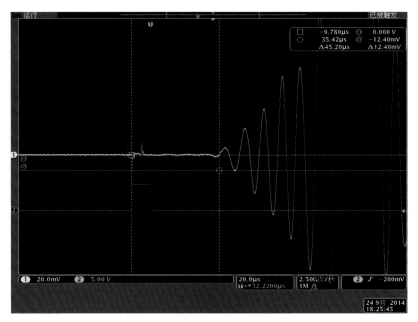

图 4-2-5   示波器上的显示的声波信号及首波到达位置

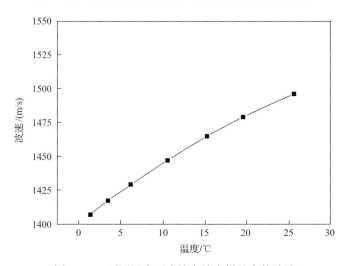

图 4-2-6   不同温度下声波在纯水样品中的波速

游标卡尺测量得到纯水样品的测量间距 $L_纯$ 为 7.352cm，根据声波检测得到的时间间隔 TOT，计算得到该声波检测系统的平均延时 POT 为 17.919μs，不同温度下的 POT 结果如图 4-2-7 所示。POT 计算公式：

$$POT = TOT - L_纯/V_p$$

$$(4-2-2)$$

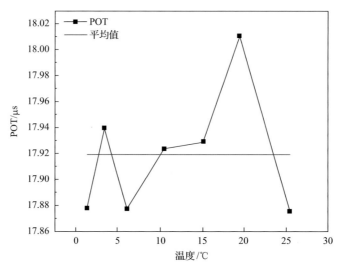

图 4-2-7　不同温度下的系统延时 POT

(三)天然气水合物沉积物 P 波信号响应规律

为了探明天然气水合物沉积物 P 波信号响应规律,利用天然气水合物声波检测试验系统进行了尝试性试验,试验步骤如下:

(1)标定声波检测试验系统延时 POT;

(2)吹干反应釜,均匀填入玻璃砂和去离子水;

(3)在 15℃下向反应釜内注入甲烷气体至釜内压力达到预期压力;

(4)设置空气浴温度为 1℃,采集声波数据;

(5)观察数据采集系统的温度、压力变化,压力突然降低的点即为天然气水合物开始生成的时刻,随后间隔一定时间采集一次声波数据;

(6)温度、压力均保持不变,说明天然气水合物已经完全生成,根据温度、压力参数计算出天然气水合物饱和度,并采集天然气水合物完全生成后的声波数据。

现以一组试验数据为例对天然气水合物生成前后的声学特性变化进行说明,试验工况见表 4-2-2。天然气水合物生成过程吸收大量热量,温度降低,气体与水结合生成天然气水合物使压力降低。在大约 180min 时,温度、压力同时降低,说明天然气水合物开始大量生成。在 650min 以后,温度、压力基本保持不变,说明天然气水合物已经完全生成。

表 4-2-2　试验工况

项目	数值	项目	数值
初始压力/MPa	8.02	生成后压力/MPa	3.15
初始温度/℃	15.61	生成后温度/℃	1.85
设置空气浴温度/℃	1	POT/μs	18.843

对比测量的天然气水合物生成前后的声波信号发现,天然气水合物生成前后振幅变化明显,生成的天然气水合物填充了多孔介质孔隙,使声波衰减过程减少,接收到的信

号振幅增大。天然气水合物生成前的波速略微小于生成后的波速，但增幅不明显，这可能与人工合成天然气水合物饱和度低有关。进行重复性试验得出了相同结论。

对其中一次生成过程中的 4 个不同时刻进行了声波测量，分别得到了天然气水合物生成过程中随天然气水合物饱和度增加的声波速度变化，见表 4-2-3。

表 4-2-3　天然气水合物生成过程中波速及饱和度变化

状态	温度/℃	压力/MPa	首波到达位置/μs	波速/(m/s)	饱和度/%
1	0.02	2.607	45.0	3359.963	26
2	0.91	2.831	45.2	3320.110	25.02
3	10.79	5.582	45.4	3289.762	12.38
4	15.8	7.358	45.6	3251.024	3.59

纵波速度随天然气水合物饱和度增加而增加。低于某一饱和度值时，波速增加不明显，而高于这一饱和度值时，波速增加明显，这一结论与国外学者的研究结果相符。在低饱和度下，天然气水合物仅仅在孔隙内生长，还没有形成胶结物，因此波速增幅不明显，而高于某一饱和度后，生成的天然气水合物与多孔介质胶结，波速增加明显。

因此，声波速度及振幅的变化可以作为天然气水合物存在与否的判别标志。但是，对于低天然气水合物饱和度的情况，仅仅通过声波信号变化判断天然气水合物存在是不准确的。不仅如此，真实的海底环境情况复杂，沉积物中可能含有大颗粒石子、海洋生物残骸等杂质，都会对天然气水合物的判别造成干扰。因此，采用多种检测手段同时测量是更加可靠的判别方法。

根据天然岩心分别在 0.1MPa、1.5MPa、3.0MPa、4.5MPa、6.0MPa 条件下的声波信号，可以确定首波到达位置为 67.4μs，计算得到沉积物的波速为 1544.927m/s，并且压力对声波首波到达位置的影响不大，而对振幅影响非常大，主要是因为充入的气体增大了气体密度，降低了沉积层的声阻抗，使声波衰减大大降低。由于天然海底沉积物的粒径太小，且主要为黏土和粉砂，气体无法有效进入孔隙中，天然气水合物几乎无法生成，想要模拟真实海底天然气水合物沉积物的情况还需要进一步研究。

三、海上天然气水合物岩心声波检测模拟试验

(一)天然气水合物岩心声波检测探头频率选择

不同频率的超声波在沉积物内的传播特性不同。超声波频率较大时，波长较短，超声波信号具有较强的分辨率，但是信号强度较弱，容易在沉积物样品内迅速衰减；超声波频率较小时，波长较长，超声波信号强度较强，能够穿透更厚的沉积物样品，但是相对的信号分辨率降低。因此，选用合适的超声波频率进行测量具有重要的意义。为了获得较好的测量结果，本章采用 100kHz 和 180kHz 两种频率的探头进行了敏感性分析试验。

试验结果表明，利用谐振频率为 180kHz 的超声换能器增强了超声波在样品内的衰减作用，接收到的信号强度远小于使用 100kHz 的超声换能器时接收到的信号，大大降

低了首波到达时间的判断精度。此外，使用 180kHz 的超声换能器比 100kHz 的超声换能器的首波到达时间长，并且由于频率增加，检测分辨率更高，对不同样品的信号差异更大。但是，对于模拟粉状天然气水合物岩心所接收到的信号来看，对首波到达时间的判断具有很大的困难。综上所述，考虑到快速判断首波到达信号的要求，使用 100kHz 的超声换能器具有更好的适用性。

（二）海上试验模拟及准备

由于天然气水合物岩心的获取需要花费巨大的人力和物力，采用河床泥沙模拟海底沉积物，并用冰模拟天然气水合物。河床泥沙粒度分布如图 4-2-8 所示。首先，将塑料套筒进行标定，每隔 10cm 用记号笔进行标注，作为试验特征点。将河床泥沙干燥后用研钵研碎，按含水率 60%的比例倒入适量的水，搅拌均匀后填入塑料套筒内，边填边用特制的铁锤夯实泥沙。在标记的特征点处，加入冰块或者冰粉代替天然气水合物的赋存方式，填好以后的沉积物样品如图 4-2-9 所示。

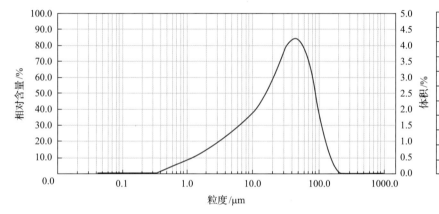

粒径/µm	含量/%
1.000	2.09
2.000	5.79
5.000	14.66
10.00	25.01
20.00	40.29
45.00	68.95
75.00	87.72
100.0	94.75
200.0	99.97
300.0	100.00

图 4-2-8　河床泥沙粒度分布图

图 4-2-9　人工制取天然气水合物沉积物模拟岩心

将制取好的模拟岩心两端用透明胶带封住，防止样品运送过程中泥沙漏出。将模拟岩心放入天然气水合物保真岩心在线检测及转移装置内(图 4-2-10)，合上装置两端，拧紧紧固螺母。控制机械手拖动岩心，从观察窗观察岩心是否正常运动。若装置正常，则将岩心拖至零点处，准备开始超声检测。试验过程中，控制机械手缓慢拖动岩心，观察示波器上的声波信号。当样品拖至制取岩心时标定好的特征点时，记录波形数据。如此，依次扫描整个岩心。

图 4-2-10　放入沉积物岩心未合上装置前实物图

首先，对环境压力进行了敏感性分析，在相同位置处从常压持续注水加压至 15MPa，分别记录了 6MPa、10MPa、15MPa 时的波形信号，如图 4-2-11 所示，观察发现随环境压力变化波形信号基本不变。因此，可以排除环境压力对超声检测造成的干扰。

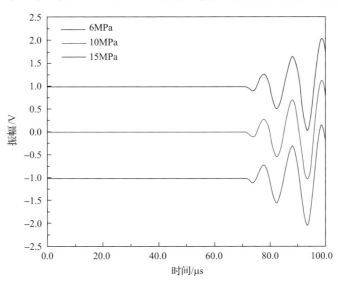

图 4-2-11　相同位置处压力为 6MPa、10MPa、15MPa 时的波形信号

在 10MPa 条件下，移动泥管，观察声波信号变化规律，记录 4 个不同位置处的声波

信号，如图 4-2-12 所示。从图 4-2-12 中可以得到首波到达位置在 77.7～81.4μs 时的变化。出现首波位置的波动范围主要是由于泥管内填充沉积物的不均匀性(取出后观察到有明显孔洞和石头，在后面试验中避免了石头混入沉积物中，发现首波到达位置基本稳定)。但这也从侧面反映了超声检测系统对样品不均匀性的反应。

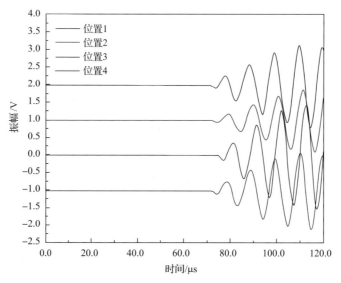

图 4-2-12　10MPa 时岩心不同位置处声波信号

随后进行了块状天然气水合物判别试验，该试验采用的塑料套筒全长 100cm，分别在 80cm 处布置了整块的冰块、在 40cm 处布置了 2/3 管子截面的冰块、在 20cm 处布置了 1/3 管子截面的冰块，测试压力为 10MPa，环境温度为 5℃。

按照上述试验步骤，对该岩心样品进行了超声检测，获得了不同截面处岩心样品的声波信号，如图 4-2-13 所示。从图 4-2-13 中可以看出：波速 $V_1 > V_{2/3} > V_{1/3} > V_泥 > V_水$；振幅 $A_水 > A_泥 > A_1 > A_{2/3} > A_{1/3}$($V_1$、$A_1$ 对应 80cm 处，整块冰块；$V_{2/3}$、$A_{2/3}$ 对应 40cm 处，2/3 管子截面的冰块；$V_{1/3}$、$A_{1/3}$ 对应 20cm 处，1/3 管子截面的冰块；$V_水 = 1482.9$m/s；$V_泥 = 1666.7$m/s)。因此，可以认为随天然气水合物饱和度的增加，P 波波速增加，这与其他学者的研究结

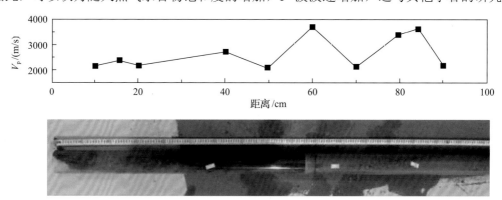

图 4-2-13　岩心样品实物图及 P 波波速测量值

论相符。天然气水合物的存在增加了沉积物岩心的胶结性，由于冰块内仅存在少量气泡，远远低于沉积物的孔隙度，并且在冰相内超声波的传播速度为 3800m/s，远远大于在沉积物内的 P 波波速 1500m/s，波速增加。从接收信号的振幅强度来看，在纯水内振幅值最大，此时是由于单一物质情况下，样品的均质性是最高的，声波散射最少，大部分的能量都穿过样品到达了超声换能器的接收端。而在有冰块的情况下，冰与周围沉积物的声阻抗特性不同，在两者的交界面上会产生较大的超声波反射和散射，只有小部分的能量可以穿透岩心到达超声换能器的接收端，因此振幅强度较小。

此外，值得注意的是，当套筒内填充满泥时，在不存在大的缝隙或者石头的情况下，首波峰到达时间基本保持在 77.8～78μs，对应的 P 波波速为 1666.7m/s。该速度值可以作为判断天然气水合物是否存在的标准值。当 P 波波速大于该值时，初步认为存在天然气水合物；而当 P 波波速小于该值时，初步认为可能存在大的裂缝。

此组试验针对块状天然气水合物的赋存形态进行了模拟，发现天然气水合物饱和度越高，P 波波速越大。对比了特征点位置与实测 P 波波速的变化规律，能够明显地观察到特征点位置与 P 波波速异常处的相关性，因此，P 波波速可以作为判断天然气水合物存在的判据。但是，对于天然气水合物饱和度的预测，需要后续更多的试验来进行归纳总结。

此外，进行了层状天然气水合物识别试验，该试验采用的塑料套筒全长 50cm，分别在 40cm 处布置了一片完整的薄冰片，在 30cm 处布置了半杯一次性杯子体积的冰粉、在 20cm 处布置了一杯一次性杯子体积的冰粉，在 10cm 处布置了半杯一次性杯子体积的冰粉，测试压力为 10MPa，环境温度为 5℃。岩心样品实物图如图 4-2-14(a) 所示。同样地，按上述试验步骤对整个岩心进行了扫描，并记录相关特征点处的声波信号，在 20～21cm 处，首波峰到达时间最短为 65.5～68.9μs，根据试验前的标定此处布置的是一杯一次性杯子体积的冰粉，小于半杯一次性杯子体积的冰粉处的首波峰到达时间，即随天然气水合物饱和度的增加，P 波波速增加。而在 10cm 及 30cm 处，同样布置的是半杯一次性杯

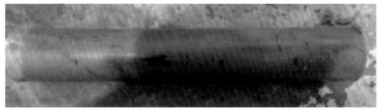

(a) 试验前

(b) 试验后

图 4-2-14　岩心样品实物图

子体积的冰粉，首波峰到达时间分别为 72.5μs 和 70.4μs，首波峰到达时间存在差异。这可能是由于在测量过程中，环境温度为 5℃，冰慢慢溶解，并且冰粉比冰块的换热面积大，更容易溶解。在试验过程中，首先测量的是 30cm 处，然后再测量 10cm 处，中间存在时间差，10cm 处部分冰粉在测量时可能已经溶解，降低了此处的 P 波波速测量值。通过对比，40cm 处的一整片薄冰片处的首波峰到达时间为 70.8μs，更加证明了此结论。

本小节针对片状天然气水合物的赋存形态进行了模拟试验，分别设置了一整片薄冰片和冰粉压成的冰层两种不同的赋存方式，试验结果表明冰饱和度越高，P 波波速越大。图 4-2-14(b) 为岩心内冰粉完全融化以后的实物图，根据冰融化后留出的孔隙可以证明特征点位置与检测结果的正确性，因此，通过超声检测技术同样实现了对片状天然气水合物的判断。

最后，进行了粉状天然气水合物判别试验，该试验采用的塑料套筒全长 50cm，分别在 40cm 处布置了整块的冰块、在 10cm 处布置了冰粉与河床泥沙的混合物，测试压力为 10MPa，环境温度为 5℃。在布置冰块的 40cm 处首波峰达到时间为 58.6μs，而在布置冰粉与河床泥沙的混合物的 10cm 处，具有微弱的声波信号值，首波峰到达时间为 70.5μs。从试验结果来看，针对块状天然气水合物的赋存形态的判断依然十分明显，但是针对粉状天然气水合物的赋存形态，P 波检测获得的信号较弱。原因是受到试验条件的影响，由于该装置无法进行温度控制，在检测过程中会有部分冰粉融化，特别是冰粉与沉积物相混合的低天然气水合物饱和度条件，对试验结果会造成更大的影响。总的来说，在现有条件下，该装置对粉状天然气水合物的判断还不明显，需要进一步改进和进行试验观察。

第三节　天然气水合物岩心处理技术研究

一、X 射线 CT 设备岩心分析技术可行性分析

1895 年，Roentgen 发现了 X 射线，并为其夫人拍下了世界上第一张 X 片——戴戒指的手掌照片。1967 年，Hounsfield 发明了第一台 CT 设备，能够从多个角度摄片，采集被摄物体的三维信息，在不破坏物体的情况下观察其内部结构。1970 年，医院开始使用 CT 诊断疾病。数十年来，这一伟大技术已经广泛应用于各种领域，如医学(组织器官、生理代谢过程成像)、药学(药效检测、新药开发)、材料学(新材料的开发)、工业(各种器件的质检和探伤)、农业(木材和种子的质检和分析)、工程(建筑材料内部孔隙度、连通度和渗透性分析)、珠宝(真伪识别和最佳切割方案设计)、考古(化石的结构和成分分析)等领域。

在天然岩心分析中，为了岩心的保真及原位检测，无损探测成为一种有力的手段，而在这些方法中，X 射线探测和声波探测已得到了初步的应用。MALLIK 移动岩心试验室可用于现场岩心分析，并包含专门设计用于测量天然气水合物地层性质的装置。其具有以下特性：①自储存单元；②需要能源供应；③操作的控制气温为–45～–40℃，可以利用卡车或直升机运送。4 个互相连接的实验室可以进行不同的岩心处理分析：实验室 1 进行速度、电阻率和导热系数的测量；实验室 2 进行 NMR 和天然气水合物分解试验、

岩心尺寸的测量及岩心的清洗干燥工作；实验室 3 进行高压孔隙度、渗透率、颗粒密度的试验，试验系统包括了饱和系统及计算机系统；实验室 4 进行连续性的岩心测量试验，包括整体岩心的测量及岩心处理工作。该实验室于 2003 年和 2004 年，对天然岩心在保持其温度不变的情况下完成整体岩心及整体岩心上 1in 薄片测量。其中，整体岩心测量包括岩心伽马纪录、红外温度、速度测量、地质描述和白光照相、高解析 CT 扫描及 NMR 测量。薄片测量包括体积量、颗粒密度、在限制压力下的氦孔隙性和渗透性、P 波和 S 波波速、电阻率以及热传导率。大洋钻探计划(ODP)所使用的"JOIDES 决心号"钻探船上配备了 7 级综合实验室，其主要级别实验室的具体作用如下：1 级和 2 级实验室主要用于冷冻岩心存储；3 级岩心实验室的窄通道上配备有低温磁力计和用于测量岩心外部温度的红外照相机和照相平台，能够进行速度和剪切强度轨迹的测试、物理性质测试及抗硫化氢能力的检测；4 级实验室为化学实验室和生物实验室，对送至该实验室的样品进行无机和有机成分的分析；5 级实验室配有能用于孔底测试的相关装置和仪器。该分析实验室对 ODP 201 和 ODP 204 航次获取的岩心进行了分析试验。由于缺乏相应的冷却设备，在 ODP 204 航次中仅在保压的状态下对福格罗保压取心器(FPC)和旋转取心器(HRC)所取岩心进行操作，测量 3D 电阻率、P 波和 S 波波速以及剪切强度等性质。ODP 204 航次采用了可以放置 ODP 改进活塞取心器(APC)和扩展岩心管(XCB)相应岩心段的两种岩心记录仪，能对这些岩心重新加压和记录，获取伽马射线衰减(体积密度)和压缩波的声速测量数据，还可以收集常规取心技术和再加压获得的天然气水合物岩心物理性质的数据。在 ODP 201 和 ODP 204 航次中，利用红外热成像系统、多传感器岩心测试仪系统和可移动 X 射线 CT 系统对体系中存放的岩心进行记录分析，以确定其中天然气水合物的精确分布。PCAT 系统是英国 Geotek 公司开发的专门针对天然气水合物岩心进行在线测试的系统，其可以完成对 Fugro 公司的 FPC 和福格罗旋转保压取心器(FRPC)、Aumann 公司的保压保温取心器(HPTC)和 Hybrid 公司的保压取心器(PCS)所取的岩心样品的分析。整个系统由 3 个部分组成：①温度压力控制设备，可利用液压流体对其温度、压力进行控制；②岩心实验室，具备密度、P 波及 X 射线 CT 测试设备，同时可以完成对岩心样品的切片等工作；③岩心处理及冷却储存设备，可以对分析后的岩心进行冷却保存。目前利用保压岩心分析系统(PCAT)系统进行岩心分析的试验有北美洲的 IODP EXP311、ODP Leg 204，以及印度、中国、韩国的天然气水合物岩心分析试验。在印度的试验中，利用 PCAT 系统在现场对温度压力保持不变的岩心进行了 P 波和伽马密度的测量，同时采集到了高分辨率的二维 X 射线图像。在我国南海的试验中，在保持原位压力不变的状态下利用 PCAT 系统进行了伽马密度、P 波波速及 X 射线图像的采集。在韩国 UBGH1 的探测中，利用 PCAT 系统对岩心进行数据采集(伽马密度、P 波波速以及 X 射线图像)并发现了存在天然气水合物特殊脉络的岩心样品，同时利用压力控制岩心中天然气水合物不分解，使其转移到水合物岩心样品冷藏室以做进一步分析。

根据视域和最高分辨率不同，CT 分为人体四肢定量电子计算机断层扫描(PQCT)、电子计算机断层扫描脊髓造影(CTM)和微焦点电子计算机断层扫描(microCT)等，针对天然岩心的物理特性，我们采用分辨率更高的 microCT 开展相关研究。与临床 CT 普遍采用的扇形 X 线束(fan beam)不同的是，microCT 通常采用锥形线束(cone beam)。采用锥形线束不仅能够获得真正各向同性的容积图像，提高空间分辨率和射线利用率，在采集相同 3D 图像时速度还远远快于扇形线束 CT。

相关学者利用相同的设备，也进行了天然岩心及天然气水合物人造岩心分析的初步探索。Jin 等(2006)进行了天然气水合物沉积物结构的 CT 扫描，开发了一套适用于 CT 设备的高压反应釜，并采用液氮喷淋的方式进行温度控制。利用 CT 设备获得了沉积物中气、水、天然气水合物的空间分布，对原始图像中的局部进行了灰度分布分析，通过将曲线进行高斯拆解，得到了不同物质所对应的灰度高斯曲线，并根据曲线对图像进行了分割处理，得到了相应的空间分布(图 4-3-1)，并与理论计算的饱和度进行了对比，验证了方法的可行性。

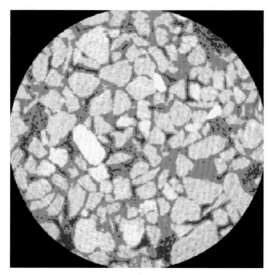

图 4-3-1　天然气水合物空间分布
绿色为水合物和冰的混合物

Jin 等(2014)利用 CT 设备对含甲烷水合物沉积物的绝对渗透率进行了研究，并得到了三维岩心孔隙及喉道分布。他们发现绝对渗透率随着水平-垂直喉道数量的增加而增大，同时发现沉积物中的孔隙网络对于研究渗透率具有重要作用。

Uemura 等(2013)研究了 CO_2 气体在水饱和岩心中的空间分布及饱和度分析，得到了 CO_2 垂直注入水饱和岩心中的运移规律，以及液态及超临界 CO_2 气体的空间饱和度分布。

根据我们的相关调研，CT 设备在分析孔隙中天然气水合物分布，以及确定天然气水合物饱和度和含天然气水合物沉积物渗透率的相关问题上具有很高的可行性，这给我们接下来针对天然岩心的分析提供了坚实的手段支持，因此，我们基于 CT 设备开发了一套适用于天然气水合物的结构、饱和度、渗透率联合试验平台。

二、沉积层岩心中天然气水合物赋存规律 CT 可视化研究

(一)CT 可视化及原始图像处理

对含甲烷水合物玻璃砂模拟多孔介质进行三维 CT 成像，得到原始 CT 灰度图像。根

据 CT 成像原理，不同密度的物质对 X 射线的衰减系数不同，在 CT 图像上即呈现不同的灰度信息。由于天然气水合物的密度(0.94g/cm³)与水的密度比较接近，需借助图像处理方法对 CT 图像中包含的灰度信息进行处理，以实现对孔隙中气、水和水合物的区分。

首先，采用 VGStudio MAX 2.2 三维图像处理软件，对原始 CT 图像进行高斯中值滤波，初步处理图像中的原始噪声，进而得到图像的灰度分布统计曲线。

其次，对得到的灰度分布统计曲线进行灰度分割，由于水和天然气水合物的密度较为接近，此两相的灰度峰值曲线基本重合，根据物质灰度与密度呈线性关系的规律，可以通过气和砂的灰度峰值信息分别得到天然气水合物和水的峰值位置，再对灰度分布进行峰值中值区域划分，即分别得到砂、气、水和天然气水合物的灰度分布区域。

最后，根据得到的灰度分块区域划分，对岩心三维 CT 图像进行分块及着色处理，即得到了沉积层岩心中天然气水合物赋存结构的 CT 图像。

(二) BZ-1 玻璃砂中天然气水合物赋存结构

对含天然气水合物的 BZ-1 玻璃砂进行 CT 三维成像，得到了孔隙中气、水和天然气水合物的空间分布。

从成像图可以看出，气、水、天然气水合物三相随机分布在孔隙中，天然气水合物的成核生长位置以及生成过程中的气、水运移也具有随机性。大量的气体赋存于岩心上部，形成一个自由气层，非常少的水由于毛细管力及玻璃砂表面润湿性向上运移至自由气层，并包裹在玻璃砂表面形成水层，天然气水合物在水层与气体的接触界面上生成，导致岩心上部的天然气水合物饱和度极低，因此甲烷气体在水中的低溶解度和扩散性以及自由气层较低的水饱和度是天然气水合物饱和度较低的主要原因。另外，天然气水合物倾向于在孔隙中生成，而不是在玻璃砂的表面呈悬浮型生长，在天然气水合物和玻璃砂之间存在一个润湿水层。天然气水合物通常生成于气、水接触界面，客体分子和水分子笼形结构可以充分接触。在天然气水合物集中赋存区域，中间仍然存在自由气，这是由于天然气水合物在气、水接触界面生成，而天然气水合物的生成在一定程度上阻碍了气和水的进一步接触，因而延缓了天然气水合物的后续生成，当气、水界面不存在时，天然气水合物的生成停止。因此，天然气水合物最初在孔隙中的气、水界面成核，并逐渐生长，但不与玻璃砂表面接触，天然气水合物的生成阻碍了气、水的接触直至气、水界面消失，反应停止。

从含天然气水合物的 BZ-1 玻璃砂岩心的三维重建图像中可以得到气、水、天然气水合物的三维分布及各个片层的图像信息，同时可以获得各相物质的体积信息。因此，通过得到孔隙体积和岩心总体积，我们计算得到岩心的孔隙度为 39.8%，与排水法得到的孔隙度 40% 相比，吻合度较高。另外，通过孔隙中天然气水合物的体积可以计算出天然气水合物的饱和度为 20.1%，这与传统通过数据采集系统及气体状态方程计算出的饱和度值(19.8%)比较一致。因此，利用 CT 进行岩心三维重建是一种可行的岩心分析可视化手段。

从天然气水合物在孔隙中分布的三维重建图像中可以看出，天然气水合物呈悬浮赋存在孔隙中，并与玻璃砂之间有明显的孔隙，更加佐证了天然气水合物悬浮生成的赋存形式。

(三)不同粒径玻璃砂下天然气水合物赋存结构研究

我们研究了不同粒径大小对天然气水合物赋存结构的影响，分别采用 BZ-1、BZ-08、BZ-06 3 种平均粒径分别为 1.19mm、0.78mm、0.60mm 的玻璃砂模拟多孔介质进行天然气水合物的生成，并获取三维 CT 重建图像。

不同粒径并没有影响天然气水合物的赋存结构，天然气水合物都是在孔隙中生成，并且不与玻璃砂接触，在天然气水合物和玻璃砂之间存在一个润湿水层。

为研究不同多孔材料对天然气水合物赋存结构的影响，我们采用长石和海滩砂作为模拟多孔介质，进行天然气水合物的生成，并进行 CT 三维图像重建。

海滩砂多孔材料中，天然气水合物饱和度约为 31.2%，明显大于玻璃砂多孔介质中的饱和度，说明表面粗糙度较高的多孔材料有助于天然气水合物的生成。天然气水合物的赋存结构依然保持悬浮型，但水层的厚度明显减小，这与材料的表面润湿特性有关。在长石多孔材料中，孔隙度较大，水饱和度较大，导致水过饱和，进而影响天然气水合物的饱和度(23.5%)，天然气水合物的生成较为集中，呈大块分布，在天然气水合物和多孔介质间依然存在水层，天然气水合物呈悬浮型生长。因此，不同表面粗糙度的材料，对于天然气水合物饱和度具有一定影响，但并不影响天然气水合物的赋存结构。

天然气水合物在多孔介质中的赋存结构决定了多孔体系的声学、热力学特性，从而影响天然气水合物的地震波勘探和资源量评估，另外，天然气水合物的赋存结构决定了含天然气水合物沉积物的力学特性，这对于天然气水合物开采过程中的地层稳定性具有重要的意义，对于天然气水合物开采可能引起的海底滑坡、地震、海啸等海洋地质环境问题具有指导价值。

三、天然气水合物岩心孔渗饱特性试验研究

(一)渗透率测量试验系统

在多孔介质中生成天然气水合物后，其以气体流过，此过程中，气、水饱和度在多孔介质中的分布是距离和时间的函数，这个过程称为非稳定过程。在含天然气水合物多孔介质上进行恒速度的气驱水试验，在试样出口端记录每种流体的产量和试样两端的压力差随时间的变化，整理试验数据，得到渗透率，并绘制渗透率与天然气水合物饱和度的关系曲线。

该系统主要是由反应釜及相关接头阀门等组成，釜体底部设有预增压力活塞，可对砂子在试验过程中进行预增压力，以模拟地层的压力环境，夹持器底部开有压力平衡口，可与上游出口连通，保证预增压力稳定。

为满足釜体密封要求，活塞移动所接触的壁面需要一定的光洁度。活塞设置有两道密封圈，保证活塞移动的稳定性，并防止细微砂子的移动造成密封失效；活塞上开有进气进液孔，渗流试验测试时，在此处注入液体或者气体。

(二)天然气水合物孔渗饱特性联合试验系统设计

根据试验需求，开发了一套适用于天然气水合物的结构、饱和度、渗透率联合试验平台。该系统可实现天然气水合物的原位生成及在线 CT 扫描，并结合渗透率分析平台，综合分析含天然气水合物岩心的基础物性。针对天然气水合物赋存结构，我们设计了小体积反应釜，以提高图像的分辨率。

四、天然气水合物岩心孔渗饱特性数值模拟研究

(一)孔隙网络模型

孔隙与喉道连接组成了孔隙网络模型，利用简单几何体代表真实的多孔介质的孔隙和喉道，而这些简单的几何体就是由截面形状为任意三角形、正方形或者圆形的柱体所组成的。若想基于孔隙网络模型模拟流体在真实多孔介质复杂孔隙空间中的流动，则有几个孔隙网络模型的孔隙特征参数是需要了解的。

1. 孔隙与喉道的尺寸

在提取多孔介质的孔隙网络模型时，采用的是最大球算法，喉道的长度定义为

$$l_t = l_{ij} - l_i - l_j \tag{4-3-1}$$

式中，l_t 为喉道长度；l_{ij} 为喉道总长(孔隙 i 和孔隙 j 中心点之间的欧几里得距离)；l_i、l_j 分别为两个孔隙体(孔隙 i 和孔隙 j)的长度，其来源是

$$l_i = l_i^t \left(1 - 0.6 \frac{r_t}{r_i} \right) \tag{4-3-2}$$

$$l_j = l_j^t \left(1 - 0.6 \frac{r_t}{r_j} \right) \tag{4-3-3}$$

式中，r_i、r_j 和 r_t 分别为孔隙 i、j 和喉道的内径；l_i^t 和 l_j^t 分别为孔隙 i 和孔隙 j 的中心到喉道中心的距离。

2. 形状因子

真正的孔隙和喉道有着复杂且高度不规则的几何轮廓。我们近似把它们用截面形状任意的毛细管来表示，横截面的不规则度用一个无量纲的形状因子 G 表示：

$$G = \frac{V_s L_s}{A_s^2} \tag{4-3-4}$$

式中，A_s 为孔隙或喉道空间的表面积；V_s 为孔隙或喉道的空间体积；L_s 为孔隙或喉道的空间长度。

另有一个等价的公式：

$$G = \frac{A_c}{P_c^2} \tag{4-3-5}$$

式中，A_c 为单个孔隙或喉道的横截面积；P_c 为单个孔隙或喉道的周长。

不同形状截面的形状因子是不同的，截面形状越规则，形状因子越大。圆的形状因子最大，为 $\frac{1}{4\pi}$（0.0796）；正方形的形状因子为 1/16（0.0625）；三角形的形状因子变化范围为 $0 \sim \sqrt{3}/36$（$0 \sim 0.0481$）。

3. 传导率

传导率 g 定义为：流体沿这些截面不同的毛细管流动时，单位压力梯度下的体积流量。它表征了流体在单个毛细管中的流动能力。由于传导率与所流经的毛细管截面形状有关，即与形状因子 G 有关。所以，圆形、正方形和任意三角形截面的毛细管传导率是不同的。

由于这里研究的孔隙网络模型是静态网络模型，即毛细管力的作用远远大于黏滞力的作用。假设流体是不可压缩的牛顿流体，且黏度为常数。利用此假设，结合连续性方程和 N-S 方程就可以描述不同截面形状的毛细管的流体流动。

圆形截面毛细管的无量纲传导率为

$$\tilde{g}_1 = \frac{1}{8\pi} = \frac{1}{2}G \tag{4-3-6}$$

正方形截面毛细管的无量纲传导率为

$$\tilde{g}_2 = 0.5623G \tag{4-3-7}$$

任意三角形截面毛细管的无量纲传导率为

$$\tilde{g}_3 = \frac{gu}{A_j^2} \approx \frac{3}{5}G \tag{4-3-8}$$

式中，u 为流体沿截面不同的毛细管流动时的黏度。

以上，我们对孔隙网络模型的孔隙特征进行了了解，接下来介绍绝对渗透率的计算方法。首先，整个模型完全饱和一种流体；其次，给模型施加一个驱动压力；最后，利用达西公式得到绝对渗透率 K_j：

$$K_j = \frac{\mu_p q_{tsp} L}{A_j (\Phi_{inlet} - \Phi_{outlet})} \tag{4-3-9}$$

式中，K_j 为绝对渗透率，μm^2；μ_p 为 p 相流体沿模型流动时的黏度，$mPa \cdot s$；q_{tsp} 为模型完全饱和 p 相流体时，模型两端所加压差（$\Phi_{inlet} - \Phi_{outlet}$）下的总流量，$cm^3/s$；$L$ 为模型长度，cm；A_j 为模型截面积，cm^2。两个相邻孔隙 i 和 j 之间的流量为

$$q_{p,ij} = \frac{g_{p,ij}}{L_{ij}} (\Phi_{p,i} - \Phi_{p,j}) \tag{4-3-10}$$

式中，$g_{\mathrm{p},ij}$ 为 p 相流体在 i 和 j 孔隙间流动时的传导率；L_{ij} 为两孔隙中心点之间的长度；$\Phi_{\mathrm{p},i}$－$\Phi_{\mathrm{p},j}$ 为两个孔隙处的压差。

两个孔隙间的传导率是两个孔隙和之间连通孔喉的传导率的调和平均，如图 4-3-2 所示。

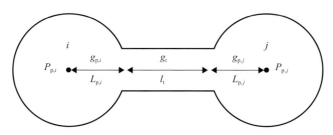

图 4-3-2　两孔隙 i 和 j 之间的传导率

$P_{\mathrm{p},i}$ 和 $P_{\mathrm{p},j}$-p 相流体在孔隙 i 和孔隙 j 中心处的压力；$L_{\mathrm{p},i}$ 和 $L_{\mathrm{p},j}$-p 相流体从孔隙 i 和孔隙 j 中心到孔喉界面流动时的长度；l_{t}-喉道的净长度；$g_{\mathrm{p},i}$ 和 $g_{\mathrm{p},j}$-p 相流体在孔隙 i 和孔隙 j 流动时的传导率；g_{t}-p 相流体在喉道流动时的传导率

$$\frac{l_{ij}}{g_{\mathrm{p},ij}} = \frac{l_i}{g_{\mathrm{p},i}} + \frac{l_{\mathrm{t}}}{g_{\mathrm{p},t}} + \frac{l_j}{g_{\mathrm{p},j}} \tag{4-3-11}$$

式中，l_{ij} 为孔隙 i 中心到孔隙 j 中心的距离；l_i 和 l_j 为两个孔隙体的长度，即孔隙与喉道的交界处到孔隙中心的距离；l_{t} 为孔喉的净长度。

由于假设流体是不可压缩的，且与毛细管力相比黏滞力可以忽略不计，孔隙网络模型中每一个孔隙通过与之相连的所有喉道流入、流出的量是守恒的，即通过相连喉道流入和流出该孔隙的总流量为 0：

$$\sum_j q_{\mathrm{p},ij} = 0 \tag{4-3-12}$$

由式(4-3-10)～式(4-3-12)可求出每一孔隙节点处的压力，进而求得孔隙间的流量。整个孔隙网络的总流量为对出口面的所有流量求和产生，之后就可求出绝对渗透率。

在特殊条件下，天然气水合物是以固体形式存在于多孔介质中的。于是假设在 CT 扫描和模拟时，天然气水合物既不生成也不分解。天然气水合物孔隙度和饱和度的计算都是基于这一假设。

(二)提取孔隙网络模型

获得 4 种填砂模型的 3D 图像时，选择的成像参数为：电压 140kV，电流 40μA，发射器到影像增强器的距离 SID 为 600mm，发射器到物体间的距离 SOD 为 35.4mm，成像矩阵大小选择的是 512×512，视场大小(field of view，FOV)是 16.5mm×16.5mm，FOV(Z)是 7.0mm。采用的是 Offset 模式，图像分辨率为 32μm。

1. microCT 图像处理

由 microCT 输出的样品 3D 灰度图像的大小为 512×512×216voxels，根据 4 种填砂岩心的最小单元表征体积REV，选择图像的剪裁尺寸为 200×200×216voxels。由 microCT

输出的 BZ10、BZ06、BZ04 和 BZ02 填砂岩心的灰度图像通过 ImageJ 软件进行剪裁、滤波和阈值分割，重构的 3D 数字岩心如图 4-3-3 所示。

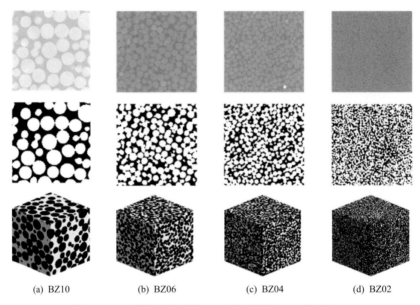

(a) BZ10　　　　(b) BZ06　　　　(c) BZ04　　　　(d) BZ02

图 4-3-3　4 种填砂模型的 2D 重构图像和 3D 数字岩心

2. 孔隙网络模型参数

经图像处理，得到一系列经过 0/1 二值化的数字岩心，其中 0 代表孔隙，1 代表骨架。再运用最大球算法提取孔隙网络模型，具体算法可参照英国的帝国理工大学开发的可执行程序：PORENET.EXE[22221]。运行程序后可得到 4 个输出文件，包含了孔隙与喉道的各种特性参数信息。用 VisualAll.exe 可以将这些参数数据整理成为一个文档命令文件，将此命令文件导入 Rhinoceros4.0 中，即可实现球杆模型的可视化，以 BZ10 和 BZ06 为例，如图 4-3-4 所示。这些参数为我们接下来改进毛细管束模型和模拟研究多孔介质内的渗流特性提供了必要的支持。

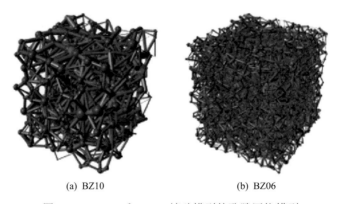

(a) BZ10　　　　　　　　(b) BZ06

图 4-3-4　BZ10 和 BZ06 填砂模型的孔隙网络模型

下面就对各个参数进行具体的阐述。表 4-3-1 为四种填砂模型各参数的汇总表。

表 4-3-1 四种填砂模型孔隙网络特性参数汇总

特性参数	BZ10	BZ06	BZ04	BZ02
孔隙度/%	41.32	39.82	38.47	37.33
孔隙数量	419	2646	5487	16069
喉道数量	1613	11366	24092	80317
平均配位数	7.48	8.46	8.68	9.93
最大配位数	26	31	34	36
平均孔隙半径/m	1.85×10^{-4}	9.53×10^{-5}	7.12×10^{-5}	4.58×10^{-5}
最大孔隙半径/m	4.13×10^{-4}	2.00×10^{-4}	1.71×10^{-4}	1.05×10^{-4}
平均喉道半径/m	8.81×10^{-5}	4.05×10^{-5}	2.90×10^{-5}	2.08×10^{-5}
最大喉道半径/m	2.58×10^{-4}	1.64×10^{-4}	1.42×10^{-4}	8.27×10^{-5}
平均有效喉道长度/m	2.25×10^{-4}	1.32×10^{-4}	1.05×10^{-4}	8.26×10^{-5}

(三)利用孔隙网络模型对天然气水合物渗透率的研究

利用 BZ10 的玻璃砂生成天然气水合物,模拟工况和流体特性见表 4-3-2。

表 4-3-2 模拟工况和流体特性

参数	值
温度/℃	0.2
压力/Pa	5.6×10^6
表面张力/(N/m)	34.33×10^{-3}
水密度/(kg/m³)	1002.6318
水黏度/(Pa·s)	1.765907×10^{-3}
甲烷密度/(kg/m³)	45.4106
甲烷黏度/(Pa·s)	1.153037×10^{-5}

利用CT拍摄含天然气水合物的多孔介质结构,借助CT可以分辨出颗粒和气体区域,但是由于水与天然气水合物的密度相近,仅利用 CT 无法辨别。于是,首先我们利用 VGStudio 来将其分开;其次提取其中可以用来模拟的部分,将用于气水流动的空间转化成孔隙网络模型;最后我们利用提取出来的孔隙网络模型计算天然气水合物的孔隙度、绝对渗透率、相对渗透率和毛细管压力(图 4-3-5)。

表 4-3-3 为不同天然气水合物饱和度下的孔隙网络特性。利用孔隙网络模型计算出含天然气水合物多孔介质的绝对渗透率和相对渗透率。由表 4-3-3 可以看出来,随着天然气水合物饱和度的增加,含天然气水合物的多孔介质的绝对渗透率明显下降。这是由于天然气水合物占据用于气水流动的空间,减小了孔隙空间的平均孔隙半径和平均喉道半径,阻碍渗透甚至堵塞了流体流动。

随着天然气水合物饱和度的增加,毛细管力增大。我们从平均孔隙半径和平均喉道半径来解释。天然气水合物饱和度增加,用于流体流动的空间变小,平均孔隙半径和平均喉道半径也跟着减小。根据毛细管力最初的定义，有效孔隙半径与毛细管力成反比，所以毛细管力增大。

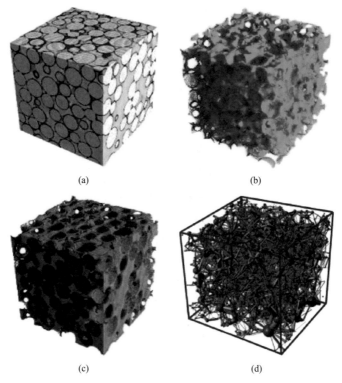

(a)　　　　　　　　　　　　　(b)

(c)　　　　　　　　　　　　　(d)

图 4-3-5　孔隙网络模型的提取过程

表 4-3-3　不同天然气水合物饱和度下的孔隙网络特性

天然气水合物饱和度/%	孔隙度/%	平均孔隙半径/10^{-5}m	平均喉道半径/10^{-5}m	绝对渗透率/10^{-11}m²
18.19	30.46	11.09	5.19	7.39215
18.97	31.07	9.45	4.77	7.8946
19.73	31.07	9.34	4.61	7.0423
22.03	30.78	8.53	3.75	6.4424
22.14	29.28	7.09	3.51	6.289
22.46	30.83	6.41	2.95	6.0735
23.76	28.14	5.78	2.53	5.34488
25.32	29.79	4.01	2.08	4.6284

　　在相同水饱和度条件下，天然气水合物饱和度的增加使水相相对渗透降低，而对气相相对渗透率的影响不是很明显。同样，我们也是利用平均孔隙半径和平均喉道半径来解释这一问题。在平均孔隙半径和平均喉道半径非常小的情况下，毛细管力很大，使水相不易流动，水相相对渗率很小。当平均孔隙半径和平均喉道半径不断增加，毛细管力

越来越小，水相可以在孔隙中流动，于是水相相对渗透率有所增加，而气相相对渗透率变化不是很大。这是由于有效半径很小的情况下，气相也被阻塞。随着半径增加，水相的流动占据着大量的流动空间，同时毛细管力对于非湿相-气相起到了阻碍作用，所以气相的相对渗透率变化不是很大。

五、天然气水合物钻探取心样品基础物性检测分析

海底沉积物的基础物性分析结果对天然气水合物的赋存环境研究具有重要的作用，并且为天然气水合物的高效安全开采技术开发提供了重要的地球物理依据。建立安全高效的天然气水合物开采方法需要对天然气水合物的储层进行评估，包括天然气水合物开采速率、井筒稳定性、流动安全等方面；对海底沉积物的基础物性分析，如成分组成、粒度分布、渗透率、传热特性等，给天然气水合物储层评价提供了基础数据，对于天然气水合物海底生长条件、赋存规律及天然气水合物的开采方式研究具有重要意义。

2013 年，广州海洋地质调查局在南海珠江口进行了我国第二次天然气水合物海底钻探取心试验（GMGS2），成功获得了天然气水合物样品，包括多种天然气水合物赋存形式：①明显的块状；②在细砂的孔隙中；③在沉积物的脉络状裂缝中；④在粗砂的孔隙中。本书对 GMGS2-16 及 GMGS2-09 位置不同深度的 10 个样品进行了基础物性分析，包括海底沉积物的含水率、比重、表面特征、孔隙结构特征、粒度分布、液塑限特性、传热特性、渗透特性、声学特性和力学特性分析。为尽量减少水分挥发破坏样品结构，岩心样品在储运过程中始终采取保温措施，保持 4℃恒温。

1. 含水率、比重

每个样品取 30g 进行了含水率试验，采用国标《土工试验方法标准》(GB/T 50123—2019)，该标准适用于岩土的含水率测试，试验结果见表 4-3-4。从试验结果可以看出，由于在储运过程中的水分挥发，样品的含水率已经远远低于海底原位条件下 70%～90%的情况。

表 4-3-4　天然岩心基础物性参数

位置	取样深度区间/mbsf	含水率/%	比重
GMGS2-16-1	9.62～9.78	31.57	2.841
GMGS2-16-2	12.73～12.89	35.56	2.754
GMGS2-16-3	15.00～15.16	42.93	2.726
GMGS2-16-4	30.88～31.04	35.63	2.722
GMGS2-16-5	42.50～42.66	31.89	2.719
GMGS2-16-6	81.45～81.53	29.42	2.795
GMGS2-16-7	114.65～114.73	31.47	2.717
GMGS2-16-8	142.60～142.76	16.84	2.708
GMGS2-16-9	196.10～196.18	23.76	2.719
GMGS2-09-1	42.50～42.90	40.42	2.824

含水率、比重表征了海洋天然岩心的基础物理特性，岩心孔隙中水饱和度严重影响天然气水合物饱和度，因此对于天然气水合物矿藏赋存规律和资源量评估都具有重要意义。过低的水饱和度不足以与甲烷气体生成足够储量的天然气水合物矿藏，则不具备开采价值；而水饱和度过高，将影响气体向孔隙中的扩散以及开采过程中的气体运移，产气将伴随着大量产水，因此适量的含水率是天然气水合物集中富集以及合理开采的关键因素。天然岩心的比重表征了岩心颗粒的固有密度属性，这对于颗粒在天然气水合物矿藏开采产水过程中的运动特性具有重要影响，颗粒密度决定了颗粒在流体流动中的临界沉降速度以及运动形态，从而对于气体运输管道的堵塞及气体运移问题具有指导意义，因此在管道运输流动安全研究方面，泥沙的比重属性是重要的参数。

2. 结构特性

1）表面特征

取 10g 样品晒干，将一小勺干燥样品抹在胶带上，进行场发射扫描电镜（Nova NanoSEM 450, 美国 FEI 公司）测量，得到了样品的表面特征图像（图 4-3-6）。

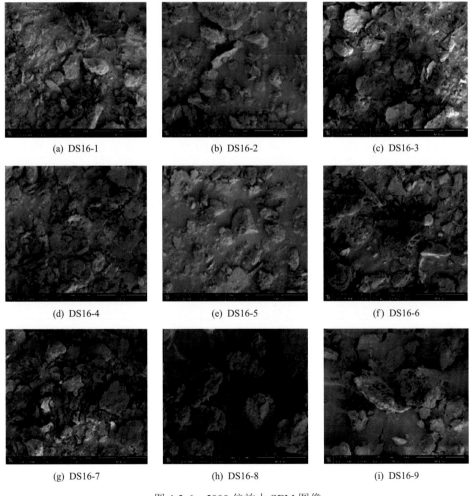

(a) DS16-1   (b) DS16-2   (c) DS16-3

(d) DS16-4   (e) DS16-5   (f) DS16-6

(g) DS16-7   (h) DS16-8   (i) DS16-9

图 4-3-6　5000 倍放大 SEM 图像

由图 4-3-6 可见，不同深度沉积物粒度分布相近，颗粒形状不规则，黏土片和粒径小于 5μm 的细颗粒占绝大多数，少量大颗粒粒径达到 20μm。大颗粒表面大量附着黏土片和细颗粒。这样的特征将会引起极低的渗透特性。

天然岩心颗粒的表面特性决定了颗粒的表面粗糙程度，而颗粒的形态及形态学尺寸又决定了颗粒堆积富集的空间结构。颗粒的表面粗糙度决定了颗粒的润湿特性、水的接触角及比表面能，进而影响水在颗粒表面的附着，从而影响天然气水合物的赋存结构。研究表明，粗糙的颗粒有助于高饱和度天然气水合物的生成。颗粒的球度及形态特性又影响颗粒的堆积结构，从而影响沉积层的孔隙特性，而天然气水合物是赋存在孔隙中的，所以孔隙度的大小将直接影响天然气水合物矿藏量的资源评估。

2）裂缝分布

对带塑料桶样品进行了原位 X 射线 CT 扫描（SMX-225CTX-SV，日本岛津公司），分辨率为 40μm。由于 DS16-4 及 DS09-1 超过了 CT 试验台长度极限，无法进行测量，其他各样品试验结果如图 4-3-7 所示。

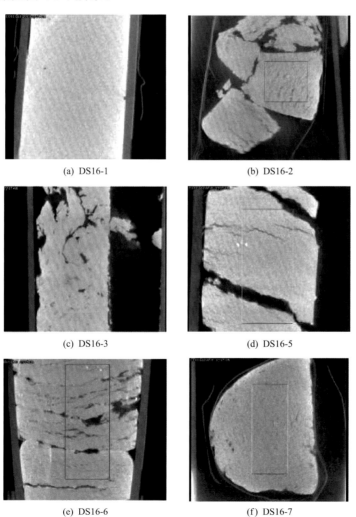

(a) DS16-1 (b) DS16-2

(c) DS16-3 (d) DS16-5

(e) DS16-6 (f) DS16-7

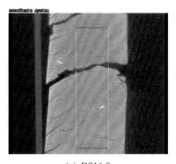

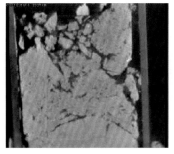

(g) DS16-8　　　　　　　　　(h) DS16-9

图 4-3-7　X 射线 CT 扫描图像

DS16-1 样品 CT 图像中呈现出一个均质的整体，不存在裂缝，因此可以预测在海底浅表层不存在块状或者片状天然气水合物。为了看到天然岩心的孔隙分布，将 CT 设备的分辨率调到极限 2μm，仍然无法分辨孔隙分布，可见天然沉积物的孔径极小，这给天然海底沉积物的孔隙研究带来了困难。

从其他样品结果来看，由于水分蒸发，部分样品(DS16-5、DS16-6、DS16-8)发生了断裂。但是，可以从图像中观察到天然海底沉积物中存在脉络状的裂纹(DS16-2、DS16-5、DS16-6、DS16-8)、大的裂缝(DS16-3、DS16-6、DS16-9)及孔洞(DS16-6、DS16-9)，这是有可能存在天然气水合物的赋存空间。当然，水分蒸发会影响天然海底沉积物的内部结构，对试验结果造成影响，给天然气水合物可能存在区域的判断带来困难。

基于 CT 图像，我们选取了每个样品具有代表性的空间作为进一步研究对象，尽量避开了水分蒸发后生的裂缝。将灰度区间划分成空气/水、泥沙、塑料管 3 个区间，提取空气/水的灰度区间，得到岩心内部的裂缝三维结构，如图 4-3-8 所示。通过计算得到岩心裂缝体积比，结果见表 4-3-5。

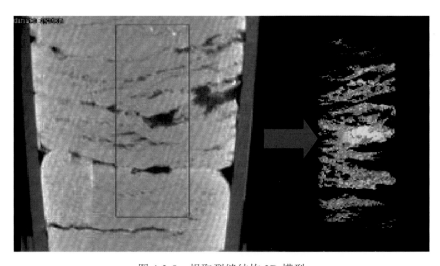

图 4-3-8　提取裂缝结构 3D 模型

表 4-3-5 GMGS2 天然岩心裂缝体积比

取样样品编号	取样样品区间及长度/mbsf	裂缝体积比/%
DS16-1	9.62~9.78	
DS16-2	12.73~12.89	4.904
DS16-3	15.00~15.16	10.653
DS16-4	30.88~31.04	
DS16-5	42.50~42.66	12.028
DS16-6	81.45~81.53	7.089
DS16-7	114.65~114.73	1.212
DS16-8	142.60~142.76	3.773
DS16-9	196.10~196.18	13.817
DS09-1	42.50~42.90	

注：DS16-4 和 DS09-1 样品长度过大，无法做 CT 试验设备的空气校准，故没有测量其裂缝体积比。

对天然岩心做 CT 可视化成像，直观地表现出了岩心真实的空间结构，对岩心不同片层的密度信息进行准确提取，能够有效分析不同深度岩层的堆积程度、地质纹路信息及裂隙分布。对于较为松散的泥沙岩层，天然气水合物多呈片状或脉络状大量分布，对于更加致密的岩石岩层，天然气水合物多呈散点分布在岩石孔隙中，这种岩石岩层渗透率较低，天然气水合物赋存形态导致饱和度较低，不利于天然气水合物的开采。对于含天然气水合物的岩心，由于集中富集的天然气水合物与岩心有较大的密度差，利用 CT 设备能够直接实现对岩心中天然气水合物赋存位置进行可视化，达到天然气水合物快速检测的目的，同时可以直接计算出天然气水合物的体积含量，进而得到天然气水合物的饱和度，另外，利用 CT 图像进行孔隙网络提取，能够得到含天然气水合物岩心的渗透特性，而天然气水合物饱和度和岩心渗透特性是天然气水合物安全高效开采的重要参数，饱和度决定了资源量的大小以及商业开采的经济性，渗透特性则直接影响天然气水合物开采产气过程中气、水、砂的运移特性，以及产气效率，同时也决定了甲烷气体的逃逸、泄漏特性，这对于海底生态环境及大气环境都将产生严重的影响，因此，利用 CT 进行岩心的可视化是岩心综合特性分析的重要手段。

3）粒度分布

采用国标《粒度分析 激光衍射法》(GB/T 19077—2016)，将 0.5g 的沉积物样品放入 1000mL 的去离子水中，加入 0.5mol/L 的分散剂六偏磷酸钠，搅拌 1min 使样品完全分散。利用激光粒度分布仪(BT-9300ST，丹东百特仪器有限公司)进行粒度分布分析，每种样品测 3 次取平均值，试验结果见表 4-3-6。从图 4-3-9 可以看出，随深度变化沉积物中位径变化不大，大部分在 8~9μm。浅表层 9.62~9.78mbsf 中位径相对较大，达到了 10.69μm。在 42.50~42.66mbsf，中位径相对较低，且与相同深度的 DS09 钻探位置的结果相比较接近，都在 7.1μm 左右，表明在该深度可能存在大面积的粒径相对更小的地质环境。

表 4-3-6 GMGS2 天然岩心粒径分析表

取样样品编号	取样样品区间及长度/mbsf	中位径/μm
DS16-1	9.62～9.78	10.69
DS16-2	12.73～12.89	8.560
DS16-3	15.00～15.16	9.132
DS16-4	30.88～31.04	8.905
DS16-5	42.50～42.66	7.071
DS16-6	81.45～81.53	8.926
DS16-7	114.65～114.73	8.283
DS16-8	142.60～142.76	8.950
DS16-9	196.10～196.18	8.271
DS09-1	42.50～42.90	7.156

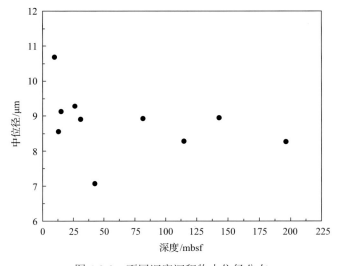

图 4-3-9 不同深度沉积物中位径分布

从结果来看，不同深度，粒度分布规律基本一致，分布在 0.3～150μm。在 40μm 以下的粒度分布已经达到了 90%。由此可见南海沉积物主要由黏土和细砂粒组成，粒径非常细。根据 Shepard 标准得到了沉积物各成分组成，见表 4-3-7。

表 4-3-7 沉积物各成分组成

成分	百分比/%
黏土（<4μm）	32.78
粉砂（4～63μm）	65.83
细砂（63～250μm）	1.39
中粒径砂（250～500μm）	0
大粒径砂（500～2000μm）	0

根据粒度分布数据，将粒度分布曲线随机分成两部分，取大粒径的 D15 与小粒径的

D85 的比值，结果如图 4-3-10 所示。根据 Gustafsson 等的研究，为防止粒子迁移，过滤器的要求是粗颗粒的 D15 是细颗粒泥沙 D85 的 4 倍以上，粒子具有自过滤效应。所有样品的结果都小于 4，因此南海沉积物具有自过滤效应，可以有效防止在开采过程中泥沙运移造成储层渗透率大幅降低的过程，对天然气水合物的持续开采具有重要意义。但是，由于沉积物的粒径极细，在开采过程中泥沙容易造成井筒堵塞。建议根据粒度分布布置多重滤网来防止泥沙堆积造成井筒堵塞。

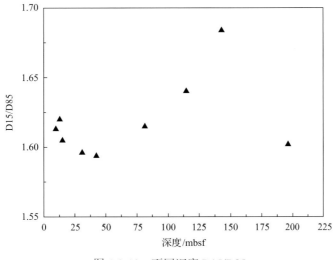

图 4-3-10　不同深度 D15/D85

　　天然岩心的粒度分析提供了岩心颗粒的粒径分布范围和相应比例，直观体现了岩心颗粒的尺寸大小和集中程度，而颗粒的粒径对于颗粒空间排列结构、沉积层渗透特性以及气体运输过程中的防砂防堵措施都具有重要意义。不同的粒径分布影响颗粒在空间上的堆积排列，从而影响沉积层孔隙度和渗透特性。粒径分布范围较大，小粒径的颗粒会填补大粒径堆积形成的孔隙空间，造成孔隙度严重降低；粒径分布较集中则会产生类似于理想情况下的球体堆积，形成38%左右的孔隙度，而孔隙度不仅决定了天然气水合物赋存的空间大小及赋存量，同时在一定程度上影响沉积层渗透特性，进而影响产气、产水效率。另外，在气体运输过程中，同样需要针对不同的粒径范围采用相应的防砂防堵措施，以实现天然气的安全、高效运输，避免由管道堵塞造成甲烷气体的泄露，影响海洋生态环境。

　　4）液塑限

　　液塑限是岩土从液态转变为可塑状态的一个界限含水率。界限含水率的测量结果对于预测开采过程中可能存在的海底滑坡现象具有重要的指导意义，可塑状态的沉积物显然具有更高的抗压强度，不易发生海底滑坡。由于样品质量不足，只对 DS16-1、DS16-2、DS16-6 样品进行了液塑限试验，结果如图 4-3-11 所示。

　　液塑限表征了天然岩心从液相悬浮态向固相可塑态转变的界限含水率。这对天然岩心本身的可塑强度以及开采过程中由气、水流动产生的含水量变化而造成的强度变化具有重要意义。天然气水合物开采过程中海底沉积物的安全稳定性是天然气水合物安全高效开采最关键的问题之一，液塑限则确定了沉积层确保可塑性及强度的临界含水量，天

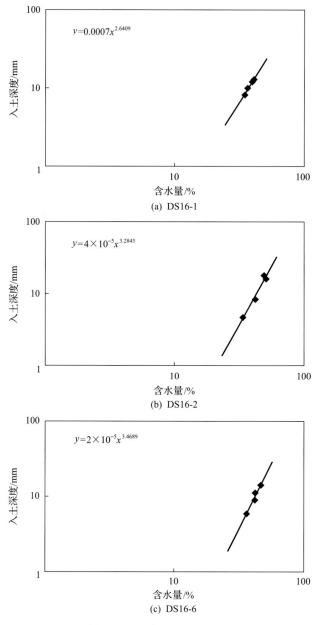

图 4-3-11　液塑限试验结果

然气水合物开采过程中由于产水，超过了岩土液塑限的临界值，将会造成岩层由可塑态向悬浮态转变，这将极大地降低岩层的强度，从而引起海底坍塌沉降、海底滑坡、海底地震甚至诱发海啸，而海底天然气水合物层的失稳，将造成无法控制的天然气水合物分解及甲烷气体的泄露，影响海洋生态及大气环境，因此，天然气水合物开采中及时排水是保持沉积层强度的有效措施。

3. 传热特性

利用 Hotdisc 采用平板热源法对天然气水合物岩心进行了传热特性测量，结果显示导热系数基本在 1.3~1.45（表 4-3-8），而样品 DS16-8 及 DS16-9 由于含水率较低，导热系数较低。对比其他国外天然气水合物试开采储层，沉积物导热系数较低（表 4-3-9），天然气水合物分解过程中热传导较慢，在开采过程中容易造成分解速率低、天然气水合物二次生成的现象。

图 4-3-8 天然海底沉积物传热特性

取样样品编号	取样样品区间及长度/m	导热系数/[W/(m·K)]	热扩散系数/(mm²/s)	比热容/[MJ/(m³·K)]
DS16-1	9.62~9.78	1.450370485	0.499869673	2.901497257
DS16-2	12.73~12.89	1.366352197	0.519602006	2.629613015
DS16-3	15.00~15.16	1.328783067	0.465892516	2.852123656
DS16-4	30.88~31.04	1.401317415	0.488059598	2.871201432
DS16-5	42.50~42.66	1.353084048	0.473385224	2.858314918
DS16-6	81.45~81.53	1.447299407	0.551016608	2.626598518
DS16-7	114.65~114.73	1.383114878	0.474521314	2.914758173
DS16-8	142.60~142.76	0.841487181	0.414091022	2.032130946
DS16-9	196.10~196.18	1.038070470	0.428585028	2.422087571
DS09-1	42.50~42.90	1.294286586	0.454765028	2.846055669

表 4-3-9 不同材料导热系数 [单位：W/(m·K)]

样品	导热系数
玻璃砂	0.534693033
金刚砂	3.427477205
白刚玉	2.871761808
Ulleung Basin（韩国）	0.82-0.95

天然岩心的传热特性是天然气水合物沉积物的重要基础物性，研究表明，热量的有效传递是天然气水合物开采的重要控制机理，沉积层的潜热和周围地层的有效换热是确保天然气水合物连续高效开采的决定性因素。而天然岩心的导热系数，则直接决定了岩心的导热能力，进而影响天然气水合物分解过程中的热量传递，对于天然气水合物沉积物的开采效率和经济性具有指导意义。另外，岩心热物性决定了开采过程中的分解界面传递速度以及由天然气水合物分解造成的沉积层失稳条件，较高的导热特性导致天然气水合物分解面积较大，因而造成地层强度和稳定性降低，甚至发生破坏，需采取相应的措施（如注水）填补由于天然气水合物分解形成的地层孔隙，提高地层强度。因此，沉积层传热特性是天然气水合物高效开采以及地层安全稳定的决定性参数。

4. 渗透特性

通过渗透率测试平台，测得海洋沉积物的绝对渗透率为 0.2mD[①]。对比国外 Hiroyuki Oyama 等对 Nankai Trough 东部地区的天然气水合物储层渗透率研究结果 0.6~7mD，南

① 1D=0.986923×10⁻²m²。

海北部非常低的渗透率对于天然气水合物的开采具有严重的阻碍作用，在低渗透特性的沉积层中，气液难以流动，开采进程将非常缓慢。

沉积层渗透特性直接决定了天然气水合物分解过程中的气、水流动规律，进而影响天然气水合物的开采效率和速率。气体在孔隙中的有效渗透能够保证压力的传递，形成天然气水合物分解的驱动力，水在孔隙中的渗流能够提供足够的显热，通过对流换热方式实现热量的有效传递，另外，生产过程中的有效排水，能够确保甲烷气体的有效排出，提高产气量和产气效率。同时，沉积层的渗透特性决定了甲烷气体的逃逸、泄漏特性，高渗透率的沉积层，要采取相应的措施防止甲烷气体逸出，造成对海洋生态和大气环境的影响。因此，沉积层渗透特性是天然气水合物高效产出以及防止甲烷泄露影响海洋生态的重要参数。

5. 声学特性

图 4-3-12 是天然岩心分别在 0.1MPa、1.5MPa、3.0MPa、4.5MPa、6.0MPa 条件下的声波信号，从图中可以确定首波到达时间为 67.4μs，计算得到沉积物的声速为 1544.927m/s，并且压力对声波首波到达时间的影响不大，而对振幅影响非常大，主要是因为充入的气体加大了气体密度，降低了沉积层的声阻抗，使声波衰减大大降低。由于天然海底沉积物的粒径太小，且主要为黏土和粉砂，气体无法有效进入孔隙中，天然气水合物几乎无法生成，想要模拟真实海底天然气水合物沉积物的情况还需要进一步研究。

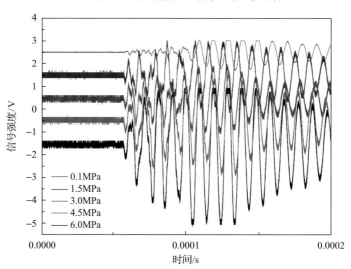

图 4-3-12 天然岩心沉积物声波特性

天然岩心的声学响应信号决定了沉积层对声波的传递和衰减特性，对于天然气水合物资源勘探、资源量评估以及天然气水合物岩心的快速检测具有重要作用。目前对于天然气水合物资源的勘探多以声波反射为主，因此研究含天然气水合物沉积层的声学特性，对于准确判断天然气水合物赋存区以及天然气水合物资源量评估具有指导意义。另外，声波检测方法被认为是行之有效的天然气水合物在线快速检测手段，对钻探岩心第一时间进行了天然气水合物赋存区域识别，以备后续的试验研究。因此，天然岩心的声学特性是天然气水合物勘探、资源量评估、快速检测的重要岩心基础物理特性。

6. 力学特性

为了获得天然气水合物开采过程中沉积物的基础力学特性，国内外研究者主要采用了现场勘探测试以及实验室测试方法。目前，现场勘探测试技术主要包括了地震波法、钻孔取心法以及测井法等。但如何准确获取天然气水合物沉积物力学性质参数，仅通过天然气水合物储层的地震波技术仍存在着较大的困难。随着天然气水合物及天然气水合物沉积物室内试样合成试验设备的完善和试样制作技术的成熟，国内外研究机构逐渐开展了天然气水合物沉积物力学性质的实验室研究。室内试验研究具有可控性，人工合成试样的成本较原位取心和现场勘探测试相对较低，可以模拟多种天然气水合物沉积结构，目前国内外研究机构对天然气水合物沉积物力学特性的实验室研究主要采用了三轴仪测量。天然气水合物三轴仪为分析研究天然气水合物开采过程中的安全特性提供了重要的试验手段。

天然气水合物勘探和开发可能会引起海底滑坡、井壁坍塌、工程结构物破坏及甲烷气体泄漏等灾害。针对上述过程涉及的天然气水合物储层力学问题，利用三轴试验即可展开应力应变本构关系研究，以及为天然气水合物安全开采提供理论依据与技术支持。

1) 海洋土与高岭土天然气水合物沉积物三轴试验对比研究

试样的尺寸：直径是 61.8mm，高度是 125mm。由于此次样品的质量有限，我们用南海北部另一海域神狐海域的海洋土进行了力学特性试验。试验过程如下：由于天然海底沉积物的孔径太小，无法人工合成天然气水合物，我们利用冰粉生成天然气水合物和冰粉的混合物(天然气水合物饱和度为30%)，在−10℃的低温实验室内碾碎冰粉和天然气水合物的混合物，再以 4：6 的配比与海洋土均匀混合，放入三轴仪内进行力学特性试验。对分别在 2MPa、3MPa、4MPa 围压条件下的试样施加 1%/min 的应变速率，得到应力-应变曲线，试样应力-应变曲线呈双曲线形，达到一定轴向压力后，偏应力保持不变。海洋土与高岭土应力-应变曲线基本一致。

同样，在相同试验工况下，对天然气水合物海洋土和高岭土进行了破坏强度试验。由试验结果可知，海洋土天然气水合物沉积物与高岭土天然气水合物沉积物的破坏强度基本保持一致。随围压增加，天然气水合物沉积物破坏强度增加。因此，一定程度上可以采用高岭土代替海洋土模拟天然气水合物沉积物原状试样进行力学特性研究。

2) 天然气水合物海洋土沉积物分解力学试验研究

天然气水合物分解对于天然气水合物沉积物的力学特性变化具有重要的影响，为了研究海洋土天然气水合物沉积物分解前后力学特性变化，分别测试了天然气水合物未分解前和分解 1h 后的力学特性。同样，将海洋土与天然气水合物冰粉以 6：4 的比例混合，测试温度为 8℃，应变速率为 1%/min，分别测试了应力-应变曲线和破坏强度，海洋土天然气水合物沉积物在经过 1h 的分解之后，其破坏强度大大降低。海洋土天然气水合物沉积物在低围压条件下，破坏强度的降低程度更大。

天然岩心力学特性表征了沉积层的力学稳定性，是天然气水合物安全开采过程中海底地层结构强度的重要指标。含天然气水合物沉积物在开采前，具有比较稳定的力学特性，当天然气水合物分解时，会在沉积层中产生孔隙，并且会引起气、水流动，可能导致沉积层失稳，甚至发生破坏，还可能导致海底坍塌沉降、海底滑坡、海洋地震甚至诱发海啸，因此关于沉积层力学特性的研究对于天然气水合物开采过程中地层稳定性、海底结构强度保持、海洋环境维护具有重要意义。

第四节　海 上 试 验

一、概况

2015 年底，完成了实验室研究和硬件制作，对天然气水合物样品保压转移装置与在线声波探测装置进行了硬件集成，并进行了部件测试和联调测试。

(一)目的与任务

搭载科学调查船对研制的装置和技术进行海上试验，以检验研制装置的适用性。海上试验将首先进行保压取样，在保压取样成功的基础上，对保压样品进行转移，同时进行在线声波探测，检验设备和技术的应用性能。在样品保压转移后，对天然气水合物实物样品进行 CT 可视化处理和其他物性测试分析，通过海试样品检验样品处理技术是否达到指标要求，见表 4-4-1。

表 4-4-1　海上试验现场检验指标要求

序号	名称	指标要求	备注
1	天然气水合物样品保压转移及样品在线探测装置	一套	包括：伸缩机构、切割卡紧机构、连接球阀、声波检测装置、压力补偿装置、保压筒、小样筒等
2	样品转移过程中内压力变化	≤20%	
3	适用保压样品压力	20MPa	
4	保压转移分装筒数量	2 个	
5	保压筒内径	75mm	
6	保压转移样品长度	500mm	
7	小样保压转移筒数量	2 个	
8	小样保压转移筒内径	20mm	
9	小样保压样品长度	200mm	
10	在线声波检测功能	具备	
11	声波检测岩心直径	67mm	
12	声波发射频率	300kHz	
13	声时测量精度	0.1μs	
14	底水、底气采集功能	具备	
15	保压转移的时间	无指标	

(二)试验搭载船舶和海试区域

1. 试验搭载船舶

该次试验的搭载母船是"海洋六号"船(图 4-4-1)和"海洋四号"船(图 4-4-2)。"海洋六号"船是我国目前最先进的海洋科学调查船舶之一，该船装备有深水多波束、浅层剖面、声学多普勒海流剖面仪（ADCP）、遥控潜水器（ROV）、长柱状取样等先进的地质地球物理科学考察设备，具有动力定位，有万米光缆和地质绞车，甲板空间大，具有良好的海试平台条件。"海洋四号"船是我国早期著名的海洋地质地球物理调查船，装备有深水多波束、浅层剖面等物探设备，同时也有万米光缆和地质绞车，可进行侧舷和船尾有缆作业，基本能为海试提供平台支撑条件。

图 4-4-1 "海洋六号"船

图 4-4-2 "海洋四号"船

2. 海试区域

最初设计时，海试区域首选具有浅表层天然气水合物的区域，但受其他因素影响，不能前往浅表层天然气水合物分布区进行试验，选择了珠江口外天然气深埋藏区——神狐海域进行试验。在该海域进行试验，保压取样采集天然气水合物样品的可能性极小，对装置及技术能够进行功能性检测与验证。

二、海上试验过程

1. 试验点的确定

试验点 1 水深为 2264m，试验点 2 水深为 1130m，位于残留砂沉积区，近珠江口盆地边缘，为天然气水合物普查区域，邻近神狐海区（白云凹陷），以粉砂质黏土为主，但试验区基本无浅表层水合物的可能性。

2. 保压取样

本次海试所使用的是取样器基于广州海洋地质调查局与浙江大学联合研制的 15m 保压取样器，并进行了局部技术改进（图 4-4-3）。改进的关键部分：一是取样管上段改进，满足下插取样及保压转移用；二是改进密封舱下封口，增设接口法兰面。改进后保压取样器的基本技术参数见表 4-4-2。

图 4-4-3 保压取样器在后甲板等待取样

表 4-4-2 取样器技术参数表

参数	数值
保压取样器质量/t	0.95
保压管外径/mm	105
取样器保压管内径/mm	75
取样管外径/mm	73
取样管内径/mm	67
取样管总长/m	5～15（根据需要）

第一次海试：2016 年 6 月 11 日上午 7:30（北京时间）开始，下午 13:00（北京时间）结束，选点水深 2264m，选用 15m 取样器，总取样器长 6.2m，装管 5m。船舶到达预定

试验点后启动动力定位,取样器下放时间11:05,到底时间11:52,回收至甲板时间12:30,缆最小拉力为1.756t,缆最大拉力为4.192t,取样功能正常,取心率为90%,保压4.5MPa,保压率为20%。

第二次海试:2016年6月12日18:00(北京时间)开始,22:30(北京时间)结束,选点水深1130m,选用15m取样器,总取样器长6.2m。取样器下放时间20:25,到底时间21:00,回收至甲板时间21:25,缆最小拉力为0.945t,缆最大拉力为3.119t,取样功能正常,取心率为100%,保压11MPa,保压率为100%,在取样器压力不变的情况直接进行保压转移。

3. 样品保压转移与声波在线探测

两次海试均成功取得保压样品,因此,针对两次保压样品,进行了两次保压转移及声波探测试验,具体步骤如下:

第一步:连接好样品保压转移与声波在线探测装置,并做好联调和测试。

第二步:保压取样器取样回收至甲板后,与保压转移装置对接(图4-4-4)。

图4-4-4 保压取样器与保压转移装置对接

第三步:进行保压取样器与保压转移装置压力平衡调节。针对第一次试验取得的保压样品,由于保压压力只有4.5MPa,为了进行20MPa保压转移的功能性检验,对系统进行了增压处理,保持压力稳定在20MPa左右。针对第二次试验取得的样品,样品内压力为11MPa,系统保持原压,未做改变。

第四步:样品抓取。保压转移装置中伸缩结构内的卡爪,在各球阀通畅的情况下,伸入保压取样器,抓住样品管,按指令把样品管拉出,先后经过声波检测装置和切割装置。

第五步:声波检测与样品切割。在样品管拉出的过程中,声波检测装置启动声波在线探测(图4-4-5,图4-4-6)。分别测试了多次声波发射频率100kHz和180kHz两种参数,声时测量精度为0.1μs,一般情况下,声波波形显示异常,说明样品中含有天然气水合物。

这种情况下，将进行样品切割，实现样品保压转移。但是，在两次海试中，未发现有天然气水合物样品，仍然试验了样品切割和后续样品转移的功能性检验。

图 4-4-5　保压转移装置上的声波探测装置

第六步：样品保压转移至保压筒内。样品管被切割后，伸缩机构把未检测样品送回保压取样器，已切割的样品管回收进入伸缩腔内，关闭保压球阀，把整个装置从两个球阀间断开，之后伸缩机构部分与保压筒连接（图 4-4-7），平衡并保持内压，把样品推送至保压筒内，实现样品保压转移。整个过程由压力平衡系统保证内压不变。

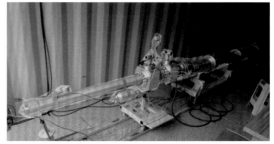

图 4-4-6　声波探测实时监控　　　　　图 4-4-7　保压筒与伸缩机构连接实物图

第七步：二次样品（小样品）保压转移。保压样品转移至保压筒内以后，再次连接小样品保压筒，进行二次样品保压转移（图 4-4-8）。由于第二次试验样品压力 14MPa 为原压力，对该样品进行了二次转移，获得了两管小保压样品（图 4-4-9），其中一管现场即释压，另一管进行了后续带压测试，包括 CT 可视化测试。

4. 底水与底气收集功能的实现

保压取样器回收至甲板后，只要保压成功，泄压装置开启，即可以收集保压取样器内的气体和海水。其中，气体的收集方法采用传统的排水法。这些气体和海水均是取样器在海底取样时保留的水、气，即底气、底水。因此，保压取样成功后，利用简单的泄压装置即可实现底水和底气收集的功能，但因海试取样点未发现天然气水合物，收集后的底水和底气未进行后续测试分析。

图 4-4-8　小样品保压筒与大样品保压筒相连

图 4-4-9　成功转移后的小样品保压筒（带压力表）

三、海试成果

本次海试总共进行了两次完整海试，包括保压取样、样品保压转移及二次样品保压转移，所取得的成果如下所述。

1. 改造完成后的 15m 保压取样器实现了保压取样

总共取样两次，第一次取样保压 4.5MPa，水深 2264m，保压率为 20%；第二次取样保压 11MPa，站位水深 1130m，保压率为 100%。

2. 经过保压转移，各项功能正常

最终获得了两管小保压样品，其中一管进行了保压测试和 CT 可视化后处理。保压转移过程中压力变化小于 1MPa，即小于 10%；样品保压转移完成时间小于 3h；样品保压转移装置可以在 20MPa 的压力进行样品转移；样品管长 0.83m，样品外径为 67mm，共两套实现样品保压转移，压力分别为 20MPa、13MPa；小样品保压转移过程中，样品外径为 20mm，长度为 200mm，共两套实现小样过程中的保压转移，压力分别为 20MPa、13MPa。

第五章 | 天然气水合物高精度勘探技术集成应用与示范

我国自"九五"以来，围绕海洋天然气水合物勘探开发需求，先后启动了863计划和973计划海洋领域相关研究，初步形成了具有南海特点的天然气水合物综合探测技术体系和基础理论体系。"十二五"期间，围绕天然气水合物目标靶区高精度勘探需求，在国家863计划的资助下，天然气水合物勘探技术研发团队自主研发了海洋天然气水合物地球物理立体探测技术、天然气水合物样品保压转移及处理技术和天然气水合物流体地球化学精密探测技术等8项关键技术，形成了6套具有自主知识产权的勘探装备。研发的技术装备在天然气水合物国家专项中成功实现工程应用示范，为海洋天然气水合物资源勘查与试开采实现重大战略性突破提供了技术支撑。

天然气水合物高精度勘探技术海上应用示范区位于中国南海北部陆坡某海域，在地质学上为南海被动大陆边缘，处于珠江口盆地珠二坳陷南翼。前期调查表明，该海域具备良好的天然气水合物成矿远景。

天然气水合物海底冷泉水体回声反射探测系统对我国海洋天然气水合物开发和试采应用有着快速、直接和显著的效果。广州海洋地质调查局"奋斗五号""奋斗四号""海洋六号"等科考船，在我国南海北部重点海域进行了多次试验和冷泉探测应用(图5-1-1，图5-1-2)，获得了将近1000km的水体异常资料，并于东沙海域实时探测到天然气水合物冷泉羽状流水体异常，结合地震、电磁及地球化学资料，直接证实了该海洋天然气水合物的存在。

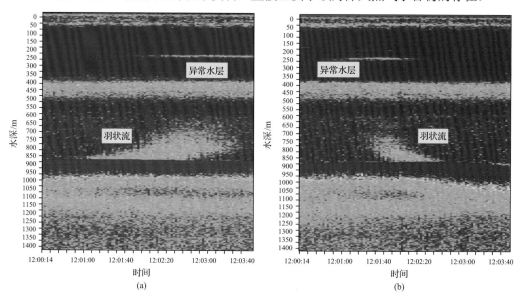

图 5-1-1　羽状流特征信号及异常水层

2015 年 6 月，"奋斗五号"船，东沙海域 870m 水深

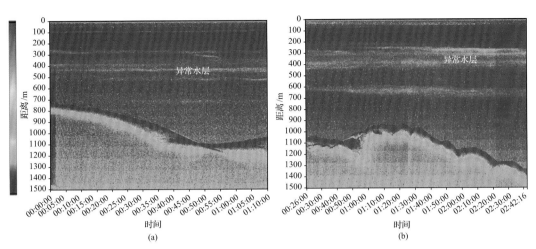

图 5-1-2 发现异常水层

2017 年 4 月，"奋斗四号"船，神狐海域天然气水合物钻探区

　　天然气水合物地球物理立体探测技术综合水平缆、垂直缆、海底地震仪的优势，联合使用分布于水体不同深度范围的震源和检波器集，形成了一个包括震源、水面缆、垂直缆和 OBS 的立体、广角、全方位地震探测技术(图 5-1-3)。此项技术将实现水平缆、垂直缆、水底缆和 OBS 立体同步观测，可以采集到各种波场的全方位信息，形成由不

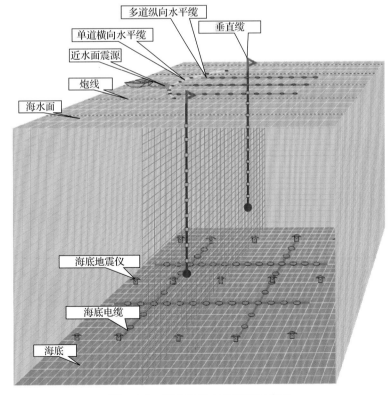

图 5-1-3 综合地震立体探测示意图

同水深的震源和检波器阵列组成的广角非常规地震精测系统，得到广角、宽频、高信噪比的地震资料。天然气水合物地球物理立体探测技术主要核心技术包含了数字垂直缆技术、水面拖缆与 OBS、垂直缆数据联合处理技术和联合数据地震属性反演技术。

OBS 反演出的速度精度较高，采用 OBS 反演出的速度对拖缆数据进行成像，可以改善成像质量，提高浅层地层的分辨率，对于天然气水合物的识别具有重要意义。

单独使用截距或梯度很难对 AVO 特征做出解释，但二者的乘积剖面可以显示出截距和梯度上的共同异常特征。由于在 BSR 处的截距和梯度都为负值，且二者的绝对值都随偏移距的增加而增加，在对应的 BSR 位置处两者乘积会呈现出较强的正异常(图 5-1-4)。

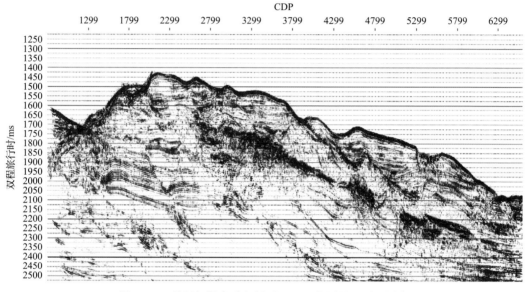

图 5-1-4 截距与梯度乘积剖面，BSR 位置显示强正异常

研究人员针对 2017 年南海北部神狐海域天然气水合物试采区准三维拖缆地震、OBS海底地震资料进行联合处理、反演，并对反演及属性剖面进行了解释和建模，可以发现以花冠状"气烟囱"为主体的扩散型流体运移类型主要分布在神狐钻探区西北部，是重要的天然气水合物形成气源保障。

花冠状"气烟囱"周围分布有丰富的断层或裂隙与之相通，影响范围大；其顶部散开，具有显著的气囊状地震反射特征，为天然气水合物的形成提供了充分的气源保障；"气烟囱"顶与 BSR 在空间上保持一段间隔，但通过顶部的微裂隙相通，在为天然气水合物提供充足甲烷的同时不对天然气水合物稳定带内的优质储层形成干扰；与高饱和度天然气水合物具有良好的正相关性(图 5-1-5)。

通过井约束下的储层反演和随机模拟，可对研究区天然气水合物储层进行横向预测，井周围天然气水合物储层的孔隙度、饱和度变化情况如图 5-1-6、图 5-1-7 所示。

对流体地球化学精密采集系统在天然气水合物示范区取得的原位孔隙水及其溶解气样品，使用船载测试系统进行检测，发现该区存在 CH_4、SO_4^{2-} 等与天然气水合物紧密相关的地球化学异常。

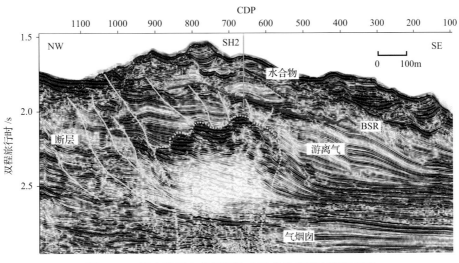

图 5-1-5 综合地震立体探测技术形成的高精度解释剖面

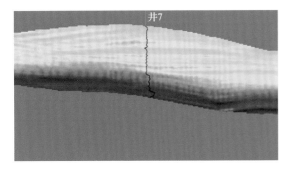

图 5-1-6 测井约束下波阻抗反演剖面

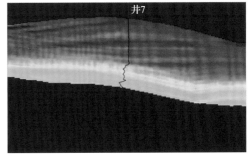

图 5-1-7 由反演得到的地层孔隙度剖面

2016 年成功完成两次保压取样及样品保压转移，其中第一次取样保压 4.5MPa，第二次取样保压 13MPa；声波探测及样品保压分割转移，实现了保压取样、转移、处理的无缝对接。

天然气水合物作为一种亚稳态物质，富集沉积在多孔介质内(图 5-1-8)，其在沉积层孔隙空间的分布与赋存规律决定了天然气水合物储层的力学、声学、热学及渗流特性，对于海洋天然气水合物资源安全、高效开采具有重要的基础意义。基于 X 射线 CT 成

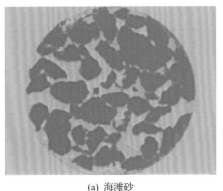

(a) 海滩砂

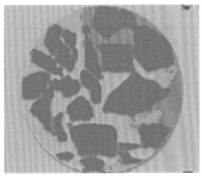

(b) 长石

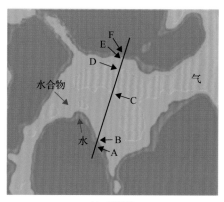

(c) 天然砂

图 5-1-8　微孔隙空间天然气水合物赋存结构规律

像，开发保压样品的压控、温控系统以及小密度差识别技术方法，可实现天然岩心保真条件下的微观结构可视化。

作者及研究团队利用开发的天然气水合物岩心可视化技术对我国南海多批次天然气水合物样品岩心进行了可视化分析（图 5-1-9），并在 2016 年，搭载"海洋六号"船完成了天然气水合物取样、保压转移、船载检测及保压可视化检测的系统集成应用。

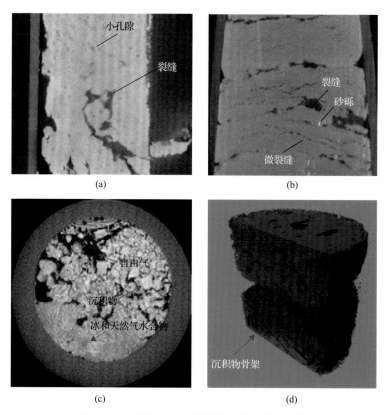

图 5-1-9　南海水合物保压岩心的可视化分析
2016 年 6 月，"海洋六号"船

如图 5-1-10 所示，神狐海域以"气烟囱"、断裂体系为主要流体运移通道，"气烟囱"顶部散开，具有显著的气体充注地震反射特征，为天然气水合物形成提供了充分的气源保障。"气烟囱"顶部通过微裂隙沟通游离气与天然气水合物稳定带，最终形成了类型独特的高饱和度水合物。

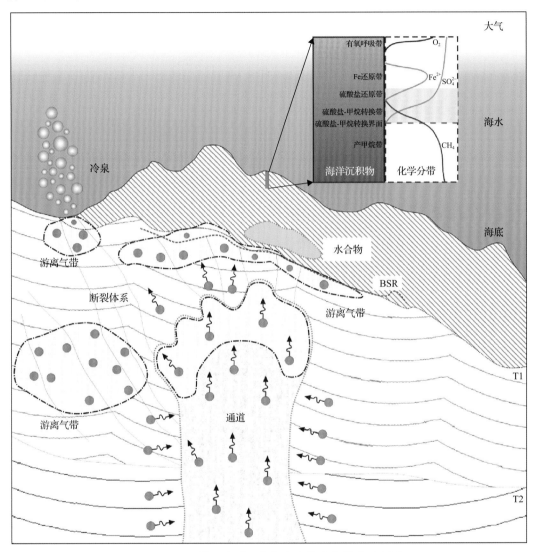

图 5-1-10 神狐海域天然气水合物成藏模式示意图

T1-第四纪地层的底界面；T2-上新世地层的底界面

第六章 ｜ 结论与展望

第一节 结 论

在长达多年的研究和应用实践中，特别是近 4 年的探索过程中，海洋天然气水合物高精度勘探技术研究始终以我国海洋天然气水合物勘探需求为导向，遵循天然气水合物勘探方法、成矿理论及评价方法研究—软件开发—实际应用的技术路线，为实现评价天然气水合物有利目标、圈定天然气水合物空间分布、揭示天然气水合物成矿过程、预测天然气水合物资源潜力、指导规模找矿与试验性采集提供了高技术支撑。

一、天然气水合物地球物理立体探测技术

在天然气水合物海底冷泉声学探测、天然气水合物赋存区立体探测、天然气水合物测井数据处理与解释、天然气水合物目标识别综合识别技术等方面取得了一批创新性研发成果；自主研究、开发并建造了我国首条海域矿产资源地球物理探测数字垂直缆，同时开发了相关配套技术，包括观测系统、采集作业、数据前处理、地震资料处理及解释、数据反演及解释等；通过试验区综合应用，解决了天然气水合物立体探测、冷泉声学探测等问题，为我国正在实施的天然气水合物勘查、研究与试采提供了技术支撑。

针对我国海洋天然气水合物的勘探开发需求，根据海洋沉积物中天然气水合物分布特点，将水平缆、垂直缆、海底地震仪等地震观测技术整合，研制针对天然气水合物勘探开发需求的立体观测地震勘探技术，重点研究垂直缆探测技术和广角地震反射技术，提高了整体性能和测量精准度，兼顾先进性和可靠性，形成了一套以立体观测网格为探测手段的一体化天然气水合物勘探技术，提供了一套实际可行的天然气水合物勘探模式及评估方案，为我国天然气水合物资源的勘探开发提供了先进技术支撑，总体达到或接近国际先进水平。

针对神狐海域钻探实际测井资料，开展天然气水合物的测井响应特征及测井资料的处理方法，建立储层特性与测井特征、地震属性之间的相关性。根据声波测井与其他测井之间的相关性，研究并实现声波测井的校正和重建方法；对地震剖面的叠后测井约束反演方法进行研究，为了充分利用测井资料的高分辨率特征，重点研究井约束下的储层随机模拟方法，对天然气水合物储层的多项储层参数进行横向预测。通过上述测井资料精细解释和校正方法，充分利用测井的高分辨率优势，采用井间内插和测井约束地震反演的方法，对天然气水合物储层的空间展布、厚度、物性参数(孔隙度、饱和度等)进行预测，为天然气水合物资源的储量评价提供技术支持。

基于天然气水合物地球物理立体探测信息，开展天然气水合物目标综合识别技术及

应用研究，自主开发了天然气水合物目标识别软件，形成了高显示度的评价、演示成果，为我国海洋天然气水合物资源勘查提供高新技术支撑。

二、天然气水合物流体地球化学精密探测技术

通过对深海采样及现场测试分析等相关关键技术的技术攻关，作者及其团队自主研发了天然气水合物流体地球化学原位孔隙水、底层海水样品气密采集系统与测试系统装备，实现了天然气水合物流体地球化学船载现场快速探测技术的突破。

(一)成功研制了世界上第一套沉积物孔隙水分层原位采集系统

通过技术创新，作者攻克了深海高压下进行沉积物原位孔隙水采集的"深海原位孔隙水采水双瓶结构设计与精密控制技术""保真空超高压海水电磁阀技术""泥水分离过滤技术"等关键技术，根据压滤法原理原创性地研制了世界上第一套沉积物孔隙水分层原位采集系统，实现了在短时间内同时获取深海多层位、气密性、无污染的原位孔隙水样品，为我国海洋天然气水合物资源调查和环境监测与评价提供高技术支撑。

(1)采样瓶设计为双储存室、双电磁阀、埋线、内卡箍连接方式，独特专业的沉积物孔隙水原位采水瓶设计与连接方式不仅解决了孔隙水样品受海水污染的问题，还简化了装备的拆装过程，增强了系统的实用性。

(2)由于海水具有较强的腐蚀性，而且海水是一种强电解质，电磁铁材料不仅需要具有较强的耐腐蚀性能，还要具有较好的防电耦腐蚀能力。软磁合金在外磁场作用下容易磁化，去除磁场后磁感应强度又基本消失，磁性合金的磁性能同合金的结构状态和成分密切相关。同时为减小冲蚀磨损，需设法降低流速、全用高硬度的耐冲蚀材料或采取过滤措施。通过设计研发、材料试验，筛选专用的不锈钢软磁材料，采用全密封、整体式密封结构设计实现深海高真空高压电磁阀的研制与应用。

(3)采样器在不同工作水深条件下进行孔隙水采集，由于采样器内外压差巨大(如4000m 采水时压差高达 40MPa)，要实现孔隙水的顺利采集，既要达到泥、水的完全分离，又要保证泥沙不进入孔隙水采样器，否则将会损坏阀门，甚至损坏采样设备，通过研发和试验设计专业的过滤组件，包括由内至外依次层叠的金属纤维烧结毡网、复合膜和保护网，以及进水管路孔径和布置。通过过滤组件与凹槽的配合，既能降低滤芯组件与深海外部的内外压差，使孔隙水能够通过高压差穿过过滤组件依次进入凹槽和储水室，又能有效实现泥、水的完全分离，保证泥沙不进入滤芯组件内，不会损坏电磁阀阀门的密封性能，提高使用寿命。更关键的是，通过电磁阀的采水开闭控制，能自动调节采水速率，有效解决当内外压差巨大时孔隙水析出速率过大而损坏该过滤装置，在水深较小时又不会因流速过小而采水不足的技术难点，高效地实现原位孔隙水的采集。

(4)在国外高度封锁技术的情况下，进行深海用二位三通电磁阀技术攻关，利用负压抽提式原位气密采水专利技术，研制底层水气密采样器，采集不同高度的底层水样品，实现海底孔隙水及底层水的同步采集，在采样器上提过程中，与储水室相连的缓冲室通过活塞移动来达到压力自适应平衡，从而达到底层水保气卸压的目的。

(5)设计水下独立霍尔触发器，触发装置在海底采样设备未接触到海底时提前与海底接触，以利用海底采样设备的自重将移动装置压向海底，使移动装置在挤压下产生变化，从而输出相应的海底采样设备已经到达海底的信号，获得的触发信号将通过水密电缆传送到控制系统，为采集原位孔隙水和底层海水提供精确的信号控制。

(二)国际上首次实现底层海水气密采样技术

传统温盐深采水器(CTD)或多管取样器主要用于不同深度海水采集，其设计中没有考虑气体的保存。当采水器在深海采集水样后，从数千米的高压低温环境回收到常温常压环境的过程中，海水中气体的溶解度会因温度、压力的改变而发生变化，部分气体可能会由于过饱和而逸出损失，从而使得分析数据不能真实地反映原位气体的成分组成信息。采用"负压抽提式原位气密采水技术"设计研制了一种负压抽提式原位气密采水瓶。利用压力源可以控制采水瓶内的压力，通过采水瓶内压力的变化，使其能够在海底压力较大时吸入海水，而在回收时压力变小后封闭采水瓶，通过自适应措施(活塞的移动)使采样瓶的内外压持续平衡，防止样品泄漏，完整保留了样品中的气体成分，能为深海气体的研究提供真实地反映原位气体的成分组成信息的海水样品，使通过测试底层海水中各种离子成分及气体成分含量异常来识别和圈定天然气水合物异常区成为可能，为深海天然气水合物勘探开发提供了重要的勘探手段，同时该技术还可广泛用于海洋环境监测与评价、深水油气找矿及生物地球化学作用研究等。

(三)流体地球化学精密探测技术取得应用成效

利用研发的海底沉积物孔隙水和底层水的分层原位气密采集系统，在南海海域成功进行了20多次海试，实现了海底原位孔隙水的采集、海水分层气密采样和船载现场检测，验证了获取深海原位气密孔隙水和底层水的可行性；同时将海试测试数据与相关的国内外天然气水合物成藏区的孔隙水数据资料开展地球化学特征应用研究，对南海天然气水合物有利成藏区进行了有效识别。

三、天然气水合物探测、取样相关技术及装备集成

1. 研制形成了天然气水合物样品保压转移与在线声波探测装置的试验样机

天然气水合物样品保压转移与在线声波探测装置主要由保压取样器对接机构、伸缩机构、连接球阀、切割卡紧机构、卡爪、声波检测装置、内压平衡系统、支撑装置等部分组成，装置全部组件均实现了国产化，国产化率为100%。除声波发射接收器引进之外，其他都是自主知识产权设计制造，研制部件超过80%。

天然气水合物样品保压转移与在线声波探测装置已于2016年6月顺利进行了海试，海试结果表明，保压取样器对接机构工作可靠，样品衬管的拉拔推送、切割及二次小样转移均成功实现带压转移，实现了两管直径67mm、长度0.83m保压样品柱，同时实现了两管直径20mm、长度200mm的保压小样品柱，所有保压样品均保压运至基地。装置具备耐高压视窗，可实时观察装置内部工况，装置具备底水与气体收集接口。完成了两

次样品保压转移与在线声波探测，成功率达100%；各项性能均达到设计要求，达标率为100%。实现了最终转移获得的小保压样品，为天然气水合物岩心可视化测试提供了海底原样，为天然气水合物岩心处理技术体系的形成与建立打下了基础。

2. 形成了一套天然气水合物保压岩心可视化测试系统与装置

基于日本岛津公司的微焦点X射线CT设备(SMX-225CTX-SV)搭建了适用于天然保压岩心的可视化试验系统，主要包括CT主机、液氮喷淋控温系统、压力补偿系统、参数检测系统等。CT设备最高分辨率达4μm，能有效识别天然岩心骨架结构及各组分空间分布，最大管球电压达225kV，射线强度高，能有效穿透非金属及厚达1cm的铝制保压套筒，可保证保压水合物岩心的可视效果。液氮喷淋控温系统保证了保压岩心在扫描过程中不会由升温而导致天然气水合物分解，且该系统兼容不同尺寸的岩心，温度可控，控温区域大，攻克了天然岩心CT可视化测试过程中的控温技术难题。CT主机可视区域调节范围大，可实现0～30cm直径岩心的扫描，既可以表征岩心尺度天然气水合物的层状、脉络状分布特征，又可以对孔隙尺度的各相分布有较强的空间分辨能力，为不同需求的岩心测试提供给了丰富的选择。基于柱塞泵的压力补偿系统，在岩心保压能力不足时，对岩心进行主动压力补偿，最大限度地保证天然气水合物不会因为失压而分解。参数检测系统则可以实时监测岩心的温度、压力等物性参数，实现岩心状态的全程监控。

该保压岩心可视化测试系统已被成功用于实验室人造天然气水合物岩心的高压低温在线可视，获得了孔隙尺度含天然气水合物岩心的各组分三维空间分布及其非均质性。此外，获得了南海神狐海域非保压岩心的三维空间骨架结构，有效识别并表征了岩心中的裂隙分布，为天然气水合物保压岩心的可视化测试提供了技术支撑。

3. 形成了天然气水合物岩心声波在线检测以及X射线CT可视化处理技术

基于自主研制的天然气水合物岩心声波在线检测装置，开发了适用于天然气水合物保压岩心的声波在线检测技术。该技术是基于不同介质中声波传递速度不同的原理，通过测量岩心不同位置的声波速度以表征岩心中组分的分布。声波检测系统采用超声波透射法测量岩心样品的纵波速度，在待测样品两端各安装一个超声探头，分别用于发射和接收超声波信号。该技术通过运用探头的非接触式布置、聚砜材料制T形保护套、耦合剂、信号源改造(脉冲波、方波)等装置、材料，克服了声波测量过程中的声波衰减、噪声大、金属绕射以及耦合难题，为天然气水合物岩心声波在线检测提供了技术支持。

基于X射线成像原理，开发了X射线CT可视化处理技术。通过在水中加入适量造影剂(KI等)增大了水与天然气水合物的密度对比，提高了二者在CT图像中的灰度差，实现了两相组分的有效识别。基于CT图像中物质灰度呈正态分布的成像原理，开发了小密度差物质图像分辨技术，通过对重合的水、天然气水合物灰度分布正态曲线进行拆解，获得二者各自的灰度分布，再利用三维图像处理软件对二者分别进行重建及提取，实现了水、天然气水合物各自空间结构的获取，克服了CT图像中小密度差物质难以识别及分辨的难题。

第二节 亟待解决的问题与展望

1. 开发和应用宽波束发射技术

当前研制的天然气水合物海底冷泉水体回声反射探测系统的各项技术指标和应用效果均满足了探测动态冷泉泄漏的要求。但由于研究时间和经费限制，当前研制的系统的换能器使用的是窄波束发射技术，其系统探测分辨率和探测效率比宽波束发射技术低。因此，建议在"十二五"863计划海洋技术领域研究的基础上，进一步开展相关研究工作，开发和应用宽波束发射技术。

2. 开发和应用基于水下拖体或ROV/AUV等近海底平台的冷泉探测系统

当前海上试验中，研制的天然气水合物海底冷泉水体回声反射探测系统的换能器采用了船舷固定安装的方式进行作业，此种作业方式具有对母船辅助设施要求低和较高的作业效率及作业安全性等优点，但也存在易受到船体噪声的干扰和探测分辨率低等缺点。因此，建议在今后的研究中，开发和应用基于水下拖体或ROV/AUV等近海底平台的冷泉探测系统，可有效提高重点目标靶区的探测分辨率。

3. 开发多条数字垂直缆，开展三位立体采集

天然气水合物赋存区立体探测技术需继续完善提高，进一步完善天然气水合物勘探开发的立体观测地震勘探处理方法与技术，发展以立体观测网格为探测手段的一体化天然气水合物勘探技术，以进一步提高天然气水合物储量预测与综合评价质量。

4. 天然气水合物测井数据处理与解释技术

由于研究区测井资料仍以常规测井为主，天然气水合物储层的物性分析手段比较有限，不得不辅助以开源资料进行研究，但不同区域的天然气水合物储层特征必有一定的差异，在应用到特定区域的时候，要注意其物性特征的异同。由于时间和人力物力有限，软件成果的集成度还不够高，模块之间的数据交换对用户的经验要求比较高，使用上还不够简洁方便。建议适当增加一些新的测井手段，采集更为丰富的组合测井数据，为后续的研究提供更丰富的基础素材；适当进行一定的岩石物理试验，分析天然气水合物及其储层样品的有关物性特征，用于标定测井数据及地震属性。

5. 天然气水合物目标综合识别技术

三维模拟技术需要加强，特别是立体信息展示；数据库结构不确定性较多，结构需时刻变化。建议加强天然气水合物目标识别软件的推广应用，提高三维模拟的显示能力。

6. 海底孔隙水及底层水原位采集系统

在天然气水合物有利成藏区已成功进行了多次海上试验应用，采集系统属于原创性的精密装置，若进一步推广需对相关配件等进行更新替换，另外，该系统作业时需插入海底停留一段时间，鉴于海况的不确定性，采集系统在使用中会存在一定的风险性。

7. 天然气水合物样品保压转移及处理技术

　　该技术的研发尚处于起步阶段，需要更多的试验来检验设备的稳定性，不断完善各项功能，只有不断地试验与应用，才能更有针对性地去解决问题，把天然气水合物样品保压转移与在线声波探测装置不断改进，形成工程样机，并逐步投入实际应用；天然气水合物样品保压转移与在线声波探测装置还存在一些设计缺陷，如暂时无法实现带压更换声波换能器的功能、伸缩机构没有互动式实时位置监测、二次保压转移方式只能进行一次性取样等，这些都需要进行后续改进。为了避免机械手被声波检测主装置侧壁通孔中的聚砜材料阻挡，船上试验采用的是较薄的聚砜材料，从而导致声波信号与实验室相比较弱。

参 考 文 献

蔡立胜, 方建光, 董双林. 2004. 桑沟湾养殖海区沉积物-海水界面氮、磷营养盐的通量[J]. 海洋水产研究, 25(4): 57-64.

陈道华, 吴宣志, 祝有海, 等. 2009. 一种深海沉积物孔隙水原位气密采样器[J]. 海洋地质与第四纪地质, 29(6): 145-148.

丁喜桂, 叶思源, 高宗军. 2006. 青岛鳌山湾海区营养结构分析与营养状况评价[J]. 湛江海洋大学学报, 26(1): 22-26.

范成新, 杨龙元, 张路. 2000. 太湖底泥及其间隙水中氮磷垂直分布及相互关系分析[J]. 湖泊科学, 12(4): 359-367.

宫少军, 叶思源, 苏新, 等. 2009. 近海 N_P 营养盐的研究现状与进展[J]. 海洋地质动态, 25(4): 27-37.

黄豪彩, 杨灿军, 杨群慧, 等. 2010. 基于压力自适应平衡的深海气密采水系统[J]. 机械工程学报, 46(12): 148-154.

蒋少涌, 杨涛, 薛紫晨, 等. 2005. 南海北部海区海底沉积物中孔隙水的 Cl^- 和 SO_4^{2-} 浓度异常特征及其对天然气水合物的指示意义[J]. 现代地质, 19(1): 45-54.

金庆焕, 张光学, 杨木壮, 等. 2006. 天然气水合物资源概论[M]. 北京: 科学出版社.

李凤波, 杨灿军, 黄豪彩, 等. 2010. 可浮动自锁式深海气密采水器的研制[J]. 台湾海峡, 29(3): 422-427.

栾锡武, 赵克斌, Obzhirov A, 等. 2008. 鄂霍次克海浅表层天然气水合物的勘查识别和基本特征意义[J]. 中国科学 D 辑: 地球科学, 38(1): 99-107.

阮爱国, 初凤有. 2007. 海底天然气水合物地震研究方法及海底地震仪的应用[J]. 地质与勘探, 27(4): 46-50.

盛骤, 谢式千, 潘承毅. 2008. 概率论与数理统计[M]. 4 版. 北京: 高等教育出版社.

宋海斌, 松林修, 杨胜雄, 等. 2001. 海洋天然气水合物地球物理研究(II): 地震方法[J]. 地球物理学进展, 16(3): 110-118.

王建桥, 祝有海, 吴必豪, 等. 2005. 南海 ODP1146 站位烃类气体地球化学特征及其意义[J]. 海洋地质与第四纪地质, 25(3): 53-60.

吴宣志. 2011. 负压抽提式原位气密采水技术: CN201110205666.7[P]. 2011-07-22.

伍忠良, 马德堂, 沙志彬. 2011. 海底地震观测系统设计方法研究[J]. 西安科技大学学报, (2): 72-75.

尤立克 R J. 1990. 水声原理[M]. 洪申, 译. 哈尔滨: 哈尔滨船舶工程学院出版社: 199-203.

张宝金. 2003. 地震波参数反演及其可信度分析[D]. 上海: 同济大学.

张云峰. 2002. 温压控制水溶气释放的模拟实验方法研究[J]. 石油实验地质, 24(1): 77-79.

张子枢. 1995. 水溶气浅论[J]. 天然气地球化学, 6(5): 29-34.

周继军, 陈钟. 2006. chi-square 检测算法的特性分析研究[J]. 31(4): 371-374.

朱爱美, 叶思源, 卢文喜. 2006. 鳌山湾沉积物间隙水营养盐的含量及其分布[J]. 江苏环境科技, 19(2): 20-22.

Anderson A L. 1980. Acoustics of gas-bearing sediments I. Background[J]. Journal of the Acoustical Society of America, 67(6): 1865-1903.

Andreassen K, Hart P E, Grantz A. 1995. Seismic studies of a bottom simulating reflection related to gas hydrate beneath the continental margin of the Beaufort Sea[J]. Journal of Geophysical Research, 100(B7): 12659-12673.

Barnes R O. 1973. An in situ interstitial water sampler for use in unconsolidated sediments[J]. Deep Sea Research, 20(12): 1125-1128.

Borowski W S. 2004. A review of methane and gas hydrates in the dynamic, stratified system of the Blake Ridge region, offshore southeastern North America[J]. Chemical Geology, 205(3): 311-346.

Jin S, Nagao J, Takeya S, et al. 2006. Structural investigation of methane hydrate sediments by microfocus X-ray computed tomography technique under high-pressure conditions[J]. Japanese journal of applied physics, 45(7L): L714.

Katzman R, Holbrook W, Paull C. 1994. Combined vertical incidence and wide-angle seismic study of a gas hydrate zone, Blake Ridge[J]. Journal of Geophysical. Research, 99(B9): 17975-17995.

Korenaga J, Holbrook W S, Singh S C, et al. 1997. Natural gas hydrates on the Southeast U. S. margin: Constraints from full waveform and travel time inversions of wide angle seismic data[J]. Journal of Geophysical Research, 102 (B7): 15345-15365.

Kvenvolden K A. 1995. A review of the geochemistry of methane in natural gas hydrate[J]. Organic Geochemisrty, 23 (11-12): 997-1008.

Leng Z P, Lv W F, Ma D S, et al. 2015. Characterization of pore structure in tight oil reservoir rock[C]. SPE/IATMI Asia Pacific Oil & Gas Conference and Exhibition, SPE-176358-MS.

Matsumoto R, Uchida T, Waseda A. 2000. Occurrence, structure and composition of natural gas hydrate recovered from the Blake Ridge, Northwest Atlantic[J]. Proceedings of the Ocean Drilling Program, Scientific Results, 164: 13-28.

Milkov A V, Claypool G E, Lee Y J. 2003. In situ methane concentrations at Hydrate Ridge, offshore Oregon: New constraints on the global gas hydrate inventory from an active margin[J]. Geology, 31 (10): 833-836.

Pecher I A, Minshull T A, Singh S C, et al. 2001.Velocity structure of a bottom simulating reflector offshore Peru: Results from full waveform inversion[J]. Earth and Planetary Science Letters, 139: 459-469.

Sain K, Kaila K. 1994. Inversion of wide-angle seismic reflection times with damped least squares[J]. Geophysics, 59 (11): 1735-1744.

Sayles F, Mangelsdorf P, Wilson T, et al. 1976.A sampler for the in situ collection of marine sedimentary pore waters[J]. Deep Sea Research, 23 (3): 259-264.

Suess E. 2002. The evolution of an idea: From avoiding gas hydrates to actively drilling for them[J]. Joides Journal, 28 (1): 45-50.

Tomer B, Guthrie H, Mroz T. 2001. A collaborative approach to methane hydrate research and development activities[C]. Offshore Technology Conference, Hawaii, 13038: 1-7.

Uemura S, Kataoka R, Tsushima S, et al. 2013. High-resolution X-ray computed tomography of liquid CO_2 permeation in water-saturated sandstone[J]. Journal of Thermal Science and Technology, 8 (1): 152-164.

Wang X, Minshull T A, Xia C, et al. 2012. A case study: Travel time inversion for P-wave velocity using OBS data of South China Sea[J]. Marine Geophysical Research, 33: 389-396.

Wasada A ,Uchida T. 2002. Origin of methane in natural gas hydrates from the Mackenzie Delta and Nankai Trough[C]. Proceedings of the Fourth International Conference on Gas Hydrates. Yokohama: Keio University: 169-174.

Wiese K, Kvenvolden K A. 1993. Introduction to microbial and thermal methane[J]. The Future of Energy Gases. United States Geological Survey, 1570: 13-20.